NETWORK
中等职业学校计算机系列教材
网络专业 zhongdeng zhiye xuexiao jisuanji xilie jiaocai

网站建设与管理（第2版）

Wangzhan Jianshe Yu Guanli

◎ 宋一兵 王新宁 主编
◎ 孙建 邓先平 副主编

人民邮电出版社
北京

图书在版编目（CIP）数据

网站建设与管理 / 宋一兵，王新宁主编. -- 2版
. -- 北京 : 人民邮电出版社，2013.3（2021.1 重印）
中等职业学校计算机系列教材
ISBN 978-7-115-30277-9

Ⅰ. ①网… Ⅱ. ①宋… ②王… Ⅲ. ①网站－建设－中等专业学校－教材 Ⅳ. ①TP393.092

中国版本图书馆CIP数据核字(2013)第009799号

内 容 提 要

本书按照项目式教学的特点，从基础入手，通过大量的任务练习，全面、系统地介绍网站建设与维护的基本方法，说明 IIS 的安装、Web 和 FTP 站点的配置、域名和空间的申请方法等，并以网络书店为例，讲解电子商务网站的规划设计、静态网站与动态网站的建设、站点发布与推广优化、安全管理等主要知识。通过对这些内容的学习，读者可以轻松掌握网站建设和管理的基本方法。

本书内容全面，语言流畅，实例丰富，图文并茂，注重理论联系实际，适合作为中等职业学校计算机相关专业课程的教材，也可供其他 IT 从业人员学习参考。

◆ 主　　编　宋一兵　王新宁
副 主 编　孙　建　邓先平
责任编辑　王　平

◆ 人民邮电出版社出版发行　　北京市丰台区成寿寺路 11 号
邮编　100164　　电子邮件　315@ptpress.com.cn
网址　http://www.ptpress.com.cn
北京七彩京通数码快印有限公司印刷

◆ 开本：787×1092　1/16
印张：15　　2013 年 3 月第 2 版
字数：368 千字　　2021 年 1 月北京第 12 次印刷

ISBN 978-7-115-30277-9

定价：31.00 元

读者服务热线：(010)81055256　印装质量热线：(010)81055316
反盗版热线：(010)81055315
广告经营许可证：京东市监广登字20170147 号

序言

中等职业教育是我国职业教育的重要组成部分，中等职业教育的培养目标定位于具有综合职业能力，在生产、服务、技术和管理第一线工作的高素质的劳动者。

随着我国职业教育的发展，教育教学改革的不断深入，由国家教育部组织的中等职业教育新一轮教育教学改革已经开始。根据教育部颁布的《教育部关于进一步深化中等职业教育教学改革的若干意见》的文件精神，坚持以就业为导向、以学生为本的原则，针对中等职业学校计算机教学思路与方法的不断改革和创新，人民邮电出版社精心策划了《中等职业学校计算机系列教材》。

本套教材注重中职学校的授课情况及学生的认知特点，在内容上加大了与实际应用相结合案例的编写比例，突出基础知识、基本技能。为了满足不同学校的教学要求，本套教材中的4个系列，分别采用4种教学形式编写。

- 《中等职业学校计算机系列教材——项目教学》：采用项目任务的教学形式，目的是提高学生的学习兴趣，使学生在积极主动地解决问题的过程中掌握就业岗位技能。
- 《中等职业学校计算机系列教材——精品系列》：采用典型案例的教学形式，力求在理论知识“够用为度”的基础上，使学生学到实用的基础知识和技能。
- 《中等职业学校计算机系列教材——机房上课版》：采用机房上课的教学形式，内容体现在机房上课的教学组织特点，学生在边学边练中掌握实际技能。
- 《中等职业学校计算机系列教材——网络专业》：网络专业主干课程的教材，采用项目教学的方式，注重学生动手能力的培养。

为了方便教学，我们免费为选用本套教材的老师提供教学辅助资源，教师可以登录人民邮电出版社教学服务与资源网（http://www.ptpedu.com.cn）下载相关资源，内容包括如下。

- 教材的电子课件。
- 教材中所有案例素材及案例效果图。
- 教材的习题答案。
- 教材中案例的源代码。

在教材使用中有什么意见或建议，均可直接与我们联系，电子邮件地址是 wangping@ptpress.com.cn。

中等职业学校计算机系列教材编委会

2011年3月

前　言

“网站建设与管理”是中等职业学校计算机及相关专业的一门主干课程，目的是使学生了解网站设计的基本过程、网络数据库和 ASP 编程、网站功能的实现、网站的测试和发布、管理与维护等常用信息技术，并安排相应的实验教学，以提高学生的实际应用能力和操作技能。

本书从基础入手，通过大量的实例练习，全面、系统地介绍网站建设与维护的基本方法，说明 IIS 的安装、Web 和 FTP 站点的配置、网站的规划分析方法等，并以网络书店为例，讲解静态网站与动态网站的设计、域名和空间申请、站点发布与推广优化、安全管理等知识。通过本书的学习，读者可以轻松掌握网站建设和管理的方法。

本书采用“任务驱动、项目教学”的形式，注重网站建设理论在实践应用环节的教学训练，注重提高学生的实际应用能力和动手能力。以项目为基本单位，每一项目介绍网站建设与维护方面的专门知识，并配以实例进行讲解，使学生能够迅速掌握相关的操作方法。教师一般可用 18 个课时来讲解本教材的内容，然后再配以 36 个课时的上机时间，即可较好地完成教学任务。总的讲课时间约为 54 个课时，教师可结合实际需要适当进行课时的增减。

本书内容分为 7 个项目，主要包括：

- 创建网站和服务
- 对网站进行规划设计
- 设计静态网页
- 动态网站设计基础
- 设计网络书店前台功能
- 设计网络书店的后台管理功能
- 网站的管理与维护

本书内容涵盖了中等职业学校“网站建设与管理”课程的基本教学内容，可作为中等职业学校计算机相关专业的专业课教材，还可以作为各个领域网络应用人员的参考资料。

本书由宋一兵、王新宁任主编，孙建、邓先平任副主编。参加本书编写工作的还有沈精虎、黄业清、谭雪松、向先波、冯辉、郭英文、计晓明、尹志超、董彩霞、滕玲、郝庆文。

由于编者水平有限，书中难免存在疏漏之处，敬请读者批评指正。

编者

2012 年 11 月

目　录

项目一 创建网站和服务

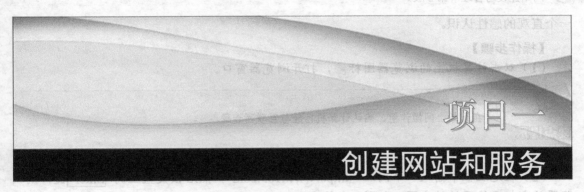

计算机网络诞生于20世纪60年代末，是计算机技术与通信技术相结合的产物，在短短的几十年里，取得了非常迅速的发展，已经广泛应用于政治、经济、军事、生产及科学技术等各个领域。网站是计算机网络的基础，网站的建设和管理是IT（Information Technology，信息技术）从业人员必须掌握的基本技能。

本项目主要通过以下几个任务完成。

- 任务一　认识 Internet 与网站
- 任务二　安装 IIS 系统
- 任务三　配置 IIS 系统
- 任务四　创建 WWW 服务
- 任务五　配置 Web 站点
- 任务六　搭建 FTP 服务

学习目标

了解网站的概念和分类

掌握 IIS 的安装与配置

能够配置 Web 站点和 FTP 站点

任务一 认识 Internet 与网站

随着互联网（Internet）的飞速发展，计算机网络已经深入到社会生活的各个领域。通过互联网，人们不仅能够传递信息、娱乐休闲，也能够开展电子商务、远程教育、视频电话等活动。而所有这些活动，都是通过网站来实现的，也就是说，网站是互联网各种业务活动的基础。

究竟什么是互联网？什么是网站？这是人人都能够说几句，但往往都说不清楚的问题。本任务通过案例对此进行简单的讨论。

（一）认识互联网

【任务要求】

通过打开互联网的门户网站和搜索引擎，说明互联网上的资源和服务，进而对互联网有一个直观的感性认识。

【操作步骤】

（1）双击计算机上的浏览器图标，打开浏览器窗口。

要点提示

在开始上网操作前，确认计算机已经与互联网连通。

（2）在地址栏中输入一个网址“http://www.163.com”，然后按键盘上的 Enter 键，则浏览器就会打开该网站的主页，如图 1-1 所示。

从图 1-1 所示的网页上可以看到，这是网易网的主页，其中提供了包括新闻、娱乐、体育、商业、生活等各种各样的信息和资源，单击感兴趣的内容，就能够进入到相应的栏目中，这种站点一般被称为门户网站。

（3）单击【体育】，就能够打开网易的体育站点，如图 1-2 所示。其中罗列了篮球、足球、排球等各种赛事新闻以及调查、论坛等互动栏目。

图 1-1　网易的主页

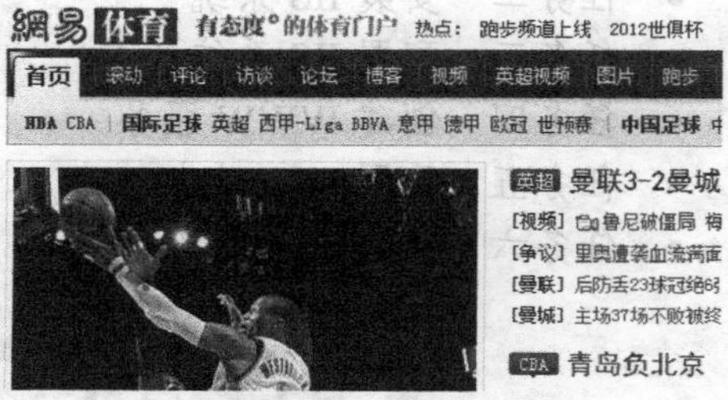

图 1-2　网易的体育站点

要点提示

单击页面右上角的按钮，可以关闭网页。

（4）在网易主页上单击【免费邮箱】，就能够打开网易电子邮箱站点，如图 1-3 所示。在这里可以免费申请邮箱，利用电子邮件与同学、朋友交流。

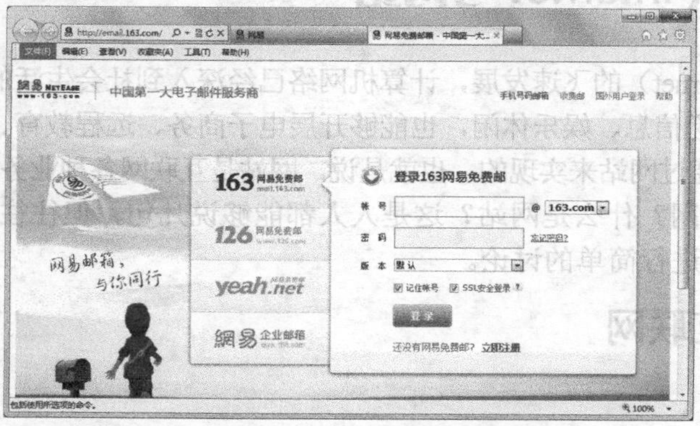

图 1-3　网易电子邮箱

（5）在地址栏中输入网址“http://www.baidu.com”，然后按 Enter 键，则浏览器就会打开百度的主页，如图 1-4 所示。百度是一个国内常用的搜索引擎网站，利用它可以方便地搜索需要的信息和资料。

（6）在搜索框中输入“人民邮电出版社”，然后单击 百度一下 按钮，就可以搜索到有关该主题的网站或网页，如图 1-5 所示。

图 1-4　百度网站主页

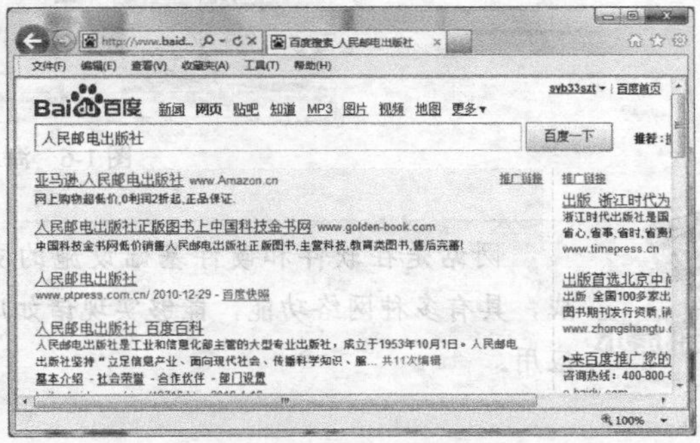

图 1-5　搜索“人民邮电出版社”

【任务小结】

从这个简单的案例可以看到，互联网可以为用户提供丰富的信息资源，通过各种分类、搜索和链接，用户能够方便地查找到自己需要的资料。互联网包罗万象，能够查找到用户需要的几乎所有信息，为人们的学习、工作和生活带来极大的便利。

目前对互联网的定义主要是从技术角度来讨论的，认为互联网是一个由数据通信、网络系统和应用环境组成的综合体系。

- 通信平台：由各种有线、无线的通信线路、网络互连设备、通信处理设备、通信协议等组成，处于网络的最底层，是互联网的物理基础。
- 系统平台：由连接在互联网上、分布在世界各地的联网主机（包括 Web 服务器、域名服务器、邮件服务器等）及其操作系统（Windows、UNIX、Linux 等）和不计其数的客户终端组成，是互联网服务和应用的技术基础。
- 应用平台：由各类网站或搜索引擎组成，它在上述通信平台和系统平台的支撑下搭建，能够提供包括信息检索、电子商务、远程服务在内的各种网络应用。

（二）认识网站

【任务要求】

通过打开几个不同类型的网站，使读者了解网站的风格和特点，知道网站就是人们交流和服务的平台。

【操作步骤】

（1）在地址栏中输入网址“http://www.haier.com/cn”，然后按 Enter 键，则浏览器就会打开海尔集团网站的主页，如图 1-6 所示。可见，海尔集团的网站中包含了很多内容，如产品展示、解决方案、售后服务、设计体验、用户论坛等，不仅宣传了企业，而且也为用户的交流提供了一个平台。

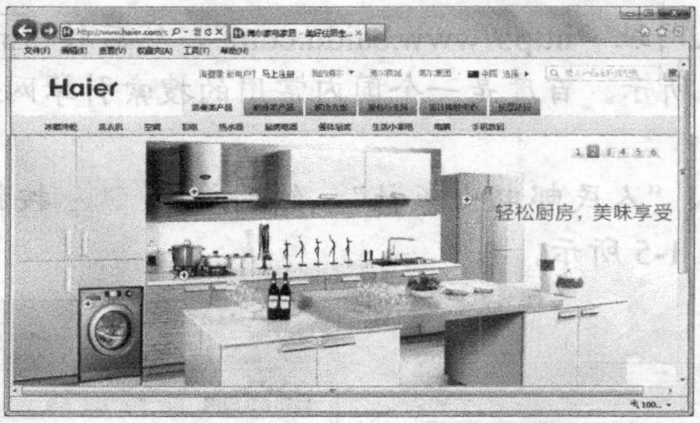

图 1-6　海尔集团网站

要点提示　网站是在软件和硬件基础设施的支持下，由一系列网页、资源、后台数据库等构成，具有多种网络功能，能够实现诸如广告宣传、经销代理、金融服务、信息流通等商务应用。

（2）在地址栏中输入网址“http://www.ttketang.com”，然后按 Enter 键，则浏览器就会打开天天课堂网站的主页，如图 1-7 所示。这是一个学习类网站，包括了 Photoshop、AutoCAD 等软件的详细教程和丰富资源，提供了 swf 格式的图文教程和 flv 格式的视频教程。这类教育网站，内容全面、资源免费，是软件爱好者很好的学习园地。

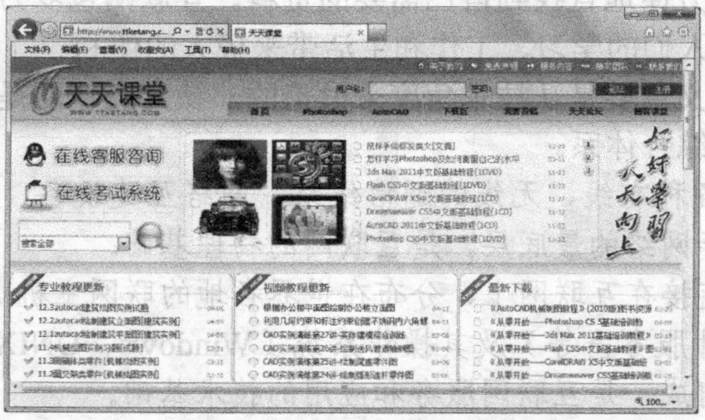

图 1-7　天天课堂网站

（3）在网易网站上，单击【博客】，就进入到网易的博客网站，其中罗列了很多精彩博文。任意选择一个人的博客，就可以浏览他的博文，如图 1-8 所示。

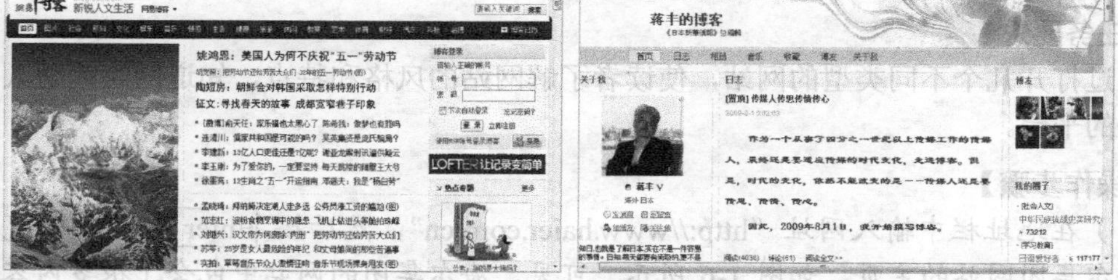

图 1-8　博客网站

可见，个人博客侧重于展示个性、心理、情感、才艺等个人情况，可以通过博客与朋友交流，是一种基于兴趣和抒发心意的交流平台。这类网站属于个人网站的范畴。

要点提示

个人博客怎么开通呢？这很简单。目前在大多数的门户网站上，都提供免费的博客空间。你只需要简单的注册就可以建立自己的博客。不过要想让别人愿意看你的博客，那可就要认真写呀！

【任务小结】

互联网上丰富的信息和强大的功能就是由这些网站提供和实现的。对于企业来讲，网站好像是“工厂”、“公司”、“经销商”；对于商家来讲，网站好像是“商店”；对于政府机构来讲，网站好像是“宣传栏”、“接待处”；对于个人来说，网站就是自己的“名片”。构建一个有吸引力的网站，对于任何单位和个人来说，都是一件很有意义的事情。这里所说的网站，就是常见的专业术语 Web。

按照构建网站的主体，可以将网站划分为以下几种基本类型：

- 个人网站；
- 企业网站；
- 行业网站；
- 政府网站；
- 服务机构电子商务网站。

按照网站的功能，可以大概分为资讯网站和商务网站两种类型。前者以提供新闻、娱乐和信息资源为主，后者以实现电子商务为主。

动手练习

（1）利用谷歌（www.google.com）或百度（www.baidu.com）搜索网站，查找有关 2012 年伦敦奥运会吉祥物的资料。

（2）打开清华大学主页，查找有关硕士研究生的招生信息。

任务二 安装 IIS 系统

要创建一个网站，首先要创建网络服务，也就是要在你的计算机中安装能够提供 WWW 或 FTP 服务的信息系统。一般说来，承载网站的服务器所使用的操作系统都是网络操作系统，如 Windows Server 2003、Linux、UNIX 等，相应的信息服务系统也有很多。本书以最常见的操作系统 Windows Server 2003 搭配 IIS 信息服务系统为例，来讲解网站的建设与管理。

Internet 信息服务（Internet Information Server，IIS）是由微软公司推出的 Internet 信息服务平台，与 Windows 操作系统配套使用。它功能强大、使用简便，在局域网中得到了广泛使用。IIS 能够提供 WWW、FTP、SMTP 等常用的网络服务。

IIS 对系统资源的消耗很少，安装、配置都非常简单。而且 IIS 能够直接使用 Windows 操作系统的安全管理工具，提高了安全性，简化了操作，是中小型网站理想的服务器工具。

说明

在 Windows Server 2000 操作系统中，其 IIS 版本为 5.0；在 Windows Server 2003 操作系统中，系统支持的 IIS 版本为 6.0。而在 Windows XP Professional 操作系统中，也可以补充安装 IIS 系统，版本为 5.0，其安装和使用方法与下面所述基本相同。

【任务要求】

默认情况下，Windows Server 2003 操作系统没有安装 IIS 系统。下面来说明如何安装 IIS 系统。

【操作步骤】

（1）选择【开始】/【设置】/【控制面板】命令，打开【控制面板】窗口。单击【添加或删除程序】图标，打开【添加或删除程序】窗口，如图 1-9 所示。

（2）在窗口左侧面板中选择【添加/删除 Windows 组件】选项，弹出【Windows 组件向导】对话框，如图 1-10 所示。

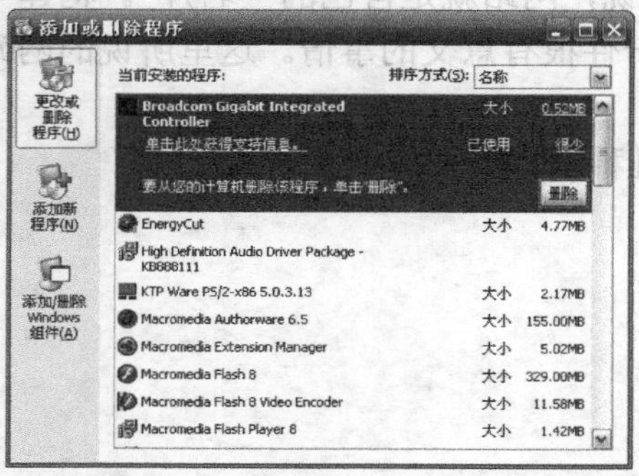

图 1-9 【添加或删除程序】窗口

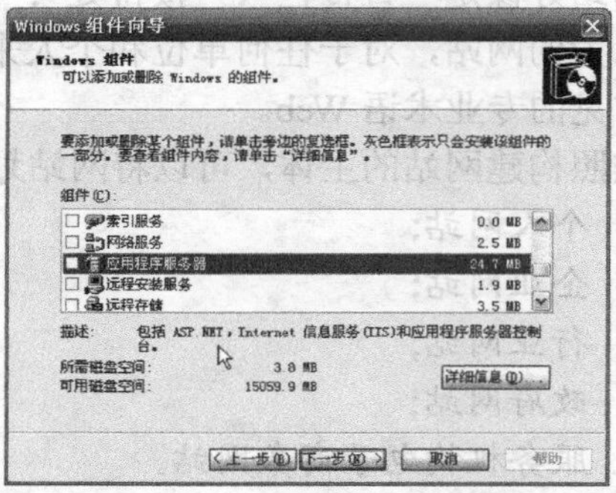

图 1-10 【Windows 组件向导】对话框

（3）从【Windows 组件向导】对话框的【组件】列表框中，可以看到操作系统目前已经安装的组件（组件前面的复选框被勾选）和没有安装的组件。可以看到【应用程序服务器】组件目前还没有安装，因此，需要将该组件勾选。

（4）如果计算机的硬盘采用的是 FAT32 分区，则在勾选【应用程序服务器】复选框时，会弹出一个【Internet 信息服务】对话框，提示在 FAT 系统上安装 IIS 系统会出现一些安全性问题，如图 1-11 所示。单击 确定 按钮后，会继续出现提示信息，如图 1-12 所示。单击 确定 按钮后，关闭该对话框。这时，【应用程序服务器】复选框被勾选。

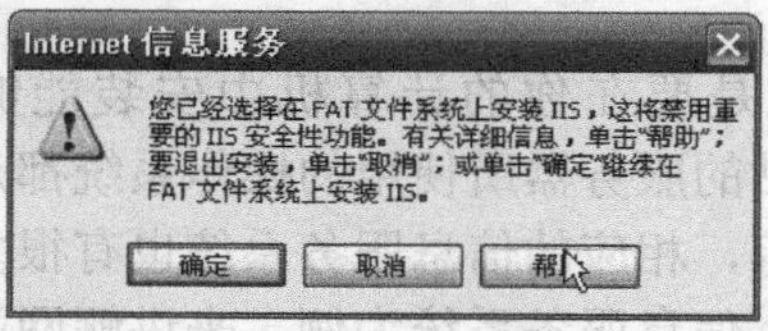

图 1-11 【Internet 信息服务】对话框（1）

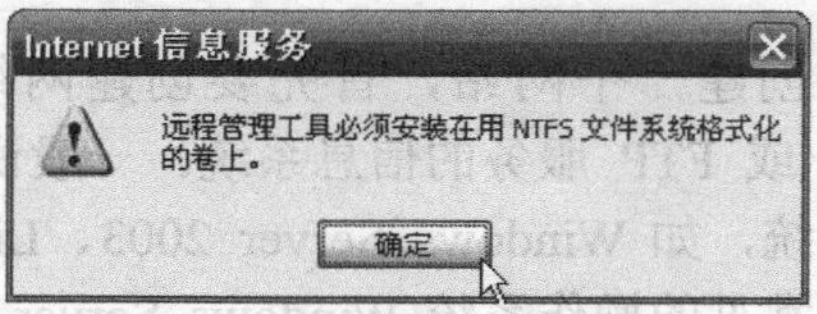

图 1-12 【Internet 信息服务】对话框（2）

（5）单击 详细信息(D)... 按钮，弹出【应用程序服务器】对话框，如图 1-13 所示。

（6）在【应用程序服务器】对话框中，勾选【Internet 信息服务（IIS）】复选框，单击 详细信息(D)... 按钮，弹出【Internet 信息服务（IIS）】对话框，该对话框中列出了【Internet 信息服务（IIS）】组件所包含的所有子组件，如图 1-14 所示。如果想去掉哪一个子组件，可以取消对该项的勾选。

说明

如果组件前面的复选框是灰色的，这表示该组件还包含了更多的子组件，并没有全部选取。有些子组件需要其他子组件的支持。

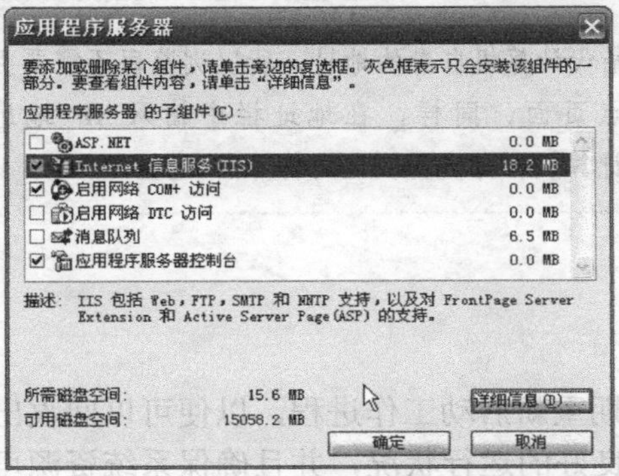

图 1-13　【应用程序服务器】对话框

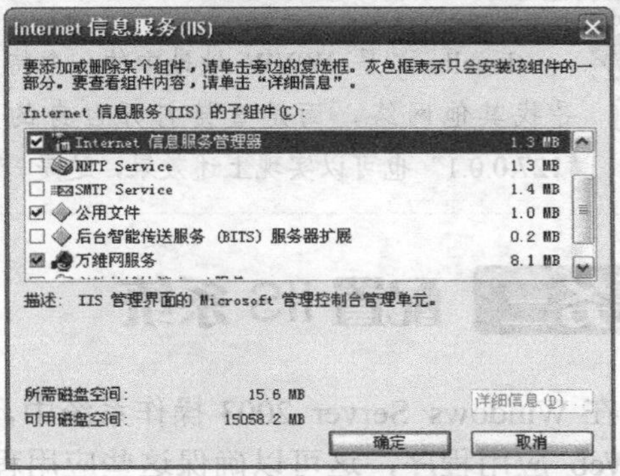

图 1-14　Internet 信息服务子组件列表

（7）连续单击 确定 按钮，回到【Windows 组件向导】对话框。单击 下一步(N) > 按钮，进入【正在配置组件】向导页，说明正在配置组件，如图 1-15 所示。

（8）稍后，弹出【插入磁盘】对话框，告知需插入系统光盘，如图 1-16 所示。插入系统光盘，然后单击 确定 按钮，系统继续安装，直至完成 IIS 6.0 的安装。

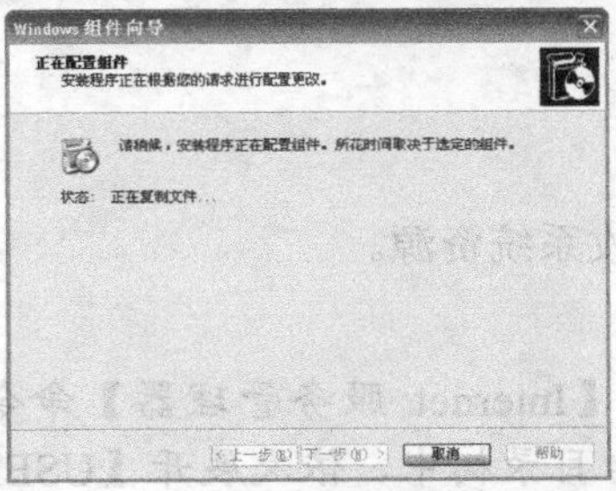

图 1-15　开始配置组件

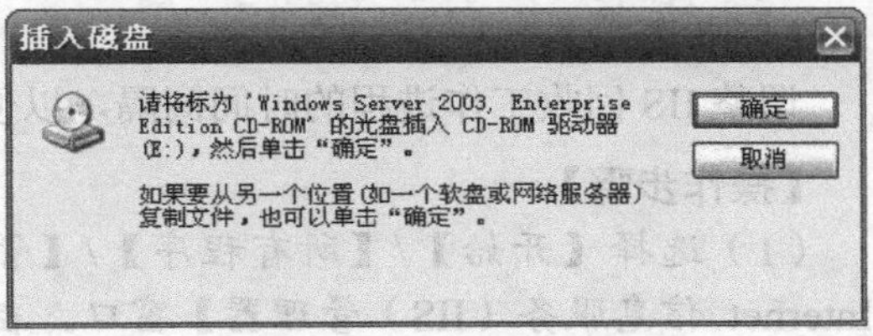

图 1-16　提示插入系统光盘

（9）安装完成后，在系统的管理工具中就会增加【Internet 信息服务（IIS）管理器】。

（10）打开 IE 浏览器，并在浏览器的地址栏中输入地址“http://localhost”，然后按 Enter 键。如果成功安装了 IIS 6.0，则在 IE 浏览器中会显示如图 1-17 所示的内容。这是 IIS 6.0 自带的一个简单页面，用于测试 IIS 是否安装成功。

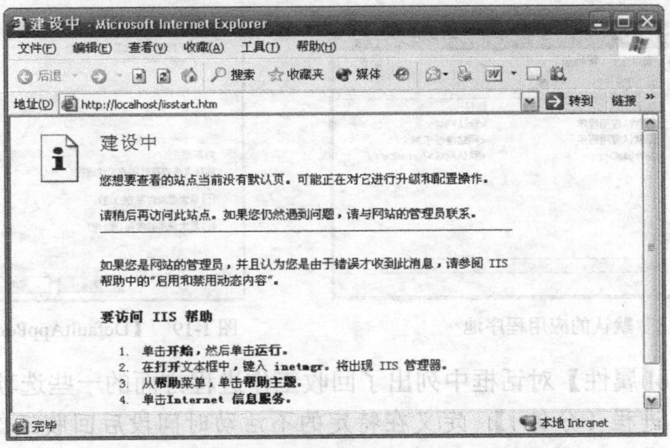

图 1-17　测试 IIS 是否安装成功

说明　localhost 是 WWW 地址中的一个特定名词，指代计算机自身的地址。所以浏览器不需要去寻找其他网络，而是直接打开自身的 Web 站点页面。同样，在地址栏中输入 IP 地址“127.0.0.1”也可以实现上述效果，这是一个保留给计算机自身进行测试的特殊 IP 地址。

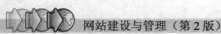

任务三 配置 IIS 系统

在 Windows Server 2003 操作系统中，应当定期重新启动工作进程，以便可以回收出错的 Web 应用程序，这可以确保这些应用程序处于良好的运行状况，并且确保系统资源可以恢复。在用户访问网站的时候，由于种种原因，应用程序、服务进程都有可能出现错误，从而无法释放其占用的系统资源。如果回收间隔时间过长，则会导致系统资源耗尽，无法提供正常的信息服务。另外，IIS 还提供了 Web 服务器扩展，以满足各种 Web 服务程序的需求，更好地提供信息服务。

因此，在使用 IIS 之前，首先需要对其进行基本配置。

（一）回收工作进程

【任务要求】

调整 IIS 回收工作进程的时间间隔，以便更好地回收系统资源。

【操作步骤】

（1）选择【开始】/【所有程序】/【管理工具】/【Internet 服务管理器】命令，打开【Internet 信息服务（IIS）管理器】窗口。在左侧控制台目录树中，依次展开【USER（本地计算机）】/【应用程序池】/【DefaultAppPool】节点，如图 1-18 所示。

（2）在【DefaultAppPool】节点上单击鼠标右键，在弹出的快捷菜单中选择【属性】命令，弹出【DefaultAppPool 属性】对话框，如图 1-19 所示。

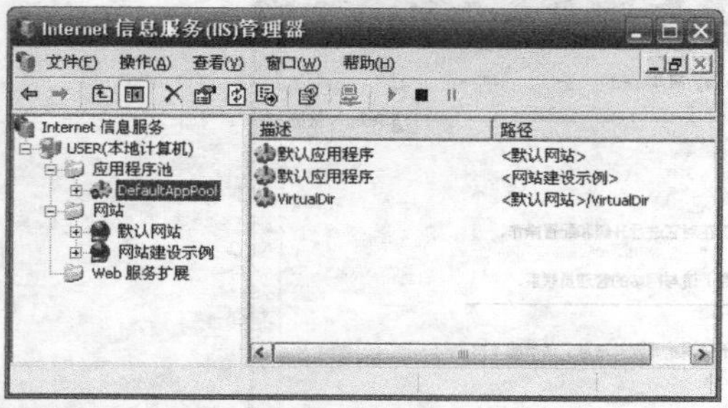

图 1-18　默认的应用程序池

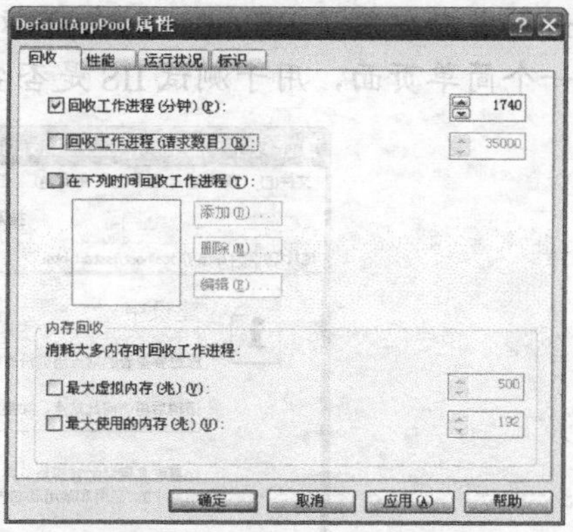

图 1-19　【DefaultAppPool 属性】对话框

【DefaultAppPool 属性】对话框中列出了回收工作进程方面的一些选项，说明如下。

- 【回收工作进程（分钟）】：定义在特定的不活动时间段后回收工作进程。
- 【回收工作进程（请求数目）】：定义在特定数目的请求后回收工作进程。

- 【在下列时间回收工作进程】：使用计划方案关闭进程。
- 【最大虚拟内存（兆）】：设置在回收进程前，工作进程所能使用的虚拟内存的最大值。输入过高的值会显著地降低系统的性能。一般应当选择默认值。
- 【最大使用的内存（兆）】：设置回收工作进程前，工作进程所能使用的物理内存的最大值。一般应当选择默认值。

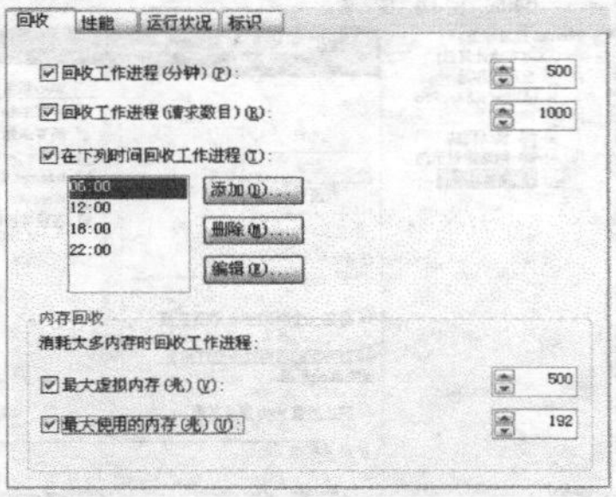

图 1-20　设置各选项参数值

（3）根据实际需要，设置各选项的参数如图 1-20 所示。

说明　实践证明，为 Windows Server 2003 操作系统的 IIS 设置合理的回收工作进程，可以有效地提高 Web 站点的服务性能。若不进行设置而单纯使用默认值，有可能会出现服务停顿的现象。

【知识链接】

在应用程序池属性对话框（见图 1-19）中，还有其他几个选项卡，下面简单介绍一下。

（1）【性能】选项卡。

可以配置 Internet 信息服务（IIS），关闭空闲工作进程、监视 CPU 性能以及 Web 程序中的进程数等。

（2）【运行状况】选项卡。

可以配置工作进程运行状况监视，为工作进程间的通信设置限制、确定大量进程快速失败时操作，以及设置启动和关闭的时间。

（3）【标识】选项卡。

应用程序池标识是运行应用程序池的工作进程的账户名。默认情况下，应用程序池用 NetworkService 账户进行操作，该账户具有运行 Web 应用程序所要求的最小用户权限。

（二）启用动态内容

在默认情况下，IIS 只为静态内容提供服务。对于 ASP 等在服务器端的包含文件、WebDAV 发布、FrontPage Server Extensions 等功能只有在启用时才工作。

【任务要求】

通过对 IIS 管理器中的 Web 服务扩展节点进行操作来配置这些请求处理程序（称为 Web 服务扩展）。

【操作步骤】

（1）在【Internet 信息服务（IIS）管理器】窗口中，展开【USER（本地计算机）】/【Web 服务扩展】节点并单击该节点，窗口中出现相应的服务器扩展选项，如图 1-21 所示。可见，默认情况下，各种服务扩展都被禁止。

（2）选择某一个选项，单击 允许 按钮，则该选项的状况转化为“允许”，如图 1-22 所示。

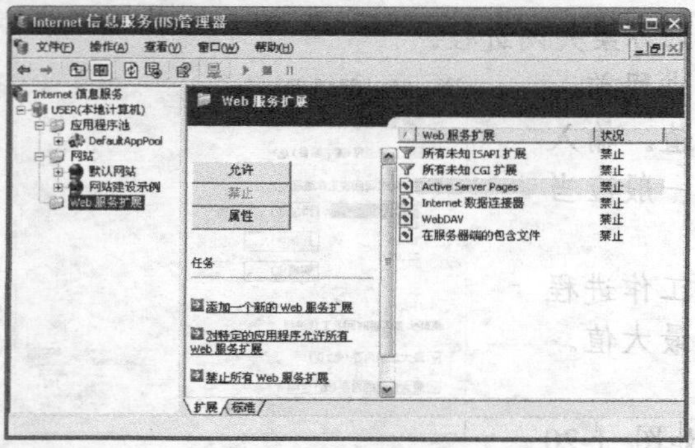

图 1-21　Web 服务扩展

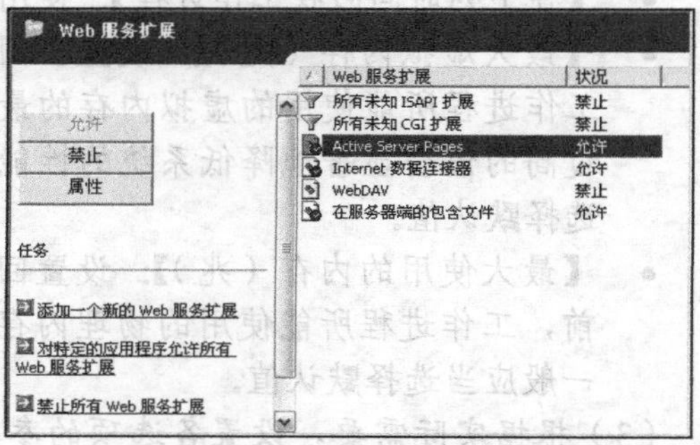

图 1-22　允许服务器扩展

【任务小结】

从 Web 服务扩展列表中可以看到，一般主要的扩展服务有 5 项，其中对于常用网站最重要的服务主要有“Active Server Pages”和“在服务器端的包含文件”。使这两个选项被允许，则动态网站常用的功能就能够得到满足。

动手练习

（1）通过【Internet 信息服务（IIS）管理器】窗口中的联机帮助了解其功能。

（2）安装或卸载 IIS 6.0 组件中不使用的子组件。

任务四　创建 WWW 服务

Internet 是一个信息资源的宝库，但是由于其分散的组织模式，常使人们面对这么丰富的信息资源却无从下手。Internet 上原来提供的各种信息服务如 FTP、Telnet 等，不但功能单一，而且还需要用户熟悉一系列的操作命令，过程烦琐而困难。在这种情况下，WWW（World Wide Web，万维网）应运而生，它通过超文本（HyperText）的方式将各种信息资源（包括图、文、声、像等多媒体信息）组织在一起，用户只需要单击链接，就可以方便地浏览到感兴趣的信息，从而使信息获取的手段有了本质的改变，进而极大地推动了 Internet 的发展。

WWW 起源于欧洲物理粒子研究中心（1989 年），最初的设计目的是为了实现世界各地的科学家能够在远程环境下有效地进行合作。由于其功能强大、操作简便，很快在互联网上得到了广泛应用。

要点提示

由于 WWW 服务一般主要是指通过 HTTP 实现的页面浏览服务，所以有时又称为 HTTP 服务。

（一）创建一个 Web 站点

【任务要求】

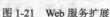

简单地说，WWW 是一种信息服务方式，而 Web 站点是信息存放的载体。要实现 Web

站点的 WWW 服务，就需要在 IIS 中对站点进行适当的配置。

在安装 IIS 6.0 的过程中，系统创建了一个默认的 Web 站点。但有时为了应用的需要，还需要更多的站点，这就需要创建新的 Web 站点。

【操作步骤】

（1）选择【开始】/【所有程序】/【管理工具】/【Internet 服务管理器】命令，打开【Internet 信息服务（IIS）管理器】窗口。

（2）在计算机名称（此处为【User（本地计算机）】）上双击，展开目录树，然后在【网站】节点上单击鼠标右键，在弹出的快捷菜单中选择【新建】/【网站】命令，如图 1-23 所示。

（3）系统弹出【网站创建向导】对话框，引导进行 Web 站点的创建，如图 1-24 所示。

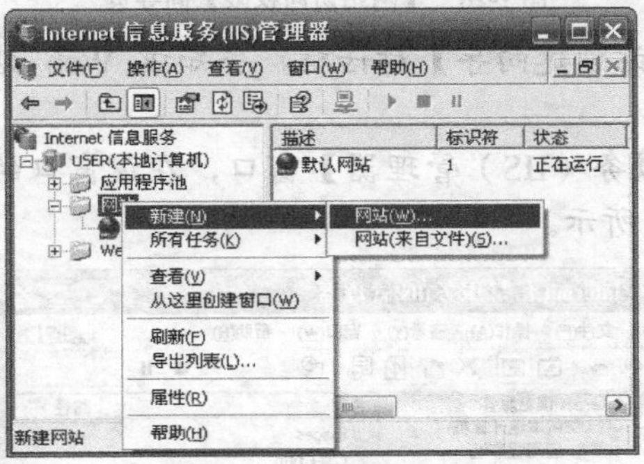

图 1-23　新建站点

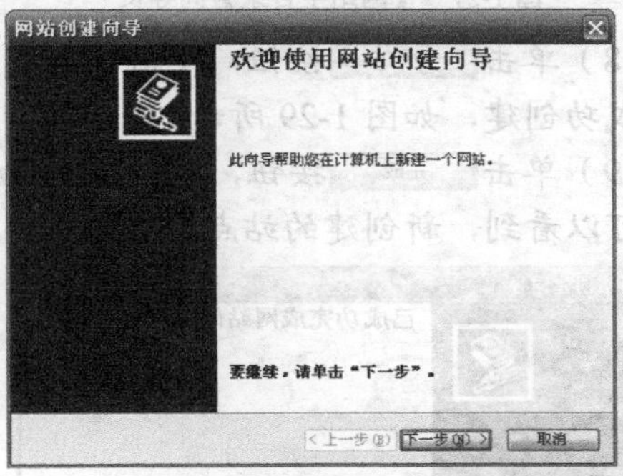

图 1-24　【网站创建向导】对话框

（4）单击 下一步(N) > 按钮，进入【网站描述】向导页，输入该 Web 站点的说明，如图 1-25 所示。

（5）单击 下一步(N) > 按钮，进入【IP 地址和端口设置】向导页，输入该 Web 站点所使用的 IP 地址、所使用的 TCP 端口以及该站点的主机头，如图 1-26 所示。

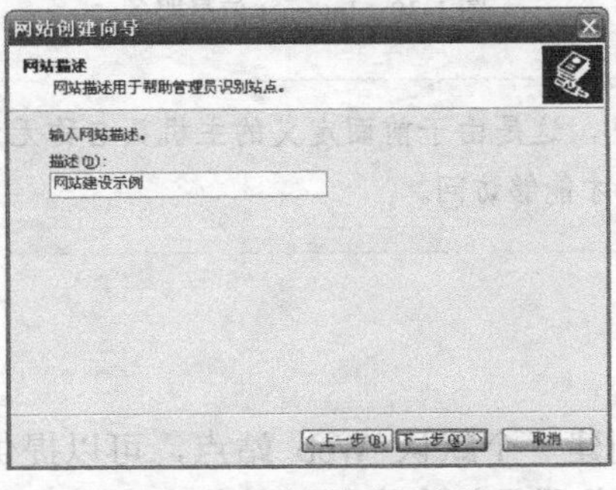

图 1-25　【网站描述】向导页

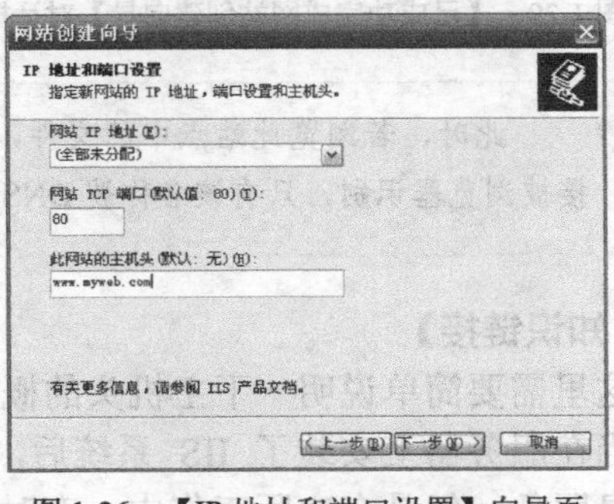

图 1-26　【IP 地址和端口设置】向导页

说明

在为站点指定 IP 地址处，列出了尚未指派给其他站点的所有 IP 地址，HTTP 使用的 TCP 端口默认为 80。在同一台计算机上，不同站点的 IP 地址、端口和主机头至少要有一项是不同的。

（6）单击 下一步(N) > 按钮，进入【网站主目录】向导页，输入该 Web 站点主目录的路径，如图 1-27 所示。

（7）单击 下一步(N) > 按钮，进入【网站访问权限】向导页，设置该 Web 站点允许的权限，如图 1-28 所示。

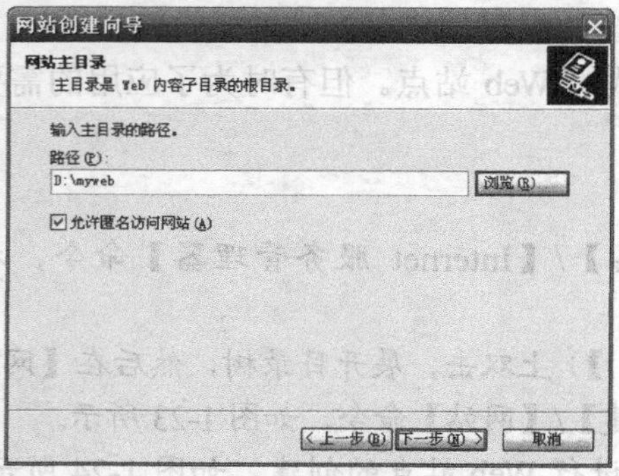

图1-27　【网站主目录】向导页

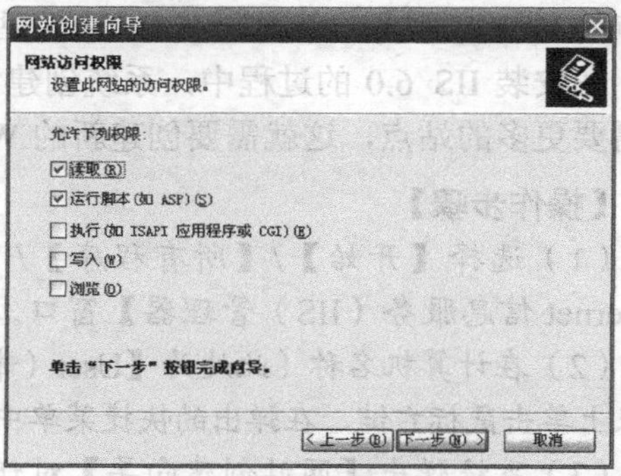

图1-28　【网站访问权限】向导页

（8）单击 下一步(N) > 按钮，弹出【已成功完成网站创建向导】对话框，告知该 Web 站点已经成功创建，如图1-29所示。

（9）单击 完成 按钮，返回【Internet 信息服务（IIS）管理器】窗口，在该窗口的列表中可以看到，新创建的站点已经存在，如图1-30所示。

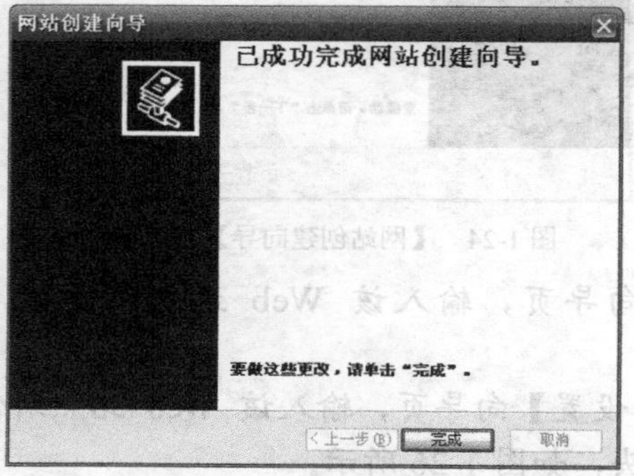

图1-29　【已成功完成网站创建向导】对话框

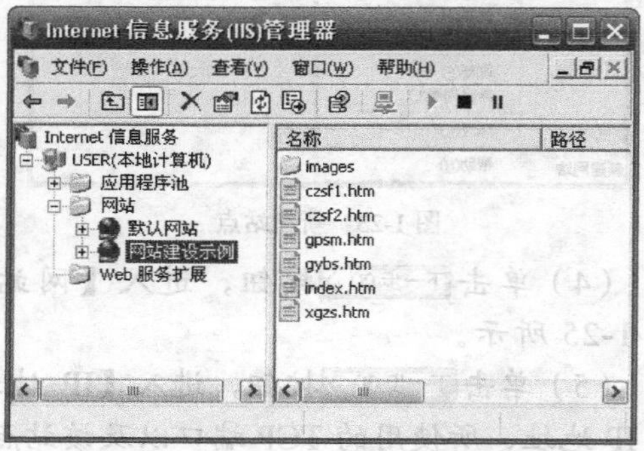

图1-30　Internet 信息服务

说明

此时，若浏览此站点中的文件，会出现错误信息，这是由于前面定义的主机头名称无法直接被浏览器识别，只有该名称被 DNS 服务器解析后，才能够访问。

【知识链接】

这里需要简单说明一下主机头的概念。

当在服务器上安装了 IIS 系统后，系统会自动创建一个默认 Web 站点，可以提供一定的信息服务。但是在实际工作中，有时需要用一台服务器承担多个网站的信息服务业务，这时就需要在服务器上创建新的站点，这样就可以节省硬件资源、节省空间和降低能源成本。

要确保用户的请求能到达正确的网站，必须为服务器上的每个站点配置唯一的标识，也就是说，必须至少使用3个唯一标识符（主机头名称、IP 地址和唯一 TCP 端口号）中的一个来区分每个网站。

主机头实际上是一个网络域名到一个 IP 地址的静态映射，一般需要在域名服务（DNS）中提供解析（DNS 的详细内容在项目七中介绍）。DNS 将多个域名都映射为同一个 IP 地址，然后在网站管理中通过主机头（域名）来区分各个网站。例如，在一台 IP 地址为

192.168.1.10 的服务器上，可以有两个站点，其主机头分别为“www.myweb.com”和“movie.myweb.com”。为了让别人能够访问到这两个站点，必须在 DNS 中设置这两个域名都指向 192.168.1.10。当用户访问某个域名时，就会在 DNS 的解析下通过 IP 地址找到这台服务器，然后在主机头的引导下找到对应的站点。

说明

虽然也可以使用多个 IP 地址或不同的 TCP 端口号来标识同一服务器上的不同网站，但是最好使用主机头名称。另外，如果同时使用几种方式来区分网站，如将主机头、唯一 IP 地址或非标准端口号任意组合来标识，反而会降低服务器上所有网站的性能。

（二）管理 Web 站点

【任务要求】

利用 IIS 管理器，对 Web 进行各种管理，如启动、停止、打开、浏览和删除。

【操作步骤】

（1）打开【Internet 信息服务（IIS）管理器】窗口，在左侧控制台目录树中，依次展开【USER（本地计算机）】/【网站】/【默认网站】节点。

（2）在【默认网站】节点上单击鼠标右键，在弹出的快捷菜单中选择【停止】或【暂停】命令，就可以停止或暂停该站点的功能，如图 1-31 所示。以后想启用时，重新选择【启动】命令即可。

说明

默认情况下，新建的站点在系统启动时自动启动，所以在弹出的快捷菜单中可以看到【启动】项是灰色的。停止 Web 站点也就是停止该站点的 Internet 服务，并从计算机内存中卸载；暂停 Web 站点也就是禁止 Internet 服务接收新的连接请求，但不影响正在处理的请求。

（3）在弹出的快捷菜单中选择【资源管理器】或【打开】命令，就可以打开该站点的主目录，并对该站点的文件进行操作，如图 1-32 所示。

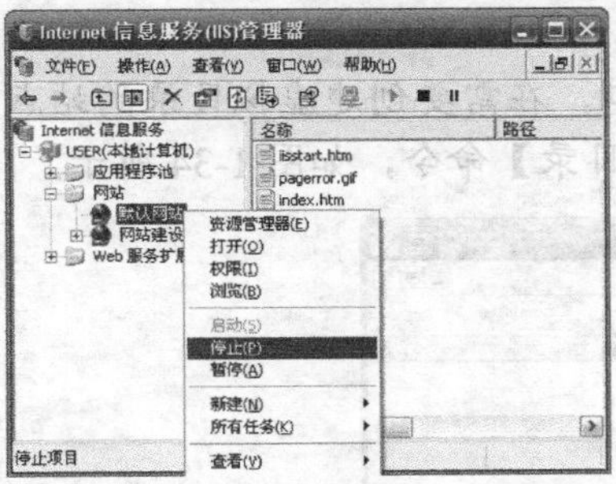

图 1-31 停止 Web 站点服务

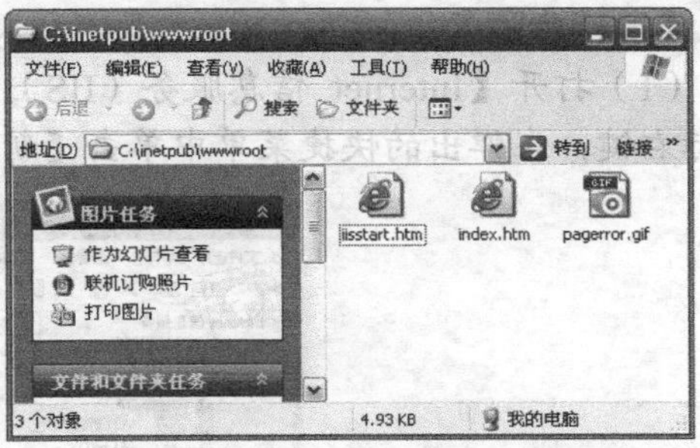

图 1-32 Web 站点主目录

要点提示

一般来说，默认的 Web 服务器的主目录是“c:\inetpub\wwwroot”，这是由系统自动创建的，用户可以根据自己的需要进行调整。

（4）在弹出的快捷菜单中选择【浏览】选项，此时，浏览器将打开默认的网页。若网站被停止，则会显示“找不到网页”的提示信息，如图 1-33 所示。

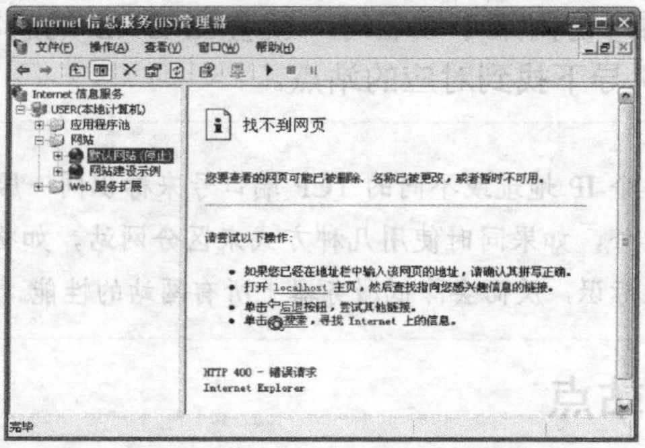

图 1-33　网站被停止则无法打开网页

说明　网站默认的网页文档一般是 index.htm、default.asp、default.htm 等，如果使用其他网页，就必须首先修改网站的默认文档。

（三）创建虚拟目录

【任务要求】

从前面创建和管理 Web 站点的案例中可以看到，建立一个 Web 站点后，该站点就和一个主目录相对应。例如，前面建立的站点“网站建设示例”所对应的目录就是“D:\myweb”。也就是说，所有与该网站有关的网页文件都放在了该目录及其子目录下。但有时，与该站点有关的内容不一定要放在该目录下，也可能存放在其他文件夹下。为了管理方便，IIS 提出了虚拟目录的方法。所谓虚拟目录就是指某文件夹在物理上并不在该站点主目录下，但在 Internet 信息管理器和浏览器中却将其看做是在该站点的主目录中一样。虚拟目录是一个与实际的物理目录相对应的概念，该虚拟目录的真实物理目录可以在本地计算机中，也可以在远程计算机上。下面介绍如何创建和使用一个虚拟目录。

【操作步骤】

（1）打开【Internet 信息服务（IIS）管理器】窗口，在需要创建虚拟目录的站点上单击鼠标右键，在弹出的快捷菜单中单击【新建】/【虚拟目录】命令，如图 1-34 所示。

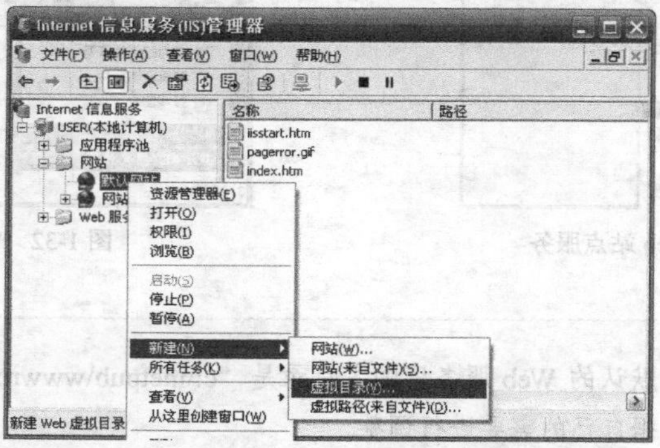

图 1-34　创建虚拟目录

（2）系统弹出【欢迎使用虚拟目录创建向导】对话框，如图 1-35 所示。

（3）单击 下一步(N) > 按钮，进入【虚拟目录别名】向导页，如图 1-36 所示。输入要创建的虚拟目录的别名，该别名将代替实际的物理目录的名字出现在 Internet 信息管理器中。

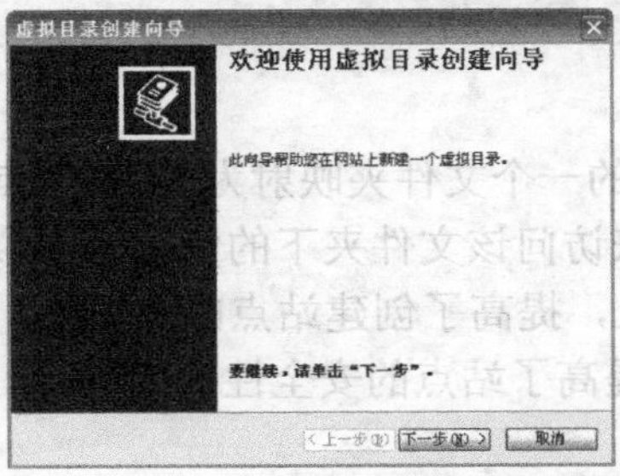

图 1-35　欢迎使用虚拟目录创建向导】对话框

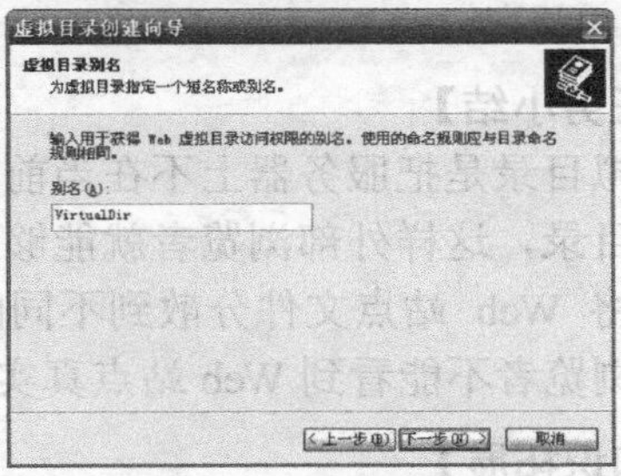

图 1-36　【虚拟目录别名】向导页

（4）单击 下一步(N) > 按钮，进入【网站内容目录】向导页。单击 浏览(R)... 按钮，找到要创建的虚拟目录的实际物理路径，确定后路径名会显示在文本框中，如图 1-37 所示。

（5）单击 下一步(N) > 按钮，进入【虚拟目录访问权限】向导页，如图 1-38 所示，图中列出了用户对该虚拟目录允许的访问权限，勾选访问权限前面的复选框就代表允许该权限。

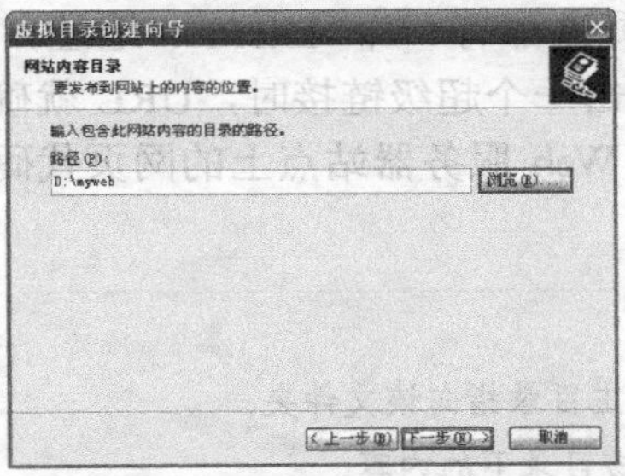

图 1-37　【网站内容目录】向导页

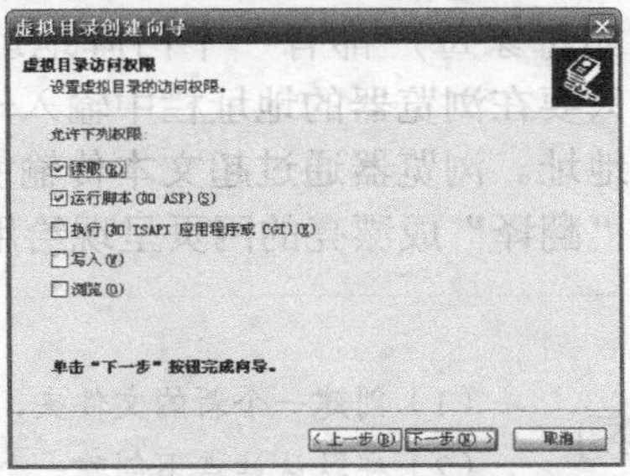

图 1-38　【虚拟目录访问权限】向导页

（6）单击 下一步(N) > 按钮，系统弹出【您已成功完成虚拟目录创建向导】对话框。再单击 完成 按钮，完成虚拟目录的创建。

从【Internet 信息服务（IIS）管理器】窗口中可见，在选定站点下新增加了一个虚拟目录“VirtualDir”，其图标和普通的文件夹图标不同，如图 1-39 所示，但在 Internet 信息服务管理器中可以像对待站点实际目录一样来操作。

打开浏览器，在地址栏中输入“http://localhost/virtualDir/gybs.htm”，就可以浏览虚拟目录中的网页文件，如图 1-40 所示。可见，在访问地址中，虚拟目录如同默认网站的一个目录一样。

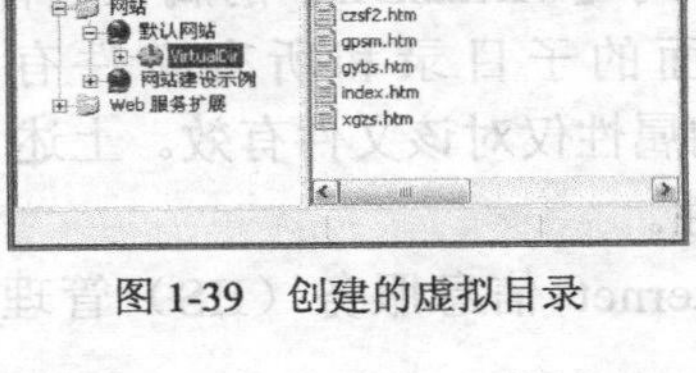

图 1-39　创建的虚拟目录

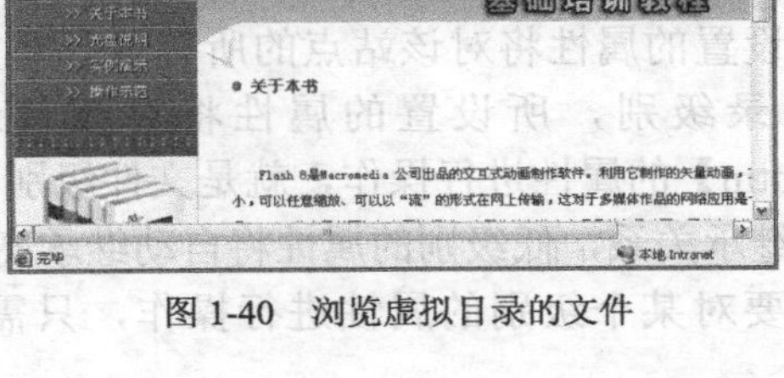

图 1-40　浏览虚拟目录的文件

要点提示 该虚拟目录中应该有一个基本的网页文件，如 index.htm 或 default.htm 等，这样用户才能够对站点进行浏览。

【任务小结】

虚拟目录是把服务器上不在当前 Web 站点目录下的一个文件夹映射为 Web 站点下的一个逻辑目录，这样外部浏览者就能够通过 URL 地址来访问该文件夹下的资源。虚拟目录不仅可以将 Web 站点文件分散到不同的磁盘或计算机上，提高了创建站点的灵活性，而且由于外部浏览者不能看到 Web 站点真实的目录结构，也提高了站点的安全性。

【知识拓展】

前面提到的各网站的网址和本机 Web 地址等，都被称为 URL（Univeral Resource Locator，统一资源定位器），它是 WWW 浏览器专门用于定位 Internet 上网络资源的地址形式。URL 的标准格式为

协议名称://服务器名称/文件名

例如，“http://www.163.com”就是一个 URL 地址。

犹如每家每户都有一个门牌地址一样，每个网页也都有一个 Internet 地址，也就是 URL。只要在浏览器的地址栏中输入一个 URL 或是单击一个超级链接时，URL 就确定了要浏览的地址。浏览器通过超文本传输协议（HTTP）将 Web 服务器站点上的网页代码提取出来，并“翻译”成漂亮的网页呈现给用户。

动手练习

（1）创建一个新的文件夹，然后将 Web 站点的主目录指向该文件夹。

（2）在默认站点下创建一个虚拟目录，并浏览该目录下的内容。

任务五 配置 Web 站点

Web 站点创建后，该站点的一些基本属性和基本功能就已经具备并可以使用了。如果在使用中发现有需要调整的地方，就需要对 Web 站点进行配置，这样才能更好地使用该站点的功能。

在【Internet 信息服务（IIS）管理器】窗口中，可以方便地对有关网站的一切属性进行管理。从该窗口中可以看出，信息分为 4 个级别，即整个计算机级别、站点级别、目录级别和文件级别。例如，对【User（本地计算机）】的属性进行操作，就是整个计算机级别，所设置的属性将对该计算机上的所有网站有效；对【默认网站】的属性进行操作，就是站点级别，所设置的属性将对该站点的所有目录及文件有效；对【VirtualDir】的属性进行操作，就是目录级别，所设置的属性将对该目录及其下面的子目录和所有文件有效；对【index.htm】的属性进行操作，就是文件级别，所设置的属性仅对该文件有效。上述 4 个属性具有继承关系，低级别的属性将自动继承高级别的属性。

若要对某个级别的属性进行操作，只需要在【Internet 信息服务（IIS）管理器】窗

口中相应级别项目的名称上单击鼠标右键，在弹出的快捷菜单中选择【属性】命令即可。图 1-41 所示为计算机的属性对话框。

从图 1-41 中可以看出，在该对话框上可以设置该计算机上所有站点都能继承的日志文件、数据库、MIME 类型等。这些内容都是全局性的，但是也相对比较简单，一般不需要调整。

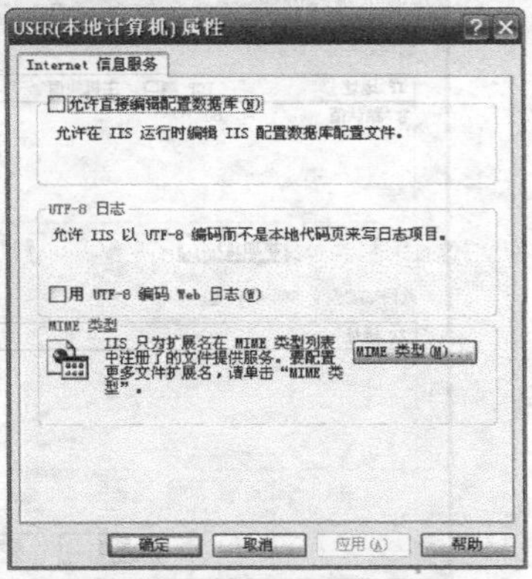

图 1-41　计算机的属性对话框

（一）Web 站点的标识与日志

【任务要求】

每个 Web 站点都有自己的标识，一般是由 IP 地址、TCP 端口和主机头值来定义的。同时，用户对站点的访问，也都可以被记录在站点的访问日志中。下面来了解这些内容。

【操作步骤】

（1）打开【Internet 信息服务（IIS）管理器】窗口，在【默认网站】节点上单击鼠标右键，在弹出的菜单中选择【属性】命令，弹出【默认网站 属性】对话框，如图 1-42 所示。

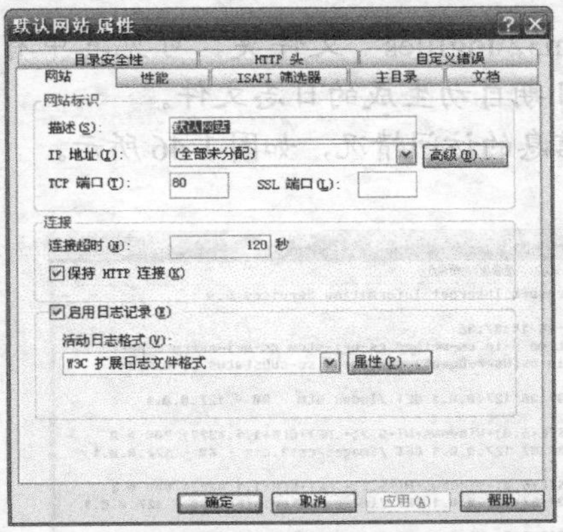

图 1-42　【默认网站 属性】对话框

在【网站标识】栏中有 3 个选项，即【描述】、【IP 地址】和【TCP 端口】。其中，【描述】处填写的是该 Web 站点的名称，该名称将显示在【Internet 信息服务（IIS）管理器】窗口的控制台目录树中。【IP 地址】是指为该站点指定的 IP 地址，如果选择【全部未分配】，则该站点将响应所有指定到该计算机并且没有指定到其他站点的 IP 地址，这将使得该站点成为默认站点。【TCP 端口】是指用于该站点服务的端口，默认为 80，这是 HTTP 服务的默认设置。该端口可以任意更改，但是必须告知用户，否则将无法访问该 Web 站点。

在【连接】栏，以秒为单位设置服务器断开不活动用户连接之前的时间长短。这将确保在 HTTP 无法关闭某个连接时，关闭所有的连接。大多数 Web 浏览器要求服务器在多个请求中保持连接打开。这称为“保持 HTTP 连接”，它允许客户保持与服务器的开放连接，而不是使用新请求逐个重新打开客户连接。但是在有些情况下，一些较慢或者包含内容较多的浏览请求，使得系统资源得不到释放，这将会降低服务器的效率。所以应当设置连接超时限制。

若勾选【启用日志记录】复选框，则启用 Web 站点的日志记录功能，记录用户活动的细节并以选择的格式创建日志。

（2）单击 高级(D)... 按钮，系统弹出【高级网站标识】对话框，如图 1-43 所示。在此可以为站点添加多个标识。

（3）单击 取消 按钮，回到【默认网站 属性】对话框。

（4）单击 属性(P)... 按钮，弹出【日志记录属性】对话框，如图 1-44 所示，它定义了创建新日志的时间间隔以及日志文件的保存位置。

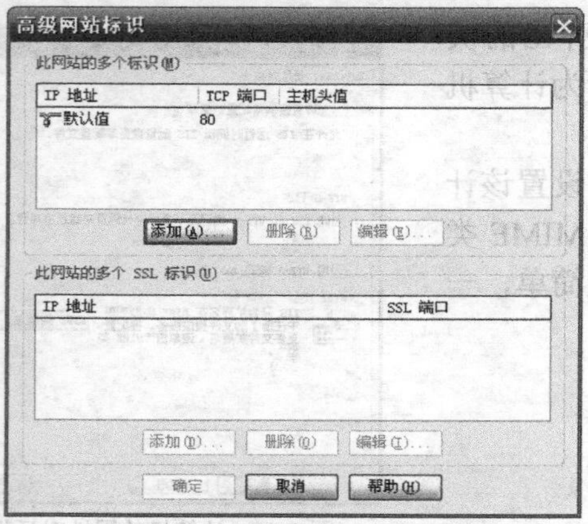

图 1-43 【高级网站标识】对话框

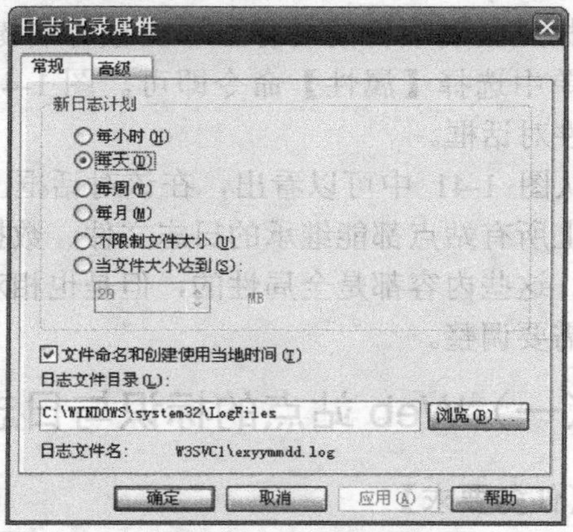

图 1-44 【日志记录属性】对话框

说明 可以选择的日志记录格式有 4 种，分别是 Microsoft IIS 日志格式、NCSA 公用日志文件格式、ODBC 日志格式和 W3C 扩充日志文件格式。一般采用最后一种，它是以文本文件的形式保存在计算机硬盘中的。

（5）利用资源管理器工具，打开“C:\windows\system32\logfiles”文件夹，可见其中有一些列的文本文档，如图 1-45 所示。这些都是系统按照日期自动生成的日志文件。

（6）打开一个日志文件，其中详细记录了用户对网站信息的访问情况，如图 1-46 所示。

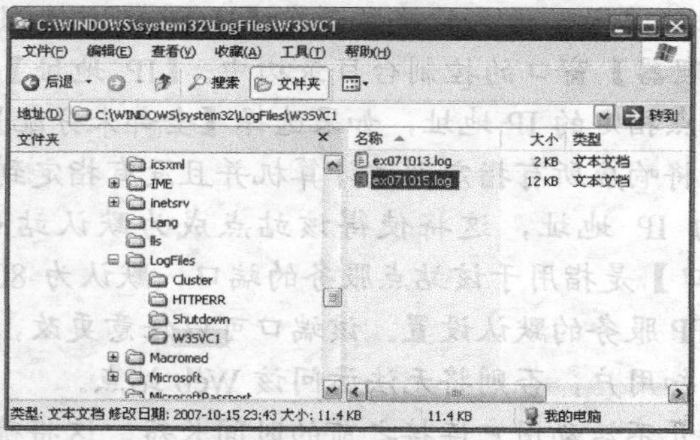

图 1-45 日志文件

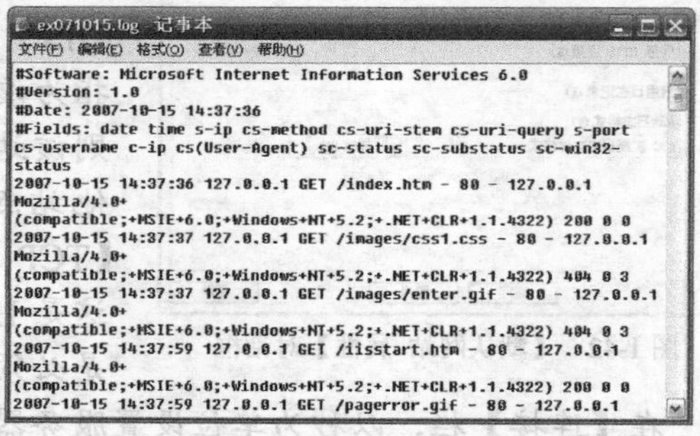

图 1-46 网站访问日志

【知识链接】

对图 1-42 所示【默认网站 属性】对话框中的主要选项介绍如下。

一、SSL 端口

SSL 端口是指安全套接字层（SSL）使用的端口。每个 Web 站点可以有多个 SSL 端口。需要注意的是，使用 SSL 时，仅可为每个 IP 地址分配一个主机头名，这是因为域名是在服务器证书中指定的。不过，每个 Web 站点可以拥有多个服务器证书、多个 IP 地址以及多个 SSL 端口。

只有使用 SSL 加密时才需要 SSL 端口号。可以将该端口号更改为任意唯一的端口号，但是，客户必须事先知道请求该端口号，否则其请求将无法连接到服务器。SSL 端口号是必需的，且该文本框不能置空。

二、Web 站点标识

每个 Web 站点必须有标识特征的唯一组合。因此，尽管多个 Web 站点可共享其 3 个身份特征（域、主机头名称和端口）中的两个，它们必须有一个不同的特征。同时，由于 SSL 证书包含域名，使用证书的 Web 站点无法与其他 Web 站点共享 IP 地址。

- 【IP 地址】：对于要在该框中显示的地址，必须已经在控制面板中定义为在该计算机上使用。如果不指定特定的 IP 地址，该站点将响应所有指定到该计算机并且没有指定到其他站点的 IP 地址。
- 【TCP 端口】：确定正在运行服务的端口。默认情况下为端口 80。可以将该端口更改为任意唯一的 TCP 端口号，但是，用户必须事先知道请求的端口号，否则其请求将无法连接到用户的服务器。
- 主机头名：对于要指定域名的 Web 服务器，必须在域名系统（DNS）中注册。DNS 服务器将已注册的域名映射到计算机的 IP 地址，从而使定位到域名的请求到达计算机。

可以将多个域名或主机名指定到拥有单个 IP 地址的计算机。如果终止主机头中请求的 Web 站点，客户将接收默认的 Web 站点。因此，建议 ISP 将 ISP 主页作为默认 Web 站点使用，而不是作为用户站点。

三、网站性能选项

在【性能】选项卡中，可以设置影响带宽使用的属性，以及客户端 Web 连接的数量。通过配置给定站点的网络带宽，可以更好地控制该站点允许的流量。例如，通过限制低优先级的网站上的带宽或连接数，可以允许其他高优先级站点处理更多的流量负载。设置是站点特定的，并可随着网络流量和使用情况的改变而进行调整。

（二）设置 Web 站点的主目录

【任务要求】

每个 Web 站点都应该有一个对应的主目录，该站点的入口网页就存放在主目录下。在创建一个 Web 站点时，对应的主目录已经创建了。但如果需要，可以在使用过程中重新进行设置。

【操作步骤】

（1）按照前述的方法，打开【Internet 信息服务（IIS）管理器】窗口。

（2）打开【默认网站 属性】对话框，切换到【主目录】选项卡，如图 1-47 所示。

可以看到，选项卡的上部为 Web 站点的内容来源部分，可以设置为本地目录，也可以设置为另外计算机上的共享目录，还可以重定向到已有的一个网站的地址 URL（Uniform Resource Locator）处。在中间部分是访问权限复选框组，可以设置用户对该主目录的访问权限。最下面为应用程序设置，一般不需要修改。

（3）点选【此计算机上的目录】单选按钮，单击 浏览(O)... 按钮，弹出【浏览文件夹】对话框，如图 1-48 所示，要求为站点选择一个新的主目录位置。

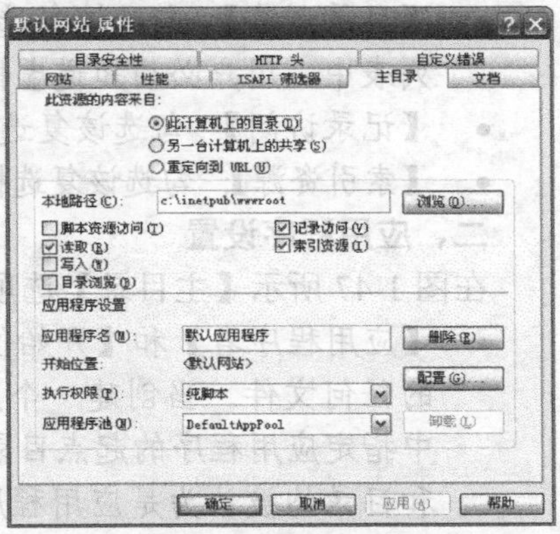

图 1-47 【主目录】选项卡

（4）选择一个文件夹后，单击 确定 按钮，则站点的主目录被重新设定为该文件夹，如图1-49所示。

（5）单击 确定 按钮，关闭属性对话框，可见【Internet 信息服务（IIS）管理器】窗口中站点的内容已经更换为新目录中的内容。

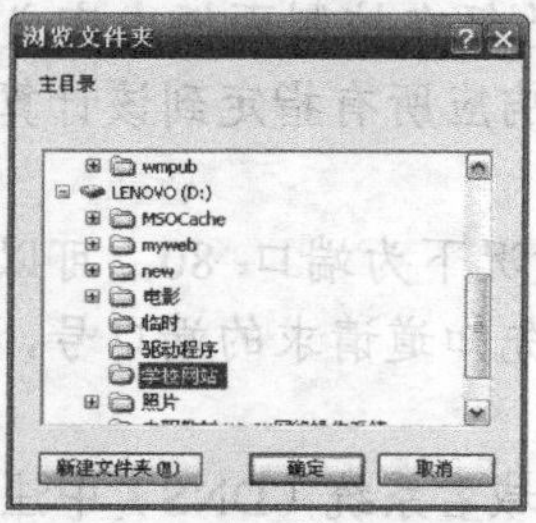

图1-48 【浏览文件夹】对话框

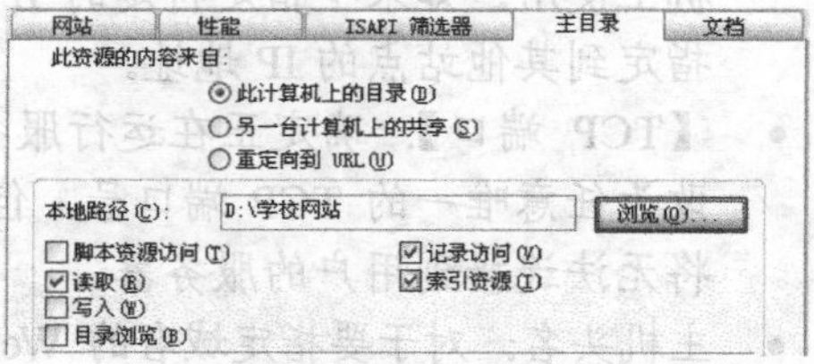

图1-49 站点的主目录被重新设定

要点提示

提示：如果要修改主目录，请确保新目录中具有了站点默认的网页文档，这样站点才能够被正常打开浏览。

【任务小结】

设置 Web 站点的主目录是非常重要的工作，一般都是使用本机的一个实际物理位置。如果点选【重定向到 URL】单选按钮，则可以在下面文本框中输入 URL 地址，如“http://192.168.0.16/mytest”，用户访问该站点就会自动跳转到指定的URL地址。

【知识链接】

一、Web 站点的访问权限

在图1-47所示【主目录】选项卡中，对Web站点的访问权限共有以下6种。

- 【读取】：勾选该复选框，可以查看目录或文件中的内容及属性。
- 【写入】：勾选该复选框，可以更改目录或文件中的内容及属性。
- 【脚本资源访问】：勾选该复选框，可以访问资源文件。该属性与读取和写入属性配合使用。如果读取和写入属性都没有启用，则该属性不可用。
- 【目录浏览】：勾选该复选框，可以查看文件列表和集合。虚拟目录不会显示在目录列表中，用户必须知道虚拟目录的别名。
- 【记录访问】：勾选该复选框，每次对该目录的访问都会有日志记录。
- 【索引资源】：勾选该复选框，允许索引服务索引该资源，以便对资源执行搜索功能。

二、应用程序设置

在图1-47所示【主目录】选项卡中，对基于Web的IIS应用程序可以进行以下设置。

- 【应用程序名】和【开始位置】：IIS应用程序是在Web站点定义的一组目录中执行的任何文件。当创建一个应用程序时，在【Internet 信息服务（IIS）管理器】窗口中指定应用程序的起点目录（也称为应用程序根）。Web站点起点目录下的每个文件和目录均被认为是应用程序的一部分直至找到另一个起点目录。因此，可以使用目录边界来定义应用程序的范围。当安装 Internet 信息服务时所创建的默认 Web 站点是应用程序的起点。

- 【执行权限】：其下拉列表中有 3 个选项。若选择“无”，则只允许访问静态文件，如 HTML 或图像文件；若选择“纯脚本”，则只允许运行脚本文件，而不运行可执行程序；若选择“脚本和可执行程序”，则可以访问和执行各种类型的文件。
- 【应用程序池】：应用程序池是将一个或多个应用程序链接到一个或多个工作进程集合的配置。因为应用程序池中的应用程序与其他应用程序被工作进程边界分隔，所以某个应用程序池中的应用程序不会受到其他应用程序池中应用程序所产生问题的影响。即使当其他应用程序出现问题时，也可以使当前应用程序保持正常状态。一般都使用系统默认的“DefaultAppPool”应用程序池。

三、应用程序配置

在属性对话框的【主目录】选项卡中，单击 配置(G)... 按钮，弹出【应用程序配置】对话框，如图 1-50 所示，默认为【映射】选项卡。在此可以为应用程序设置 3 个方面的内容，即应用程序映射、应用程序选项和应用程序调试。

其中，【映射】、【调试】选项卡的内容基本不用改动，但是【选项】选项卡中有一些控制 Active Server Pages（ASP）程序运行方式的选项必须调整，如图 1-51 所示。ASP 是动态网站设计中最常用的编程语言，能够实现信息采集、数据处理等交互性的工作。本书后续所进行的网站开发就是基于 ASP 语言进行的。

图 1-50　【应用程序配置】对话框

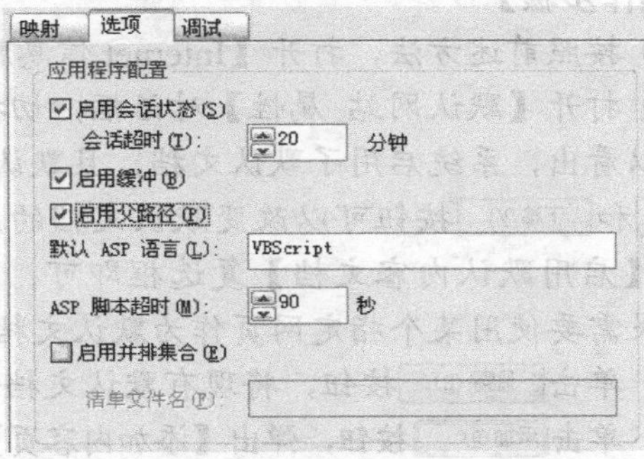

图 1-51　【选项】选项卡

- 【启用会话状态】：勾选该复选框，可以启用或禁用会话状态。当启用会话状态时，ASP 为每个访问 ASP 应用程序的用户创建一个会话，以便标识访问应用程序中不同页的用户。当禁用会话状态时，ASP 无法跟踪用户，也不允许 ASP 脚本在会话对象中存储信息或使用“Session_OnStart”或“Session_OnEnd”事件。如果超时期间结束时用户没有请求或刷新应用程序中的页，会话将自动结束。
- 【会话超时】：为系统上的所有非活动会话设置超时段，它控制了会话对象的生存期。要更改超时时间，在其右侧的文本框中输入新值即可。
- 【启用缓冲】：勾选该复选框，可以缓冲输出到浏览器的内容，将所有由 ASP 页生成的输出收集到一起然后再发送到浏览器。取消勾选该复选框时，ASP 页处理的输出随时返回到浏览器。缓冲输入允许在 ASP 脚本的任何位置设置 HTTP 头。
- 【启用父路径】：勾选该复选框，允许 ASP 页使用当前目录中父目录的相对路径

（使用“..”语法的路径）。这对于 ASP 网页程序非常重要，如果没有此项，程序中的“包含文件”命令就无法正常执行。

- 【默认 ASP 语言】：指定 Active Server Pages 的首要脚本语言，该语言用来处理 ASP 分隔符（<% 和 %>）之间的命令。ASP 带有两个 Microsoft（R）ActiveX（R）脚本引擎：Microsoft Visual Basic（R）Scripting Edition（VBScript）和 Microsoft Jscript（R）（Jscript）。默认 ASP 语言的初始值为 VBScript。
- 【ASP 脚本超时】：指定 ASP 允许脚本运行的时间长度。如果在超时期间结束时脚本没有完成，ASP 将停止脚本并向 Windows 事件日志中写入事件。超时期间可以是介于 1～2 147 483 647 的值。

要点提示

一般只需要选中【选项】选项卡中的“启用父路径”即可。

（三）设置 Web 站点的文档

【任务要求】

每当站点启动时，都会自动开启一个页面，该页面就是站点的默认文档。如果没有为站点设置默认文档，则当用户不指定网页文件而直接打开 Web 站点时，会出现错误信息。

【操作步骤】

（1）按照前述方法，打开【Internet 信息服务（IIS）管理器】窗口。

（2）打开【默认网站 属性】对话框，切换到【文档】选项卡，如图 1-52 所示。

可以看出，系统启用了默认文档，且默认文档有多个，系统会顺序查找和启动的。单击 上移(U) 和 下移(V) 按钮可以改变默认文档的启动顺序。当然，如果不想使用默认文档，取消勾选【启用默认内容文档】复选框即可。若要删除某个默认文档，单击 删除(R) 按钮即可。如果需要使用某个指定网页作为默认文档，可以单击 添加(D)... 按钮进行添加。

（3）单击 删除(R) 按钮，将现有默认文档删除。

（4）单击 添加(D)... 按钮，弹出【添加内容页】对话框，输入要添加的文档名称“login.asp”，如图 1-53 所示。

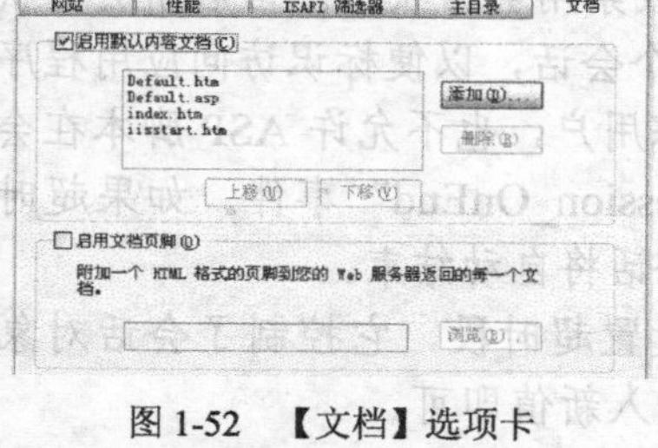

图 1-52 【文档】选项卡

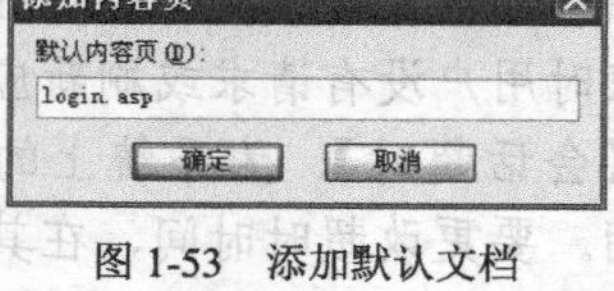

图 1-53 添加默认文档

（5）单击 确定 按钮，则站点的默认文档中增加了“login.asp”项。

【知识链接】

在图 1-52 所示的【文档】选项卡中，还有一个【启用文档页脚】复选框。若启用了该选项，系统自动将一个 HTML 格式的页脚文档附加到 Web 服务器所发送的每个文档中。页脚文件不应该是完整的 HTML 文档，它应该只包含用于格式化页脚内容外观所需的那些 HTML 标签。例如，对用于将公司名添加到所有 Web 页底部的页脚文件，应该包含文本和定义文本字体，及颜色格式所必需的 HTML 标签。文档页脚可能会降低 Web 服务器的性能，尤其是在 Web 页访问频繁时。

【课堂小练习】

（1）创建一个新的文件夹，然后将默认站点的主目录指向该文件夹。

（2）查看站点的日志文件。

（3）尝试使用 IP 地址限制，使某一特定计算机不能访问某个虚拟目录。

（4）设置 Web 站点的访问权限，使用户可以浏览站点的目录。

任务六　搭建 FTP 服务

FTP（File-Transfer-Protocol，文件传输协议）在众多的网络应用中有着非常重要的地位。在 Internet 中一个十分重要的资源就是软件资源，而各种各样的软件资源大多数都是放在 FTP 服务器中的，FTP 与 Web 服务几乎占据了整个 Internet 应用的 80%以上。因此，掌握 FTP 的使用方法十分重要。

FTP 的主要功能是传输文件，也就是将文件从一台计算机发送到另一台计算机上，传输的文件可以包括图片、声音、程序、视频以及文档等各种类型。用户将一个文件从自己的计算机上发送到 FTP 服务器上的过程，叫做上传（upload）；用户将文件从 FTP 服务器复制到自己计算机上的过程，叫做下载（download）。

（一）了解 FTP

设计 FTP 有 4 个目的。

- 促进计算机程序或数据等文件的共享。
- 鼓励间接地或暗示性地使用远程计算机。
- 把用户隐蔽在主机文件系统的多变性之外。
- 为了传输文件的可靠性和效率。

1. 工作原理

使用 FTP 时，用户无须关心对应计算机的位置，以及使用的文件系统。FTP 使用 TCP 连接和对应的 TCP 端口，在进行通信时，FTP 需要建立两个 TCP 连接，一个用于控制信息（如命令和响应，TCP 端口号默认值为 21），称为控制通道；另一个用于数据信息（端口号默认值为 20）的传输，称为数据通道。

以下载文件为例，当用户启动 FTP 从远程计算机下载文件时，事实上启动了两个程序：一个本地机上的 FTP 客户程序，它向 FTP 服务器提出下载文件的请求；另一个是在远程计算机上的 FTP 服务器程序，它响应客户的请求，把指定的文件传送到客户的计算机中。FTP 采用“客户机/服务器”工作方式，用户端要在自己的本地计算机上安装 FTP 客户程序。FTP 客户程序有字符界面和图形界面两种，字符界面的 FTP 的命令复杂、繁多，图形界面的 FTP 客户程序在操作上要简洁方便得多。目前使用的客户程序主要有 IE 浏览器、CuteFTP 等。

FTP 的工作流程如下。

（1）FTP 服务器运行 FTPd 守护进程，等待用户的 FTP 请求。

（2）用户运行 FTP 命令，请求 FTP 服务器为其服务。例如：FTP 202.119.2.197。

（3）FTP 守护进程收到用户的 FTP 请求后，派生出子进程 FTP 与用户进程 FTP 交互，建立文件传输控制连接，使用 TCP 端口 21。

（4）用户输入 FTP 子命令，服务器接收子命令，如果命令正确，双方各派生一个数据传输进程 FTP-DATA，建立数据连接，使用 TCP 端口 20 进行数据传输。

（5）本次子命令的数据传输完，拆除数据连接，结束 FTP-DATA 进程。

（6）用户继续输入 FTP 子命令，重复上述（4）、（5）的过程，直至用户输入 quit 命令，双方拆除控制连接，结束文件传输和 FTP 进程。

整个 FTP 工作流程如图 1-54 所示。

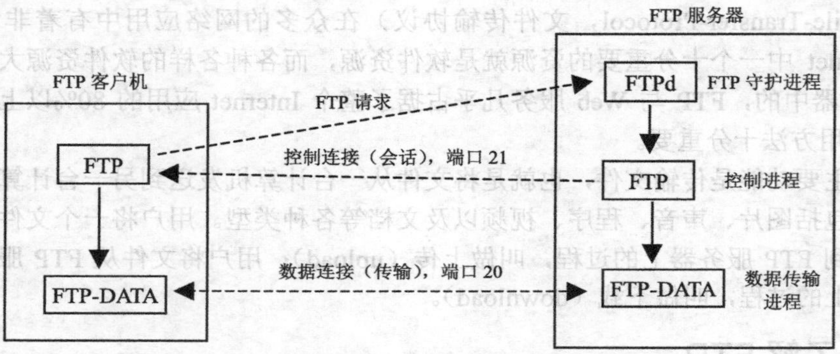

图 1-54 FTP 工作原理示意图

2. FTP 的服务器类型

根据服务对象的不同，FTP 服务器可以分为两类：一类是授权 FTP 服务器，它只允许系统上的合法用户使用；另一类是匿名 FTP 服务器（Anonymous），任何人都可以登录到该服务器上去获取文件。

（1）授权 FTP 服务器。

访问授权 FTP 服务器时必须首先登录，在远程主机上获得相应的权限以后，方可上传或下载文件。也就是说，要想向授权 FTP 服务器上传或下载文件，就必须具有该服务器的适当授权。换言之，除非有用户 ID 和口令，否则便无法传送文件。授权 FTP 服务器一般用于有偿服务领域，也就是需要用户注册，获取正确的用户名和密码后方可使用。

（2）匿名 FTP 服务器。

授权 FTP 服务器方式违背了 Internet 的开放性，Internet 上的 FTP 主机何止千万，不可能要求每个用户在每一台主机上都拥有账号。因此，就产生了匿名 FTP 机制，用户可通过它连接到远程主机上，并从其下载文件，而无须成为其注册用户。系统管理员建立了一个特殊的用户 ID，名为“Anonymous”，口令字可以是任意的字符串，Internet 上的任何人在任何地方都可使用该用户 ID。

值得注意的是，匿名 FTP 不适用于所有 Internet 主机，它只适用于那些提供了这项服务的主机。一般来说，当远程主机提供匿名 FTP 服务时，会指定某些目录向公众开放，允许匿名存取。系统中的其余目录则处于隐匿状态。作为一种安全措施，大多数匿名 FTP 主机都允许用户从其下载文件，而不允许用户向其上传文件。即使有些匿名 FTP 主机确实允许用户上传文件，用户也只能将文件上传至某一指定的上传目录中。随后，系统管理员会去检查这些文件，他会将这些文件移至另一个公共下载目录中，供其他用户下载。利用这种方式，远程主机的用户得到了保护，避免了有人上传有问题或带病毒的文件。

（二）安装 FTP 服务

【任务要求】

创建一个 FTP 站点需要设置它所使用的 IP 地址和 TCP 端口号。FTP 服务的默认端口号是 21，Web 服务的默认端口号是 80，所以一个 FTP 站点可以与一个 Web 站点共用同一个 IP 地址。

可以在一台服务器计算机上维护多个 FTP 站点。每个 FTP 站点都有自己的标识参数，可以被独立配置，单独启动、停止和暂停。FTP 服务不支持主机头名，FTP 站点的标识参数包括 IP 地址和 TCP 端口两项，只能使用 IP 地址或 TCP 端口来标识不同的 FTP 站点。

如果在 IIS 的安装过程中选择了 FTP 服务，则在 IIS 安装后，会自动创建一个默认的 FTP 站点。

【操作步骤】

（1）打开【Internet 信息服务】对话框，在【Internet 信息服务（IIS）的子组件】列表框中勾选【文件传输协议（FTP）服务】复选框，如图 1-55 所示。

（2）单击 确定 按钮，则 FTP 服务程序开始安装。在安装过程中会要求放入 Windows Server 2003 操作系统的安装光盘。

（3）安装完毕后，在【Internet 信息服务（IIS）管理器】窗口中，会出现一个 FTP 站点，如图 1-56 所示。

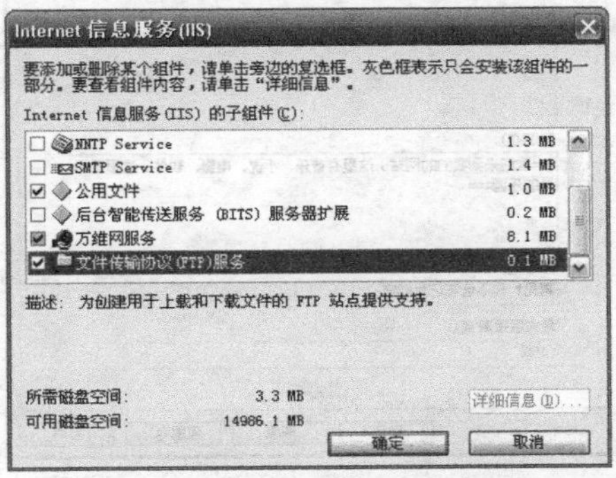

图 1-55　勾选【文件传输协议（FTP）服务】复选框

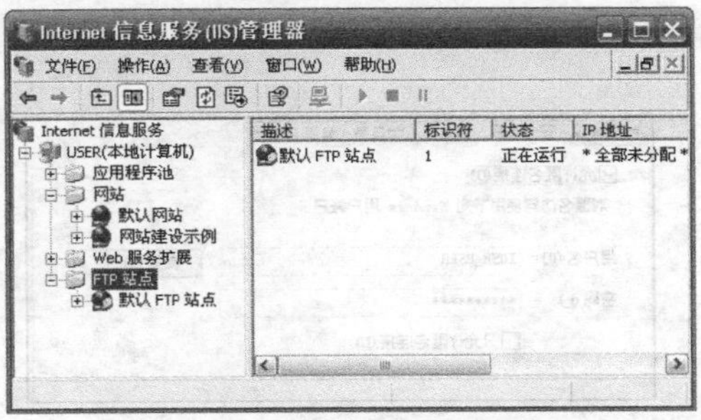

图 1-56　FTP 站点

（三）配置 FTP 站点

【任务要求】

FTP 站点也必须经过合理配置，才能够有效使用。下面通过一些具体的案例，说明如何对FTP站点和服务进行必要的配置。

【操作步骤】

（1）打开【Internet 信息服务（IIS）管理器】窗口，在左侧控制台目录树中，依次展开【USER（本地计算机）】/【FTP 站点】/【默认FTP 站点】节点，在【默认 FTP 站点】上单击鼠标右键，从弹出的快捷菜单中选择【属性】命令，弹出【默认 FTP 站点 属性】对话框，默认为【FTP 站点】选项卡，如图1-57所示。

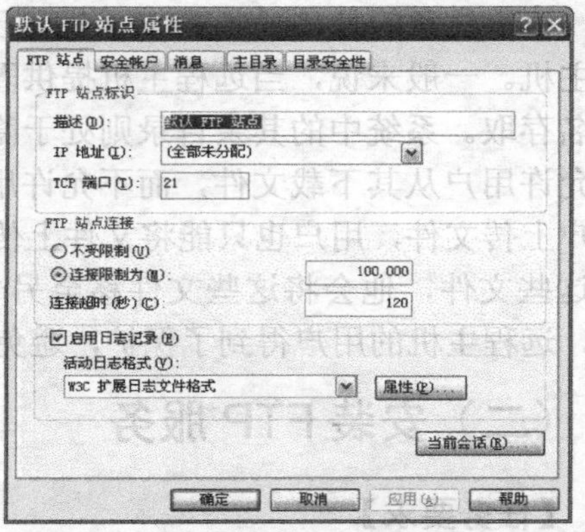

图1-57　【默认FTP站点 属性】对话框

【FTP 站点】选项卡中包括了站点标识、连接选项，以及是否启用站点日志来记录用户对站点文件的操作。

说明

如果FTP站点处于停止状态，可以单击工具栏上的▶（启动）按钮来启动服务。

（2）切换到【安全账户】选项卡，如图1-58所示。通过这个选项卡可以设置FTP站点的连接方法。

FTP站点大都允许普通用户访问，所以一般这里都要勾选【允许匿名连接】复选框。若出于某种目的，需要对站点的连接进行限制，那么就可以取消对这个复选框的勾选，而通过单击 浏览(B)... 按钮添加用户来限制连接者。

（3）切换到【消息】选项卡，在各个栏目中输入相应的信息，如图1-59所示。这些信息会在用户连接、退出时显示出来。

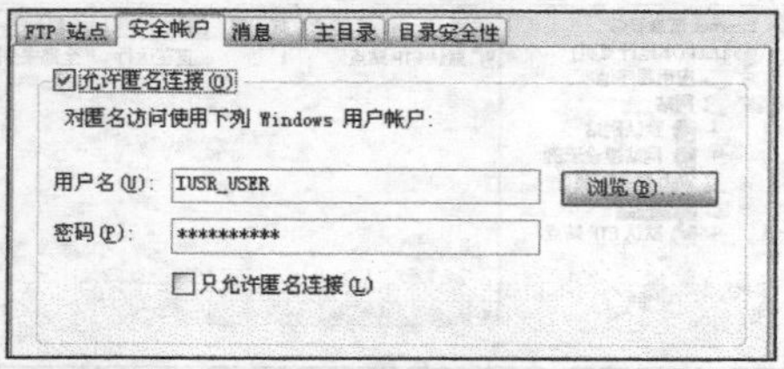

图1-58　【安全账户】选项卡

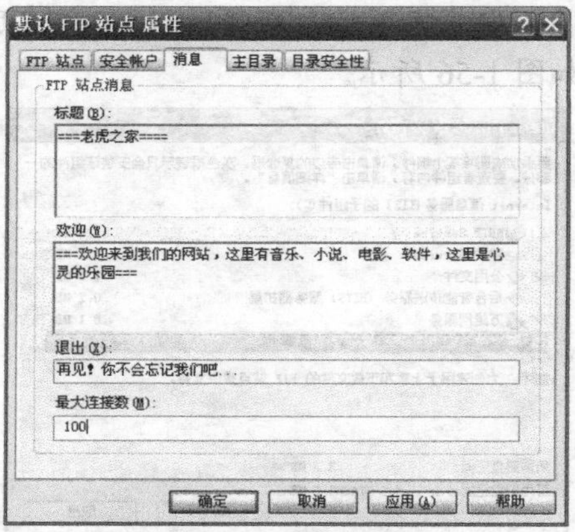

图1-59　【消息】选项卡

（4）切换到【主目录】选项卡，如图1-60所示，这里定义了FTP站点文件的实际物理路径。

（5）可以通过单击 浏览(B)... 按钮来选择其他文件夹，如图1-61所示。

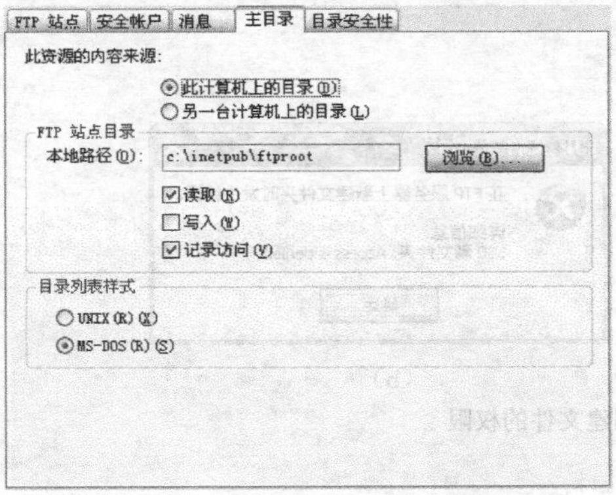

图 1-60　【主目录】选项卡

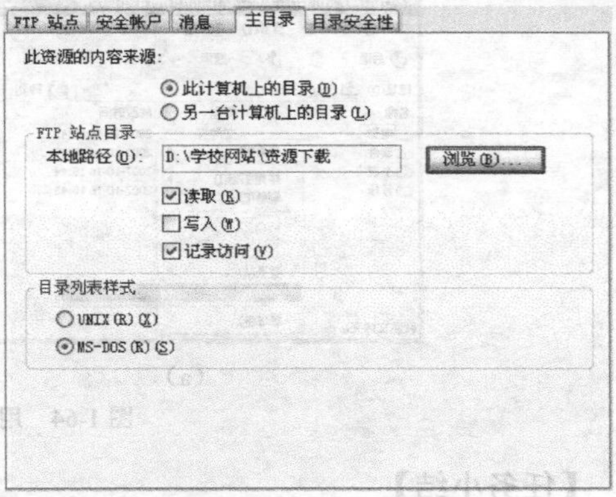

图 1-61　选择其他文件夹

用户对 FTP 站点文件的操作权限包括下面几个类型。

- 【读取】: 可以浏览站点上的文件列表，并下载文件。
- 【写入】: 可以上传、删除、修改站点上的文件。
- 【记录访问】: 在站点日志上记录下用户的连接和操作情况。

提示: 对于匿名用户可以连接的 FTP 站点，一般都要取消勾选【写入】复选框，以防止用户无意或恶意的破坏。

（6）单击［确定］按钮，关闭 FTP 属性对话框。

（7）打开 IE 浏览器，在地址栏中输入 “FTP://localhost”，按 Enter 键，则浏览器能够打开本机的 FTP 站点，列出其中的文件，如图 1-62 所示。

（8）打开一个文件夹，双击其中的一个文件，如 “软件” 文件夹中的 “WinRAR3.2.3.exe”，弹出如图 1-63 所示的【文件下载】对话框，用户可以选择打开文件还是将文件保存到某个文件夹中。

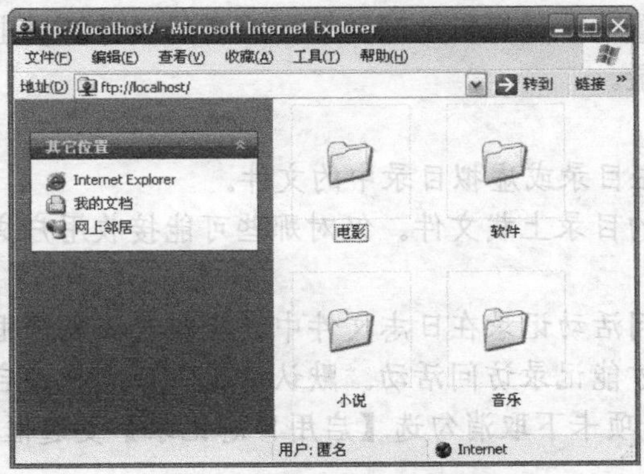

图 1-62　打开本机的 FTP 站点

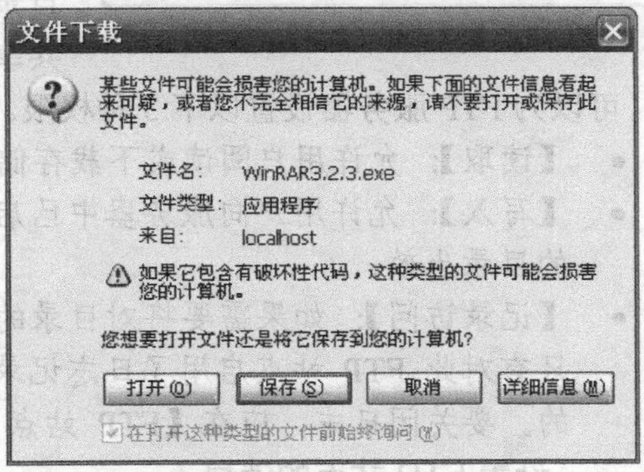

图 1-63　下载文件

（9）单击［取消］按钮，取消文件下载。

（10）在文件列表窗口中单击鼠标右键，从弹出的快捷菜单中选择【新建】/【文件夹】命令，如图 1-64（a）所示，弹出【FTP 文件夹错误】对话框，提示不能在服务器上创建文件夹，如图 1-64（b）所示。这说明用户没有创建文件的权限，同样也无法上传、修改或删除文件。

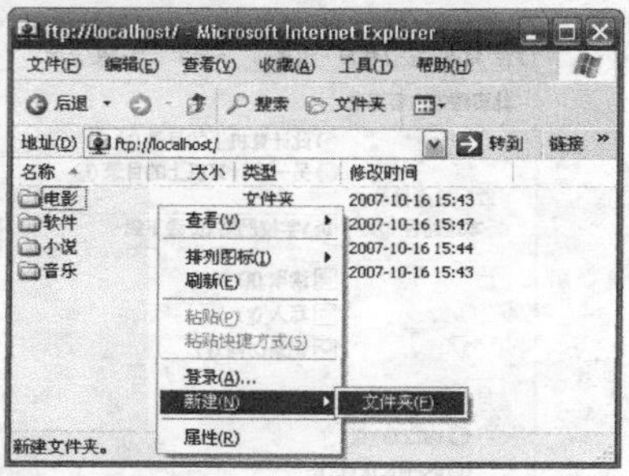

（a）

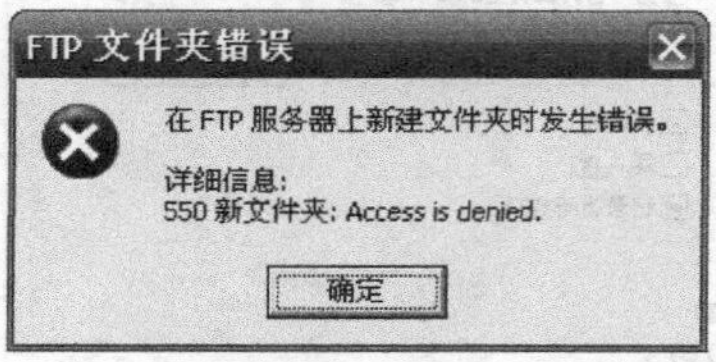

（b）

图 1-64　用户没有创建文件的权限

【任务小结】

相对于其他 FTP 服务器软件而言，IIS 的 FTP 功能是比较弱的。但是对于小型办公网络，IIS 的 FTP 还是完全能够满足需要的。在配置 FTP 站点的过程中，一般不会允许用户向站点根目录写入内容，因为这样的操作会对服务器的安全带来很大风险。可以通过开设虚拟目录的方法允许用户上传文件。

【知识链接一】

一、用户连接情况

在【默认 FTP 站点 属性】对话框（见图 1-57）中，单击 当前会话(R)... 按钮，弹出【FTP 用户会话】对话框，显示当前该 FTP 站点正在处理的服务请求，如图 1-65 所示。

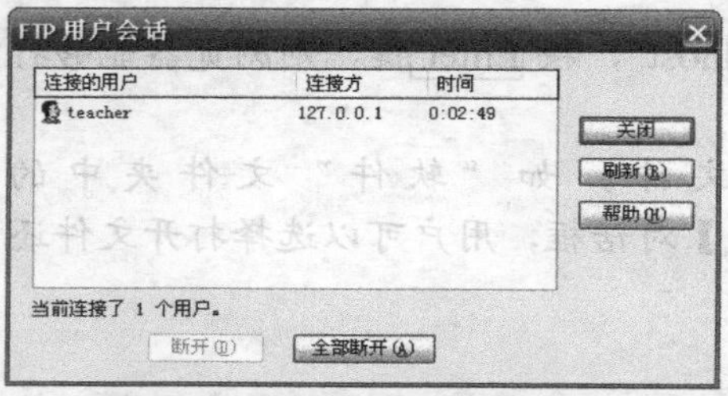

图 1-65　【FTP 用户会话】对话框

二、FTP 站点的主目录

图 1-60 所示的【主目录】选项卡用于指示 FTP 站点中已发布文件的位置。在安装 FTP 服务时，会创建一个名为“\ftproot”的默认主目录。可以将主目录设置为此计算机上的目录，或者另一计算机上的共享目录。

可以为 FTP 服务器设置以下 3 种权限。

- 【读取】：允许用户阅读或下载存储在主目录或虚拟目录中的文件。
- 【写入】：允许用户向服务器中已启用的目录上载文件。仅对那些可能接收用户文件的目录生效。
- 【记录访问】：如果需要将对目录的访问活动记录在日志文件中，应勾选该复选框。只有对此 FTP 站点启用了日志记录，才能记录访问活动。默认情况下日志是被启用的。要关闭日志，应在【FTP 站点】选项卡下取消勾选【启用日志记录】复选框。

三、设置 FTP 站点的消息

通过设置 FTP 站点的消息给访问该站点的用户相应的反馈，如连接成功、退出、无法连接等，告知用户现在处于什么状态，或者无法连接的原因等。对于以命令行方式来工作的客户端来说，站点反馈的消息是十分重要的信息，因此，作为一个友好的 FTP 服务器，应该提供尽可能多的消息。

在【消息】选项卡中可以创建自己的消息，当用户访问站点时会将这些消息显示给用户。

- 【欢迎】：首次连接到 FTP 服务器时显示此文本。

- 【退出】：客户从 FTP 服务器注销时显示此文本。
- 【最大连接数】：当 FTP 服务的连接数已达到所允许的最大值时，如果客户仍试图进行连接，则显示此文本。

动手练习

（1）使用一个文件夹作为虚拟目录，允许匿名用户对其进行修改。

（2）在 Windows 系统中创建一个用户，设置只有该用户才能够浏览某虚拟目录。

（3）使用 Serv-U 软件构建 FTP 站点。

（4）使用 CuteFTP 软件连接 FTP 站点，尝试上传和下载资料。

【知识链接二】

FTP 服务器软件除了 IIS 外，还有很多类型，常用的就是 Serv-U。而在客户端方面，也很少直接使用 IE 浏览器，因为它不支持断点续传，而且速度较慢，比较常用的是 CuteFTP。

- Serv-U：是一款比较成熟的 FTP 服务器软件，如图 1-66 所示。它操作简单，支持 Windows 操作系统，可以设置多个 FTP 服务器，限定登录用户的权限，定义登录主目录及空间配额，显示活动用户信息等，功能比较完善，在中小型网站上得到了广泛应用。

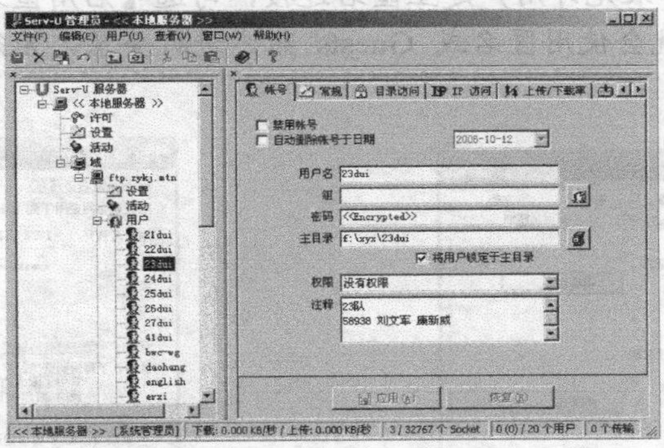

图 1-66　Serv-U 操作界面

- CuteFTP 是一款老牌的 FTP 客户端软件，如图 1-67 所示。它功能强大，使用简便，支持断点续传功能，深受广大用户青睐。目前已经有很多汉化版本投入使用。

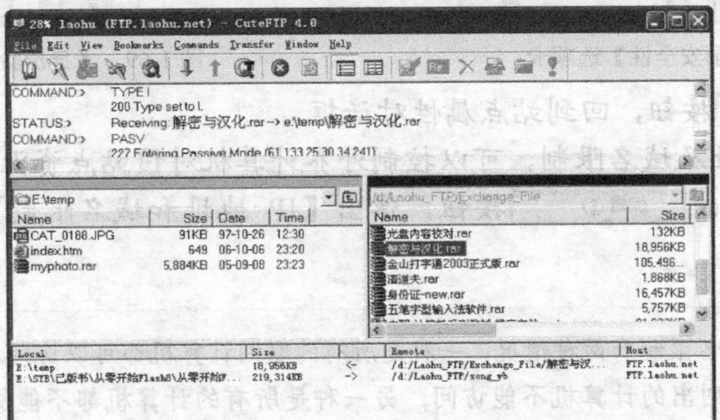

图 1-67　CuteFTP 4.0 操作界面

项目实训

完成项目的各个任务后，读者初步掌握了 WWW 与 FTP 服务的安装及配置方法。下面进行实训练习，对所学内容加以巩固和提高。

实训一　自定义 IP 地址访问限制

【实训要求】

安全性对于 Web 站点来说是十分重要的，通过【Internet 信息服务（IIS）管理器】窗口能够对一个 Web 站点及目录的安全性进行设置。

【操作步骤】

（1）在【Internet 信息服务（IIS）管理器】窗口中，打开【默认网站】的属性对话框。

（2）切换到【目录安全性】选项卡，如图 1-68 所示。对该站点的目录安全性可以从 3 个方面进行设置，即匿名访问和验证控制、IP 地址和域名限制以及安全通信。

（3）单击【身份验证和访问控制】中的 编辑(E)... 按钮，弹出【身份验证方法】对话框，如图 1-69 所示。如果允许用户建立匿名连接，勾选【启用匿名访问】复选框，这样，当用户访问服务器时，就会使用匿名或 Guests 账户进行登录，无须输入用户名和密码就可以访问站点的公共区域。

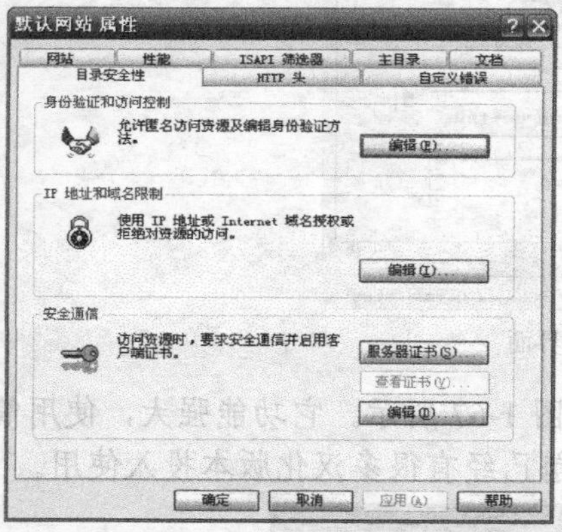

图 1-68　【目录安全性】选项卡

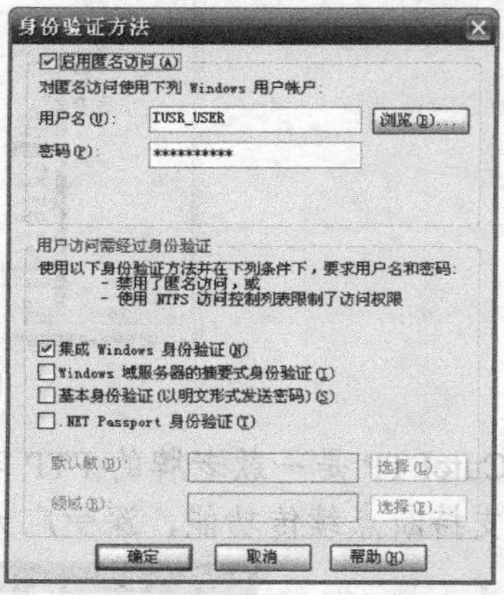

图 1-69　【身份验证方法】对话框

（4）单击 确定 按钮，回到站点属性对话框。

（5）利用 IP 地址及域名限制，可以控制外界计算机对该站点资源的访问。单击【IP 地址和域名限制】部分的 编辑(E)... 按钮，弹出【IP 地址和域名限制】对话框，如图 1-70 所示。

> **说明**
> IP 地址及域名限制有两种情况，一种是所有的联网计算机都可以访问本站点，但是在【下列除外】列表框中列出的计算机不能访问；另一种是所有的计算机都不能够访问本站点，但是在【下列除外】列表框中列出的计算机可以访问。系统一般默认为允许所有的计算机访问本站点。

（6）点选【拒绝访问】单选按钮，弹出【拒绝访问】对话框，点选【一组计算机】单选按钮，输入其 IP 地址和掩码，如图 1-71 所示。

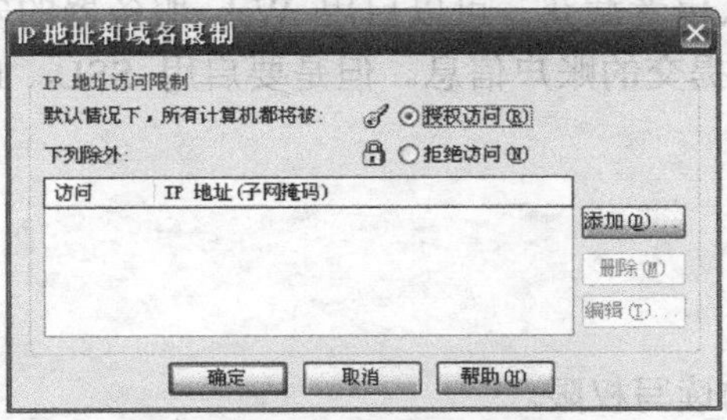

图 1-70　【IP 地址和域名限制】对话框

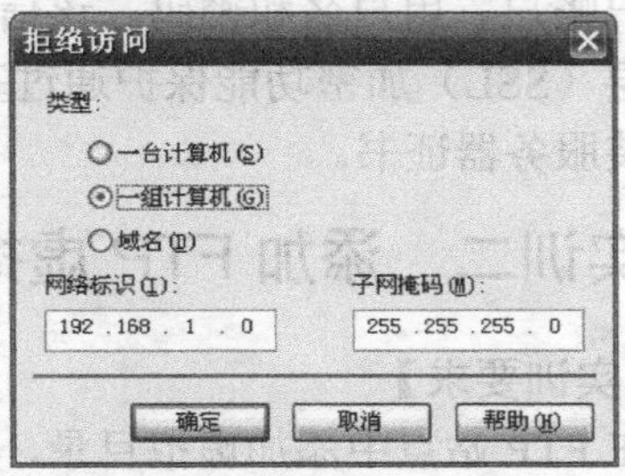

图 1-71　添加拒绝访问的 IP 地址

（7）单击 确定 按钮，则该地址被添加到了限制列表中，如图 1-72 所示。这样，所有地址在 192.168.1.1 ~ 192.168.1.254 之间的计算机都无法访问本站点。

说明　这里使用的网路标识是 IP 地址，其最后一个字节为 0，表示这是一个网段。

（8）选择一台包含在该限制范围内的计算机，浏览这个站点的网页，弹出访问地址受限的提示，如图 1-73 所示。

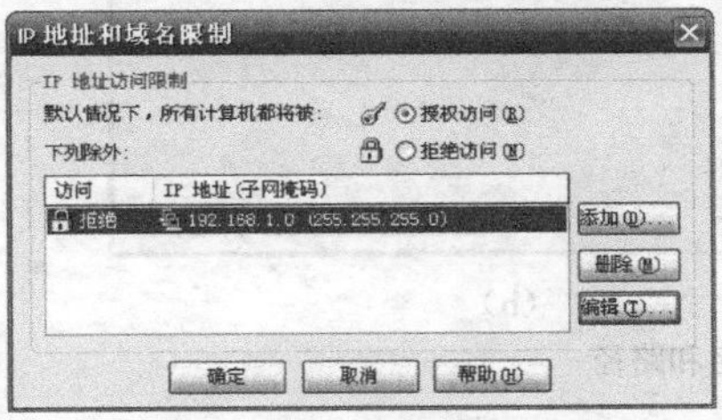

图 1-72　地址被添加到了限制列表中

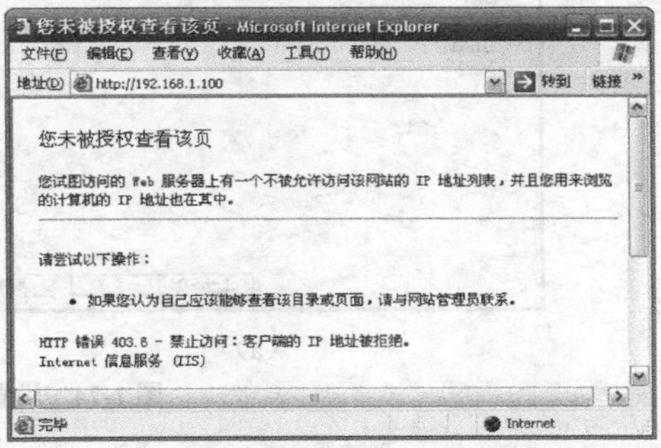

图 1-73　地址受限，无法访问站点

【知识链接】

在配置 Web 服务器安全之前，首先确定保护 Web 和 FTP 站点所需的安全级别。例如，创建一个允许特定用户访问个人信息（如财务和健康记录）的 Web 站点，就需要一个高级别的安全配置。此配置应该能够可靠地验证指定的用户并仅限于这些用户进行访问。

大多数的 Web 服务器安全依赖于 Windows 操作系统安全配置，因此，要正确地配置 Windows 管理员账户，创建并管理组、用户账户，定义 Windows 安全策略。如果没有正确地配置 Windows 操作系统的安全功能，就不可能保护 Web 服务器的安全。

Windows Server 2003 操作系统提供了以下 4 种验证方法。

- 匿名验证：允许任意用户进行访问，不询问用户名和密码。
- 基本验证：将提示用户输入用户名和密码，通过网络“非加密”发送。
- 摘要式验证：是一个新特性，其操作与基本验证类似，但密码作为“散列”的值发送。散列值是源自文本消息（如密码）的数字，通过它要解密原始文本是不可行的。摘要式验证仅用于 Windows Server 2003 操作系统域控制器的域。

- 集成 Windows 验证：使用散列技术鉴定用户，而不通过网络实际发送密码。

Web 服务器用基本验证方法验证用户时，用户的 Web 浏览器通过网络以非加密方式传输用户账户、用户名和密码。该信息可能会被入侵者截获。可以启用 Web 服务器的安全套接字层（SSL）加密功能保护通过基本身份验证提交的账户信息。但是要启用 SSL，必须首先安装服务器证书。

实训二　添加 FTP 虚拟目录

【实训要求】

在 FTP 站点中添加虚拟目录，并控制用户的读写权限。

【操作步骤】

（1）在【默认 FTP 站点】节点上单击鼠标右键，从弹出的快捷菜单中选择【新建】/【虚拟目录】命令，打开虚拟目录创建向导。

（2）定义虚拟目录的别名为“upload”，如图 1-74（a）所示，单击 下一步(N) > 按钮，设置虚拟目录的实际物理路径为“D:\学校网站\资源下载\用户上传”，如图 1-74（b）所示。

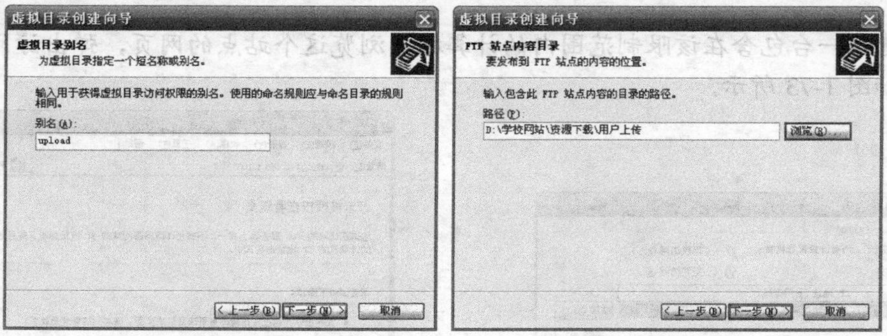

（a）　　（b）

图 1-74　设置虚拟目录别名和路径

（3）单击 下一步(N) > 按钮，设置虚拟目录的访问权限，勾选【写入】复选框，如图 1-75 所示。

（4）完成虚拟目录的创建后，在【默认 FTP 站点】节点下出现了一个虚拟目录“upload”，如图 1-76 所示。

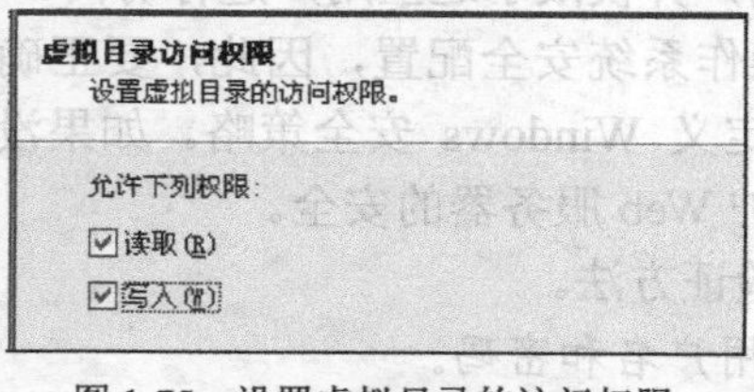

图 1-75　设置虚拟目录的访问权限

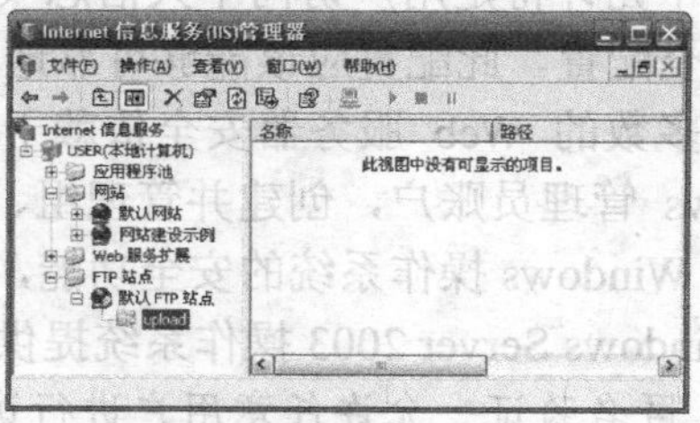

图 1-76　新增虚拟目录

但是仅依靠这种设置，虽然可以上传文件，却无法保证文件的安全性，因为每个人都可以在“upload”目录中上传、删除文件。要解决这个问题，必须与 Windows 操作系统的目录安全性结合起来进行管理。

（5）打开 IE 浏览器，在地址栏中输入“FTP://localhost/upload”，按 Enter 键，浏览器能够打开本机 FTP 站点的“upload”目录，列出其中的文件，如图 1-77（a）所示。通过右键菜单，任意用户都可以在其中创建文件夹，同样也可以删除、修改文件，如图 1-77（b）所示。

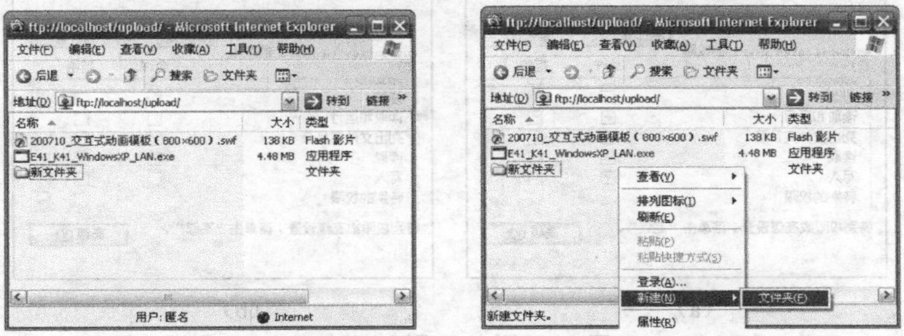

（a）　　　　（b）

图 1-77　创建和修改“upload”中的文件

（6）用 Windows 操作系统的资源管理器，找到“D:\学校网站\资源下载\用户上传”文件夹，通过右键菜单打开其属性对话框，切换到【安全】选项卡，如图 1-78 所示。可见这时所有被认证或允许的用户都对文件夹具有读取、写入等权限。

（7）这时用户的权限无法修改。单击 高级(V) 按钮，弹出【用户上传的高级安全设置】对话框，如图 1-79 所示。

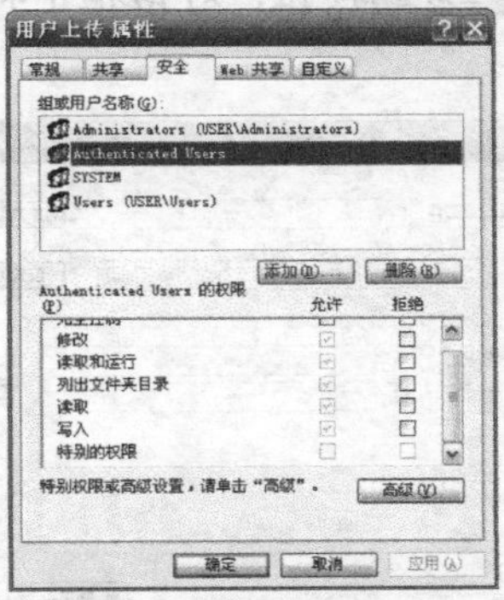

图 1-78　【安全】选项卡

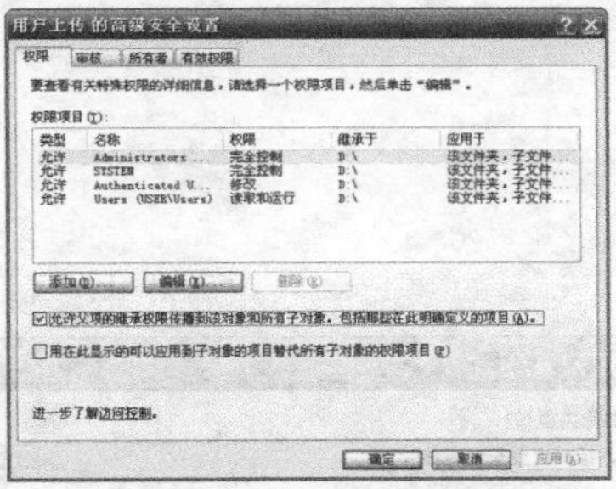

图 1-79　【用户上传的高级安全设置】对话框

（8）取消对【允许父项的继承权限传播到该对象和所有子对象。包括那些在此明确定义的项目】复选框的勾选，弹出【安全】对话框，如图 1-80 所示。

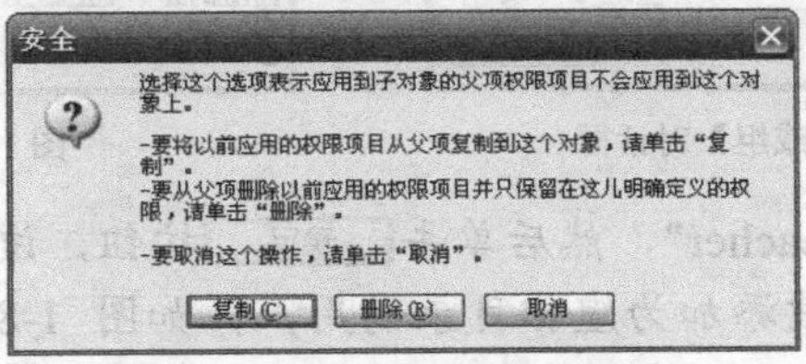

图 1-80　【安全】对话框

（9）单击 复制(C) 按钮，返回高级安全设置对话框，然后再单击 确定 按钮，回到上传属性对话框，如图 1-81（a）所示，可见这时用户的权限可以修改了。取消用户的【写入】、【修改】等几项权限，如图 1-81（b）所示。这样，普通用户就不能够对该文件夹中的内容进行修改了。

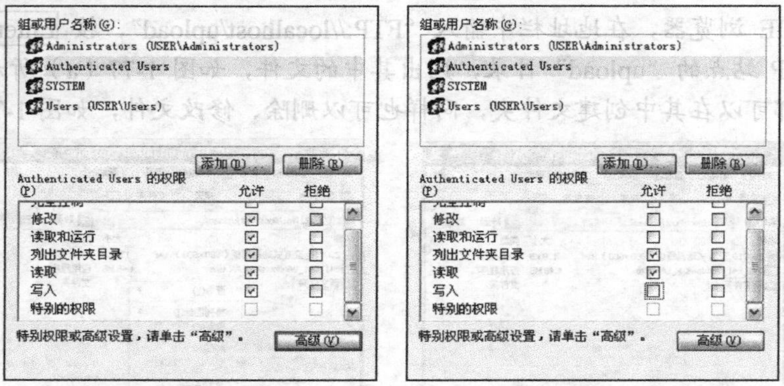

（a）　　（b）

图 1-81　修改普通用户的权限

说明　这种情况下，所有的用户都没有向该文件夹写入资料的权限。为了设置某个特定的用户能够具有写入和修改的权限，需要添加用户并为其设置权限。

（10）单击［添加(D)...］按钮，弹出【选择用户或组】对话框，如图 1-82 所示，要求选择需要添加的用户。

（11）单击［高级(A)...］按钮，在弹出的对话框中单击［立即查找(N)］按钮，对话框中将显示搜索结果，如图 1-83 所示。

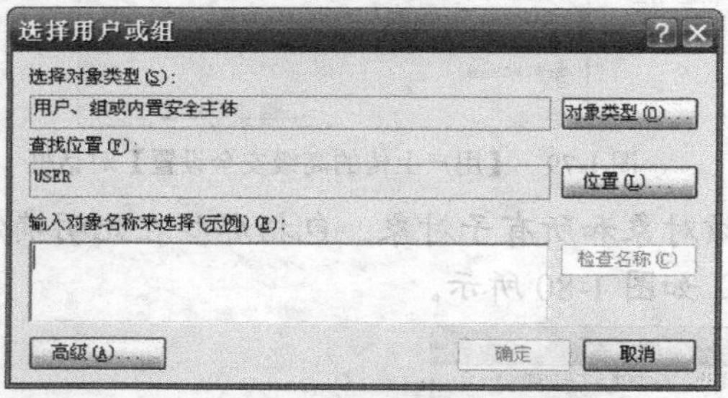

图 1-82　【选择用户或组】对话框

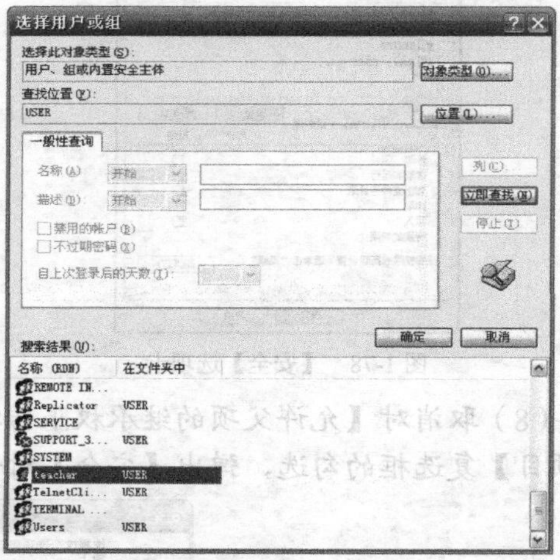

图 1-83　显示搜索结果

（12）选择一个用户“teacher”，然后单击［确定］按钮，该用户被添加到对象列表中。再单击［确定］按钮，用户被添加为虚拟目录的用户，如图 1-84（a）所示。为该用户添加【修改】、【读取和运行】、【写入】等权限，如图 1-84（b）所示。

说明　用户“teacher”是 Windows 操作系统的用户。可以在【计算机管理】窗口中创建用户。

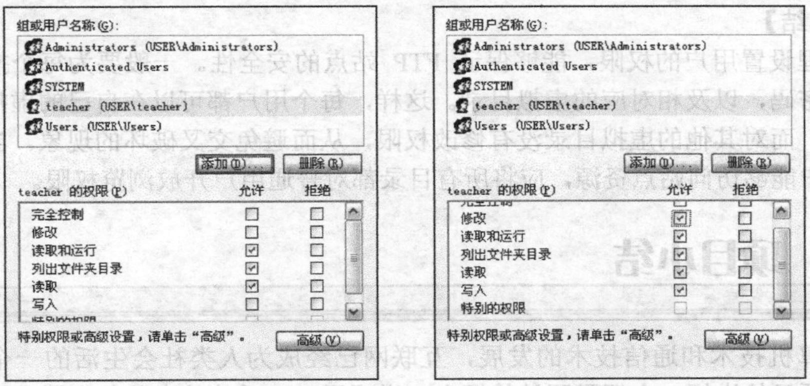

（a）　　　　　　　　　　　　　　　　　　（b）

图 1-84　为新用户添加权限

（13）单击 确定 按钮，关闭属性对话框。

（14）打开 IE 浏览器，在地址栏中输入“FTP://localhost/upload”，按 Enter 键，浏览器能够打开本机 FTP 站点的“upload”目录，列出其中的文件，但是如果用户要创建或删除文件，就会弹出错误提示对话框，如图 1-85 所示。

（15）从浏览器的菜单栏中选择【文件】/【登录】命令，弹出【登录身份】对话框，要求用户输入用户名和密码，如图 1-86 所示。

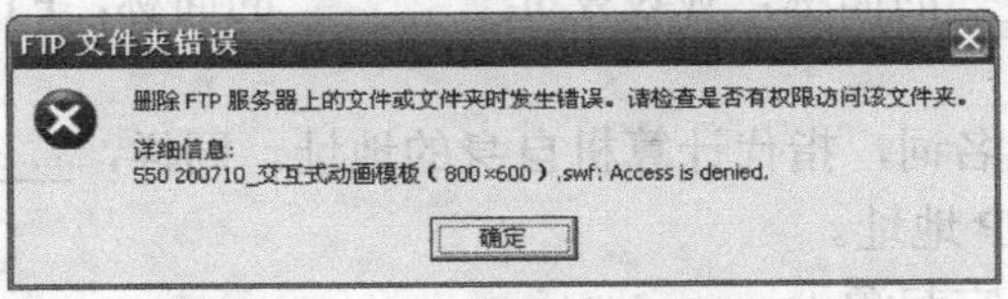

图 1-85　普通用户不能修改“upload”中的文件

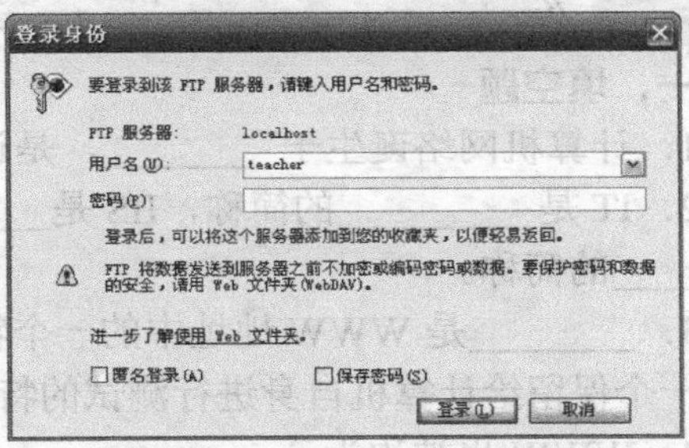

图 1-86　【登录身份】对话框

（16）输入正确的用户名和密码，然后单击 登录(L) 按钮，登录成功后，用户就有权限在该目录下创建和修改文件了，如图 1-87 所示。

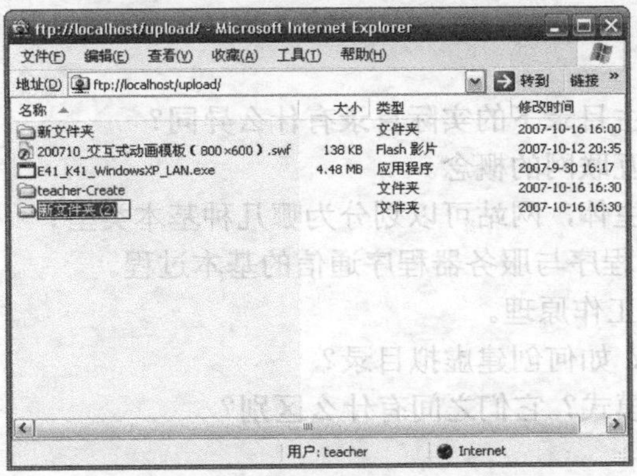

图 1-87　创建两个新文件夹

【任务小结】

通过合理设置用户的权限，能够保证 FTP 站点的安全性。一般要为每个授权用户设置一个账号和密码，以及相对应的虚拟目录。这样，每个用户都可以在自己的虚拟目录中创建和修改文件，而对其他的虚拟目录没有修改权限，从而避免交叉破坏的现象。当然，为了使普通匿名用户能够访问站点资源，应将所有目录都对普通用户开放浏览权限。

项目小结

随着计算机技术和通信技术的发展，互联网已经成为人类社会生活的一个重要组成部分。通过本项目的讲解，介绍了网站的概念，说明了 IIS 系统的安装与配置方法，这些都是后面学习的基础。在创建网站的过程中，要首先将网站目录设置为本机 Web 站点的一个虚拟目录，然后就可以方便地进行网页的开发和测试了，这在设计动态网页时尤其重要。FTP 站点是为了方便用户对于文件的上传和下载，虽然在自己的计算机上进行测试时意义不大，但是考虑到网站是为别人服务的，必须从用户的角度来考虑问题，因此掌握 FTP 站点的架设和配置是非常重要的。

思考与练习

一、填空题

1．计算机网络诞生于________，是计算机技术与通信技术结合的产物。

2．IT 是________的简称，IIS 是________的简称，WWW 是________的简称，FTP 是________的简称。

3．________是 WWW 地址中的一个特定名词，指代计算机自身的地址。同样，________也是一个保留给计算机自身进行测试的特殊 IP 地址。

4．WWW 也被称为________，它起源于________。

5．HTTP 使用的默认端口是________，FTP 使用的默认端口是________。

6．FTP 使用 TCP 连接和对应的 TCP 端口，在进行通信时，FTP 需要建立两个 TCP 连接，一个用于控制信息，称为________；另一个用于数据信息的传输，称为________。

7．URL 的标准格式为________。

二、简答题

1．虚拟目录与站点主目录下的实际目录有什么异同？

2．从技术角度简述互联网的概念。

3．按照构建网站的主体，网站可以划分为哪几种基本类型？

4．简述 Web 的客户程序与服务器程序通信的基本过程。

5．简述 FTP 服务的工作原理。

6．什么是虚拟目录？如何创建虚拟目录？

7．FTP 有几种工作模式？它们之间有什么区别？

项目二

对网站进行规划设计

网站是个人、企业和政府机构开展网上业务的基础设施和信息平台。要建立一个美观实用、功能完善的网站，首先要有一个好的总体规划。网站的成功与否与创建站点前的网站规划有着重要的关系。在建立网站前应明确建站的目的，确定网站的功能、规模、投入的费用，进行必要的市场分析等。只有详细规划，才能避免在网站建设中出现问题，使网站建设顺利进行。网站规划是网站建设的基础和指导纲领，它决定了一个网站的发展方向，对网站推广也具有指导意义。

本项目主要通过以下几个任务完成。

- 任务一　网站规划
- 任务二　我的网站我做主
- 任务三　我的网站我设计

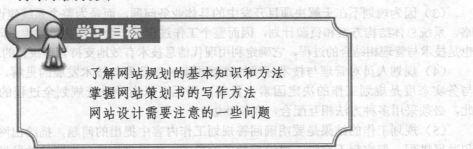

学习目标

了解网站规划的基本知识和方法

掌握网站策划书的写作方法

网站设计需要注意的一些问题

任务一　网站规划

网站规划是指在网站建设前对市场进行分析，确定网站的目的和功能，并根据需要对网站建设中的技术、内容、费用、测试、维护作出规划。网站规划对网站建设起到计划和指导的作用，对网站的内容和维护起到定位作用。

（一）网站规划的主要任务

网站的规划阶段是一个管理决策过程，需要应用现代信息技术有效地支持管理决策的总体方案。它是管理与技术结合的过程，规划人员对管理和技术发展的见识、开创精神、务实态度是网站规划成功的关键因素。

1. 制定网站的发展战略

网站服务于组织管理，其发展战略必须与整个组织的战略目标协调一致。制定网站的发展战略，首先要调查分析组织的目标和发展战略，评价现行网站的功能、环境和应用状况。在此基础上确定网站的使命，制定网站统一的战略目标及相关政策。

2. 制定网站的总体方案及安排项目开发计划

在调查分析组织信息需求的基础上，提出网站的总体结构方案。根据发展战略和总体结构方案，确定系统和应用项目开发的次序及时间安排。

3. 制定网站建设的资源分配计划

提出实现开发计划所需要的硬件、软件、技术人员、资金等资源，以及整个系统建设的概算，并进行可行性分析。

（二）网站规划的特点

由于网站的建设耗资巨大、历时较长、技术复杂且涉及面广，网站规划是这一复杂工作的起始阶段，这项工作的好坏将直接影响到整个系统建设的成败。因此，应该充分认识这一阶段工作所具有的特点和应该注意的一些关键问题，以提高规划工作的科学性和有效性。

（1）规划工作是面向长远的、未来的、全局性和关键性的问题，因此，它具有较强的不确定性，且非结构化程度较高。

（2）其工作环境是组织管理环境，企业、政府的管理人员（主要是信息管理人员）是工作的主体。

（3）因为规划不在于解决项目开发中的具体业务问题，而是为整个系统建设确定目标、战略、系统总体结构方案和资源计划，因而整个工作过程是一个管理决策过程。同时，系统规划也是技术与管理相结合的过程，它确定利用现代信息技术有效地支持管理决策的总体方案。

（4）规划人员对管理与技术环境的理解程度、对管理与技术发展的见解，以及开创精神与务实态度是规划工作的决定因素。目前，尚无可以指导系统规划全过程的适用方法，因此，必须采用多种方法相互配合，取长补短。

（5）规划工作的结果是要明确回答规划工作内容中提出的问题，描绘出网站的总体概貌和发展进程，但宜粗不宜细。要给后续各阶段的工作提供指导，为网站的发展制定一个科学而又合理的目标和达到该目标的可行途径，而不是代替后续阶段的工作。

（6）网站规划必须纳入整个部门（个人、企业、政府机关）的发展规划，并应定期维护升级。

（三）网站规划的原则

网站规划应遵循以下基本原则。

（1）支持企业发展的总目标。企业的战略目标是规划的出发点，网站规划从企业目标出发，分析企业管理的信息需求，逐步导出网站的战略目标和总体结构。

（2）整体上着眼于高层管理，兼顾各管理层的要求。

（3）摆脱网站商务系统对组织机构的依从性。对企业业务流程的了解往往从现行组织机构入手，但只有摆脱对它的依从性，才能提高商务系统的应变能力。

（4）使系统结构有良好的整体性。网站的规划和实现的过程是一个“自顶向下规划、自底向上实现”的过程。采用自上而下的规划方法，可以保证系统结构的完整性和信息的一致性。

（5）便于实施。规划应给后续工作提供指导，要便于实施。方案选择应追求实效，宜选择经济、简单、易于实施的方案。技术手段强调实用，不片面求新。

任务二　我的网站我做主

在网站规划方面，目前并没有一个明确统一的定义和方法。一般来说，网站规划的基本步骤如下。

（1）确定建立网站的目的。
（2）确定网站的类型。
（3）确定网站的主要功能。
（4）确定网站技术解决方案。
（5）网站内容规划。
（6）制订网站测试和发布计划。
（7）制订网站推广计划。
（8）制订网站维护计划。
（9）制订网站建设日程表。
（10）网站财务预算。

下面简单讨论其中几个重要步骤的内容。

（一）定位网站类型

网站系统规划的关键是找到准确的定位。不同类型的网站不仅内容不同，主要的功能、营销的策略都有区别。下面简单介绍目前常见的几种主要网站类型，体现网站的不同定位。

1. 宣传网站

目前很多企业采用的网站模式就是最简单的利用网站开展营销的模式。这种企业一般在内部还没有建立基于网络和数据库的信息系统。该类网站定位为利用网站宣传企业的形象、机构设置、企业的产品种类及价格、联系方式等信息，相当于放到互联网上的电子宣传手册或广告牌。

图 2-1 所示就是一个企业的宣传网站。

图 2-1　企业宣传网站

2. 企业门户网站

只要客户登录到企业门户网站，就可以得到企业或商家提供的所有服务。现在国内外很多大型企业都建立了这样的网站，这些企业一般在企业内部都已经建立了比较全面的管理信息系统。企业通过门户网站把内部管理信息系统和外部的客户及供应商连接起来，在更大范围内实现信息的整合和共享。

3. 内部管理网站

基于 Web 的管理信息系统是现代企业信息系统的新模式，在这样的系统中网站起到重要的作用。内部管理网站主要定位于企业内部的管理，将企业内部各个职能部门的管理统一到网站平台上。企业内部的组织部门、业务流程、经营现状等信息一目了然，并且提供企业内部多种信息的发布，员工之间的交流、讨论等功能。

4. B to C 网站

B to C 的电子零售系统是目前比较成熟的一种电子商务模式，也是服务于个体消费者的零售企业应用最为广泛的一种电子商务模式。在定位该类网站时，网站应当满足消费者购买过程中的各种需要，帮助消费者更好地做出购物的选择。

图 2-2 所示为当当网上书店的页面，这就是一个典型的 B to C 网站。

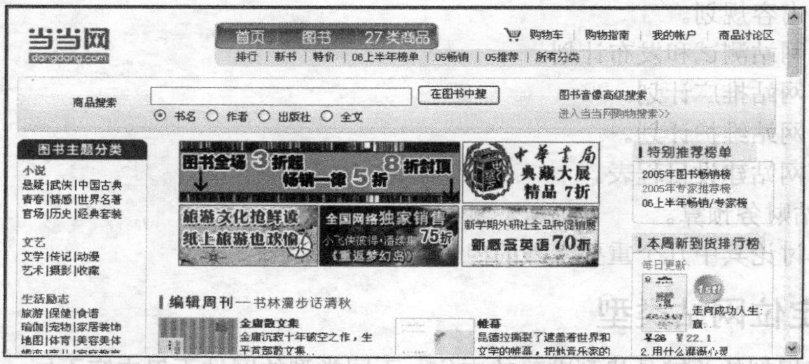

图 2-2　B to C 网站

5. B to B 网站

B to B 网站是一种电子商务网站，又称为电子交易市场，它通过虚拟的、功能完备的电子中介将不同的企业联系在一起，从而消除了传统交易过程中众多的中介，这样不仅使各个企业的协作和联系更加紧密，而且能够降低企业在流通环节中的成本。B to B 电子商务活动参与的主体包括卖方企业、买方企业、金融中介、物流企业、政府机构（如税务、海关等）。

图 2-3 所示为中国联合钢铁网的网站，这就是一个典型的 B to B 网站。

图 2-3　B to B 网站

6. 电子政务网站

政府办公网属于电子政务系统，但电子政务和电子商务本来就关系密切。企业商务活动离不开政府部门的管理，如税收、海关、工商管理等。在一定程度上，健全的电子政务系统是电子商务发展的基础。2002 年国家决定要在全国范围内大力推进各级政府的电子政务建设，这个战略举措促进了中国电子商务和社会信息化的发展进程。

图 2-4 所示为青岛市国家税务局的网站，其内容主要包括政务公开、网上办公等。

网站千差万别，类型繁多。有的网站包括几千甚至数百万个网页，有的可能只有十几个网页。这里不仅是数量的不同，而且也体现了网站定位、服务内容、服务质量的差别。因此，准确定位自己网站的类型，对于网站的建设和管理来说至关重要。

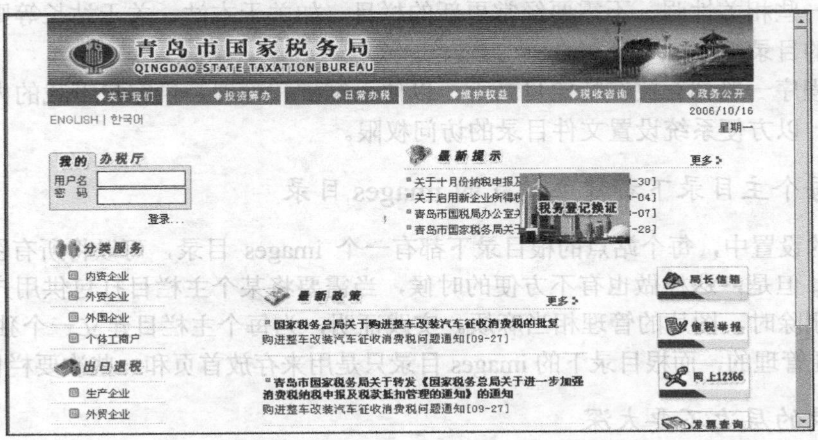

图 2-4　电子政务网站

（二）组织网站目录结构

网站的目录结构是指网站组织和存放站内所有文档的目录设置情况。任何网站都有一定的目录结构，大型网站的目录数量多，层次关系复杂。网站的目录结构是一个容易忽略的问题，不少网站设计者都未经周密规划，随意创建子目录，给日后的维护操作带来不便。目录结构的好坏，对浏览者来说并没有多少影响，但是对于站点本身的上传维护、内容的扩充和移植有着重要的影响。所以，在网站设计中需要合理定义目录结构和组织好所有的文档。

下面介绍一些在网站目录结构设计工作中行之有效的具体做法，以供参考。

1. 不要将所有文件都存放在根目录下

一些网站设计人员为了省事方便，将所有文件都放在根目录下。这样做会带来一些不利的后果。

（1）文件管理混乱。

项目开发到一定时期后，设计者常常搞不清哪些文件需要编辑和更新，哪些无用的文件可以删除，哪些是相关联的文件，从而影响工作效率。

（2）上传速度慢。

服务器一般都会为根目录建立一个文件索引，如果将所有文件都放在根目录下，那么即使只上传更新一个文件，服务器也需要将所有文件都检索一遍，建立新的索引文件。很明显，文件量越大，等待的时间也将越长。所以，切实可行的做法是尽可能地减少根目录中文件的存放数量。

2. 按栏目内容建立子目录

建立子目录的做法首先是按主菜单的栏目来建立。例如，网上书店的图书浏览栏目，可以根据不同的分类方法，如按中国图书馆法分类、按教材分类等，分别建立相应的目录。企业电子商务网站可以按公司简介、产品介绍、价格、在线订单、意见反馈等栏目建立相应的目录。

其他的次要栏目，如新闻、行业动态等内容较多、需要经常更新的内容可以建立独立的子目录。而一些相关性强、不需要经常更新的栏目，如关于本站、关于站长等则可以合并放在一个统一的目录下。

所有的程序一般都存放在特定目录下，以便于维护和管理。供客户下载的内容应该放在一个目录下，以方便系统设置文件目录的访问权限。

3. 在每个主目录下都建立独立的 images 目录

在默认的设置中，每个站点的根目录下都有一个 images 目录，可以将所有图片都存放在这个目录里。但是，这样做也有不方便的时候，当需要将某个主栏目打包供用户下载，或者将某个栏目删除时，图片的管理相当麻烦。实践证明，为每个主栏目建立一个独立的 images 目录是最方便管理的，而根目录下的 images 目录只是用来存放首页和一些次要栏目的图片。

4. 目录的层次不要太深

为便于维护和管理，建议目录的层次不要超过 3 层。

5. 目录的命名方法

（1）不要使用中文目录名和中文文件名。使用中文目录名可能对网址的正确显示造成困难，某些 Web 服务器不支持对中文名称的目录和文件的访问。

（2）不要使用过长的目录名，尽管服务器支持长文件名，但是太长的目录名不便于记忆，也不便于管理。

（3）尽量使用意义明确的目录名，便于记忆和管理。

随着网页技术的不断发展，利用数据库或者其他后台程序自动生成网页越来越普遍，网站的目录结构设计也必将上升到一个新的层次。

（三）规划网站栏目

栏目的实质是一个网站的大纲索引，索引应该将网站的主体（题）明确显示出来。在制定栏目的时候，要仔细考虑，合理安排。一般的网站栏目安排要注意以下几个方面。

1. 一定要紧扣主题

一般的做法是将主题按一定的方法分类，并将它们作为网站的主栏目。主题栏目的个数在总栏目中要占绝对优势，这样的网站显得专业，主题突出，容易给人留下深刻的印象。

2. 设置一个最近更新或网站指南栏目

如果首页没有安排版面来放置最近更新的内容信息，就有必要设立一个“最近更新”的栏目。这样做是为了照顾常来的访客，让主页更有人性化。如果主页内容庞大（超过15MB），层次较多，而又没有站内的搜索引擎，建议设置“本站指南”栏目。这样可以帮助初访者快速找到他们想要的内容。

3. 设定一个可以双向交流的栏目

这种栏目不需要很多，但一定要有，比如论坛、留言版、邮件列表等，可以让浏览者留下他们的信息。有调查表明，提供双向交流的站点比简单地留一个“E-mail me”的站点更具有亲和力。

4. 设一个下载或常见问题回答栏目

网络的特点是信息共享。如果浏览者看到一个站点中有大量、优秀、有价值的资料，肯定希望能够下载。因此，在主页上设置一个资料下载栏目，会受到浏览者的欢迎。另外，如果站点经常收到网友关于某方面问题的来信，那么最好设立一个常见问题回答的栏目，这样就能够方便地与访问者进行交流。

5. 设置站内资源搜索栏目

当网站内有较多的资源时，浏览者往往无法迅速定位自己需要的资源。设计一个能够对站内资源进行搜索的栏目或工具，能够极大地方便浏览者的使用。当然，这一般需要网站是由数据库支撑的。

至于其他的辅助内容，如关于本站、版权信息等可以不放在主栏目里，以免冲淡主题。

总结以上几点，得出划分栏目需要注意的几个事项如下。

（1）尽可能删除与主题无关的栏目。

（2）尽可能将网站最有价值的内容列在栏目上。

（3）尽可能方便访问者的浏览和查询。

（四）撰写网站策划书

编写网站策划书是网站分析与规划的最后一步，也是网站分析与规划的结果。网站策划书的主要内容包括网站建设前对市场的分析、建设网站的目的和网站的功能，还包括网站建设中的技术、内容、费用、测试、维护等的规划。网站策划书对网站建设起到计划和指导的作用，对网站的内容和维护起到定位作用。

网站策划书的书写要科学、认真、实事求是，并尽可能涵盖网站规划中的各个方面，但因为它没有细化到网站开发的具体处理过程，所以不能作为网站开发的直接技术文件。

1. 建设网站前的市场分析

（1）目前行业的市场分析。目前市场的情况调查分析、市场的特点和变化是否能够并适合在互联网上开展业务。

（2）市场的主要竞争者分析。竞争对手上网情况及其网站规划、功能作用等。

（3）公司自身条件分析。包括公司概况、市场优势，可以利用网站提升哪些竞争力，建设网站的能力，即费用、技术、人力等。

2. 建立网站的目的及功能定位

（1）为什么要建立网站？为了宣传产品，进行电子商务，还是建立行业性网站？企业的需要还是市场开拓的延伸？

（2）网站功能。根据公司的需要和计划，确定网站的功能，即产品宣传型、网上营销型、客户服务型、电子商务型等。

（3）网站的目标。根据网站功能，确定网站应达到的目的和作用。

（4）企业内部网的建设情况和网站的可扩展性。

3. 网站技术解决方案

根据网站的功能确定网站技术解决方案。

（1）服务器：采用自建服务器，还是租用虚拟主机或主机托管的方式。

（2）操作系统：选择操作系统，用 UNIX、Linux，还是 Windows？分析投入成本、功能、开发、稳定性、安全性等。

（3）采用系统性的解决方案（如 IBM、HP 等公司提供的企业上网方案、电子商务解决方案）还是自己开发。

（4）网站安全性措施：防黑客、防病毒方案。

（5）相关程序开发：网页程序 ASP、JSP、CGI、数据库程序等。

4. 网站内容规划

（1）根据网站的目的和功能规划网站内容，一般企业网站应包括公司简介、产品介绍、服务内容、价格信息、联系方式、网上定单等基本内容。

（2）电子商务类网站要提供会员注册、详细的商品服务信息、信息搜索查询、订单确认、付款、个人信息保密措施、相关帮助等。

（3）如果网站上的栏目比较多，则考虑采用网站编程专人负责相关内容。需要注意的是，网站内容是网站吸引浏览者最重要的因素，无内容或不实用的信息不会吸引匆匆浏览的访客。可事先对人们希望阅读的信息进行调查，并在网站发布后调查人们对网站内容的满意度，以便及时调整网站内容。

5. 网页设计

（1）网页美术设计一般要与企业整体形象一致，要符合 CI 规范。要注意网页色彩、图片的应用及版面规划，保持网页的整体一致性。

（2）在新技术的采用上，要考虑主要目标访问群体的分布地域、年龄阶层、网络速度、阅读习惯等。

（3）制订网页改版计划，如用半年到一年的时间进行较大规模的改版等。

6. 网站维护

（1）服务器及相关软、硬件的维护，对可能出现的问题进行评估，制订相应的时间。

（2）数据库维护，有效地利用数据是网站维护的重要内容，因此，数据库的维护要受到重视。

（3）内容的更新、调整等。

（4）制定网站维护的相关规定，将网站维护制度化、规范化。

7. 网站测试

网站发布前要进行细致、周密地测试，以保证正常浏览和使用。网站测试的内容主要有以下几部分。

（1）服务器的稳定性、安全性。

（2）程序及数据库测试。

（3）网页兼容性测试，如选择不同的浏览器、不同分辨率的显示器等。

（4）根据需要的其他测试。

8. 网站的发布与推广

（1）发布的公关、广告活动。

（2）搜索引擎登记。

（3）其他推广活动。

9. 网站建设日程表

各项规划任务的开始完成时间、负责人等。

10. 费用明细

各项事宜所需费用清单。

以上为网站策划书中应该体现的主要内容，根据不同的需求和建站目的，内容也会增加或减少。在建设网站之初一定要进行细致地规划，才能达到建站的预期目的。

任务三 我的网站我设计

在当今网络时代，很多企业都拥有了自己的域名和网站。企业的域名被称为“网络商标”，是企业无形资产的组成部分。而网站是企业在互联网上的门户，其不仅是企业在Internet上宣传和反映自身形象与文化的重要窗口，也是企业向客户和网民提供信息（包括产品和服务）的一种方式，是企业开展电子商务的基础设施和信息平台，离开网站去谈电子商务是不可能的。

网站设计制作的优劣直接关系到企业的外在形象和访问者的使用效率。一个界面粗糙、内容单一、流程混乱、安全性差的网站，会给访问者留下极差的感受，严重破坏企业的形象。而一个创意新颖、设计精美、结构合理的网站会给初次访问者带来愉悦的感觉，留下深刻的印象，并会吸引客户的再次访问，为企业产品的推广、销售起到举足轻重的作用。

一个成功抓住用户“眼球”并最终带来经济效益的企业网站，首先需要一个优秀的设计，然后辅之优秀的制作。设计是网站的核心和灵魂，一个相同的设计可以有多种制作表现的方式。不要指望“5 分钟建成一个好的网站”，这样的网站只适合于非营利性的个人网站。真正将网站的艺术性与商业性相结合，能为企业带来效益的网站，才是一个好的、成功的网站。

（一）网站设计的目标

网站建设前必须进行规划，规划中必须明确网站设计的目标。网站设计一般必须达到以下几个目标。

（1）形象定位准确。针对整个企业网站进行精心的形象设计定位，使之在视觉效果上更美观、更能够突出科技感以及更符合企业的形象定位。

（2）系统功能完善。规划整个系统的功能，使之更符合实际网上交易的需要，增加各种产品咨询、技术支持功能、信息检索功能、互动交流功能等。

（3）操作人性化。模拟不同层次的用户，对其操作流程进行人性化规划，使用户能够更加简单方便地获取到所需要的信息。

（4）安全性强。必须保证数据的绝对安全，对于敏感信息和数据，采用 SSL 加密传输方式进行操作。

（5）运行效率高。网站必须具备较高的运行效率，在访问人数突然大幅增加的特殊情况下仍能保证提供高质量的网络服务。

（6）管理更新方式灵活。采用多样的、分布式的管理系统，以满足企业各部门对各自分系统内容进行管理和更新的需要。

（二）网站设计的原则

在竞争激烈的商战中，企业网站设计显得极为重要，下面是网站设计中应遵循的一般原则。

1. 明确建站的目的和目标群体

Web 站点的设计是展现企业形象、介绍产品和服务、体现企业发展战略的重要途径，因此，必须明确设计站点的目的和目标群体，从而做出切实可行的设计计划。要根据消费者的需求、市场的状况、企业自身的情况等进行综合分析，牢记以消费者为中心，而不是以“美术”为中心进行设计规划。在设计规划之初应考虑：建设网站的目的是什么？主要目的是为了介绍企业、宣传某种产品还是为了电子商务？网站是面对客户、供应商、消费者还是全部？为谁提供产品和服务？企业能提供什么样的产品和服务？网站的目的消费者和受众的特点是什么？如果目的不是唯一的，还应该清楚地列出不同目的性的轻重关系。建站时包括类型的选择、内容功能的准备、界面设计等，各个方面都受到目的性的直接影响，因此目的性是一切原则的基础。

2. 总体设计方案主题鲜明

在目标明确的基础上，完成网站的构思创意即总体设计方案。对网站的整体风格和特色作出定位，规划网站的组织结构。Web 站点应针对所服务对象（机构或人）的不同而具有不同的形式。有些站点只提供简洁的文本信息，有些则采用多媒体表现手法，提供华丽的图像、闪烁的灯光、复杂的页面布置，甚至可以下载声音和录像片段。要做到主题鲜明突出，要点明确，以简单明确的语言和画面体现站点的主题。

3. 网站的版式设计要表达出和谐与美

网页设计作为一种视觉语言，要讲究编排和布局，虽然主页的设计不等同于平面设计，但是它们有许多相近之处，应充分加以利用和借鉴。版式设计主要是通过文字和图形的空间组合表达出和谐与美。多页面站点页面的编排设计要求把页面之间的有机联系反映出来，特别要处理好页面之间和页面内的秩序与内容的关系。为了达到最佳的视觉表现效果，应讲究整体布局的合理性，使浏览者有一个流畅的视觉体验。

4. 合理运用色彩

色彩是艺术表现的要素之一。在网页设计中，根据和谐、均衡和重点突出的原则，将不同的色彩进行组合搭配来构成美丽的页面，根据色彩对人们心理的影响，合理地加以运用。按照色彩的记忆性原则，一般暖色较冷色的记忆性强。色彩还具有联想与象征的特性，如红色象征血和太阳，蓝色象征大海、天空和水面等。所以设计出售冷食的虚拟店面，应使用淡雅而沉静的颜色，使人心理上感觉凉爽一些。网页中颜色的应用并没有数量的限制，但不能毫无节制地运用多种颜色，一般情况下，先根据总体风格的要求定出一种或两种主色调，有CIS（企业形象识别系统）的更应该按照其中的信息进行色彩运用。

5. 网页形式与内容相统一

要将丰富的意义和多样的形式组织成统一的页面结构，形式语言必须符合页面内容的要求，体现内容的丰富含义。运用对比与调和、对称与平衡、节奏与韵律以及留白等手段，通过空间、文字、图形之间的相互关系建立整体的均衡状态，产生和谐的美感。例如，对称原则在页面设计中，它的均衡有时会使页面显得呆板，但如果加入一些富有动感的文字、图案，或采用夸张的手法来表现内容往往会达到比较好的效果。点、线、面作为视觉语言中的基本元素，要使用点、线、面的互相穿插、互相衬托、互相补充构成最佳的页面效果。网页设计中点、线、面的运用并不是孤立的，很多时候都需要将它们结合起来，以表达完美的设计意境。

6. 利用多媒体功能

网络资源的优势之一是多媒体功能。要吸引浏览者的注意力，页面的内容可以用三维动画、Flash 动画等来表现。但要注意，由于网络带宽的限制，在使用多媒体的形式表现网页的内容时应考虑客户端的传输速度。

7. 注意网站的层次性和一致性

一个较复杂的网站其栏目较多，必须注意栏目划分的层次性。划分后的结构层次不宜过深，通常不超过 5 层为佳。在安排层次的时候要充分考虑用户操作，比较常用的信息内容、功能服务应该尽量放到更浅的层次，以减少用户单击操作的次数。信息内容的获取和功能服务的过程都应该尽量将所需要进行的步骤控制在 3～5 步以内，不得不需要更多的步骤的时候应该有明确的提示。

网站的一致性主要体现在以下几个方面。

（1）页面整体设计风格的一致性。整体页面布局和用图用色风格前后一致。

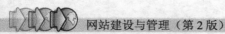

（2）界面元素命名的一致性。同样的元素应该用同样的命名，同类元素命名满足一致性，做到即使某个元素的表述不清楚也能从上下文推断其含义。

（3）功能一致性。完成同样的功能应该尽量使用同样的元素。

（4）元素风格一致性。界面元素的美观风格、摆放位置在同一个界面和不同界面之间都应该是一致的。

8. 内容经常更新，沟通渠道畅通

对于电子商务网站来说，要根据市场行情的波动随时更新网页上的价格信息，经常提供新的商品或服务，并开展促销活动以刺激客户的购买欲。在内容更新的同时，还要注意保持网页在结构上的相对一致性，以使老客户能方便、快速地找到所需要的各种信息。站点信息的不断更新，可以让浏览者了解企业的发展动态，帮助企业建立良好的形象。在企业的Web站点上，要认真回复客户的电子邮件和传统的联系方式（如信件、电话垂询和传真），做到有问必答。最好将用户的用意进行分类，如售前了解、售后服务等，由相关部门处理，使访问者感受到企业的真实存在，并由此产生信任感。如果要求访问者自愿提供其个人信息，应公布并认真履行个人隐私保密承诺。

9. 努力提高网站的性能

许多研究表明，网站用户的满意度与他对系统的控制感有密切关系，而用户的控制感在很大程度上取决于系统的响应速度。一般情况下，用户对当前网页上的内容能持续保持注意的时间长度约为10秒钟。若系统响应时间超过10秒钟，客户会在等待计算机完成当前操作时转向其他的任务。因此，系统要是不能立即做出响应，就应当及时向客户报告当前处理的进度，以使客户保持良好的控制感。为缩短系统响应时间，比较简单的解决办法是尽量减少网页上的图片与多媒体（如动画、录像、闪烁等）的使用。

另外，网站的稳定性（平均无错运行时间）、安全性（关键数据的保护）、防攻击能力、对异常灾害的恢复能力也是衡量网站性能的重要标志。

10. 合理运用新技术

新的网页制作技术几乎每天都会出现，除非是介绍网络技术的专业站点，否则一定要合理地运用网页制作的新技术，切忌将网站变为一个制作网页的技术展台，永远记住用户方便、快捷地得到所需要的信息是最重要的。对于网站设计者来说，必须学习跟踪掌握网页设计的新技术，如Java、DHTML、XML等，根据网站上内容和形式的需要合理地应用到设计中。

（三）网站设计的特点

不同类型的网站具有不同的特点。一个成功的网站，在设计时至少应该体现出以下几个特点。

1. 结构清晰并且便于使用

如果人们看不懂或不理解网站上的内容，那么，他如何购买企业的产品或服务呢？因此，应尽量使用一些醒目的标题或文字来突出产品或服务。如果客户从网站上弄不清楚卖的

是什么或者不清楚如何受益的话，他们是不会购买的。

2. 导向清晰

使用超文本链接或图片链接使人们能够在网站上自由前进或后退，而不要让他们使用浏览器上的前进或后退。记住，在所有的图片上使用替换标志符注明图片名称或解释，以便那些不愿意自动加载图片的观众能够了解图片的含义。

3. 短暂的下载时间

很多浏览者不会进入需要等待几分钟下载时间才能进入的网站，在互联网上 30 秒钟的等待时间与平常 10 分钟等待时间的感觉相同。因此，要尽量避免使用过多的图片及容量过大的图片。

4. 有价值的内容

在互联网上的浏览者大多为了寻找信息，因此，网站要为他们提供有价值的内容，而不是过度的装饰。

5. 方便的反馈及订购程序

让客户非常方便地订购产品和服务是网站获得成功的重要因素。如果客户在浏览网站时产生了购买产品或服务的欲望，应能够让他们方便地下订单进行购买。

（四）网站设计的过程

网站设计是一个较长的过程，具体设计过程如下。

（1）确定网站设计总体思想，明确如何实现网站规划中提出的目标。这一过程非常重要，设计思想是否正确关系到能否实现网站设计目标。必须仔细了解建站企业的企业定位、产品类型、企业文化、生产状况及发展规划等要素后，再确定网站设计思想。

（2）确定网站的风格和特点，网页的外观及使用方面的特点。风格是抽象的，它是指站点的整体形象给浏览者的综合感受。设计时应注重网站风格的统一，网页上所有的图像、文字，包括背景颜色、区分线、字体、标题等都要统一风格，贯穿整个网站。这样，客户浏览网站时会感觉舒服、顺畅，会对网站留下一个“很专业”的印象。

（3）确定网站提供的内容，对网站的内容进行分类。内容一般由企业提供，越详细、越丰富越好，一个内容详细、丰富的网站会增加客户对企业的信任感。

（4）编写网站设计的计划书，明确人员分配、协调及进度。较大的网站设计一般由项目小组完成，项目经理负责人员的分工协调，把握整体进度。

（5）制作网页。网页制作是一个较漫长的过程，必须分工合作。由美工师设计网页色彩，程序员编制后台代码，网页编辑进行录入排版等工作，最后统一生成网页。

（6）在不同平台的浏览器上测试网页。这一过程主要测试网页在不同平台上浏览的速度、显示效果等。

（7）让部分客户或员工试用网站，并提出反馈意见，根据需要修改不合适的地方。这一过程可能要重复多次，直到满意为止。

（8）正式推出网站。

项目实训 网络书店策划书

【实训要求】

网络书店是目前比较流行的网络图书销售平台，访问者不仅能够方便地检索浏览，还能够直接从网上定购图书。下面根据前面的网站规划设计理论知识，编写清源图书信息公司网络书店的策划书。

【编写情况】

1. 网站分析

（1）市场分析。

图书是人类获取知识的重要途径。随着时代的进步，计算机网络深入到社会生活的各个方面，网络书店也就成为了一种方便、快捷的图书销售平台。目前，互联网上有许多图书网站，比较著名的有当当、华储等，这些网站具有牢固的用户群体和种类繁多的图书。清源图书信息公司是专业从事图书写作和销售的 IT 企业，拥有自己的供销渠道，在市场上占据了一定的份额。

为树立本图书信息公司的企业形象，保持市场的领先地位，提高管理效率，更有效地为客户服务，开发新的商业机会，建立公司的网络书店是十分必要的。

（2）功能定位。

清源图书信息公司网络书店是一个典型的 B to C 电子商务网站，既宣传公司的产品，也方便用户在线检索和购买。同时，网站提供的资料下载和客户留言服务，也能够满足读者在学习过程中的参考和交流需求。

（3）技术方案。

网站服务器采用自建服务器，这样能够更好地进行维护和应用。但是需要向电信部门申请一条专线，以便将服务器连接到互联网上。

网站服务器操作系统采用 Windows Server 2003，这是目前最流行、最成熟的网络操作系统；购买正版防病毒软件、防火墙软件以增强服务器安全性。

图书主要的面向对象是广大普通读者，网站语言定为简体中文；采用的开发环境为 Dreamweaver，程序语言为 ASP 3.0，数据库系统为 Access。

（4）网页设计。

网站页面采用浅色调的配色方案，以白色为基本底色，适当点缀以浅蓝色或灰色的分隔。这种设计风格能够更好地传递图书这种特殊商品的文化气息。

2. 网站内容规划

根据网络书店的定位和功能，可以将网站内容规划为以下几个板块和栏目。

（1）图书板块。

- 新书推介：在首页上显示，简单介绍最近推出的新书，包括封面、作者、价格等信息。
- 图书明细：详细介绍图书的出版信息，包括作者、书号、印刷日期、印数、出版社、内容提要、目录等。

- 图书排行：根据图书的销售情况，排列本周、本月和本年的排行榜。
- 分类浏览：将图书按照某种分类标准进行分类，以方便读者查找。
- 搜索查询：提供根据书名、作者等进行图书搜索的功能。

（2）交易板块。

主要包括购物车、购物指南、电子定购、客户交流等内容。

（3）辅助板块。

主要包括公司简介、诚征英才、联系我们、网站联盟等内容。

（4）管理板块。

主要包括图书管理、订单管理、用户管理、留言管理等后台数据库管理内容。

整个网站的内容规划如图 2-5 所示。

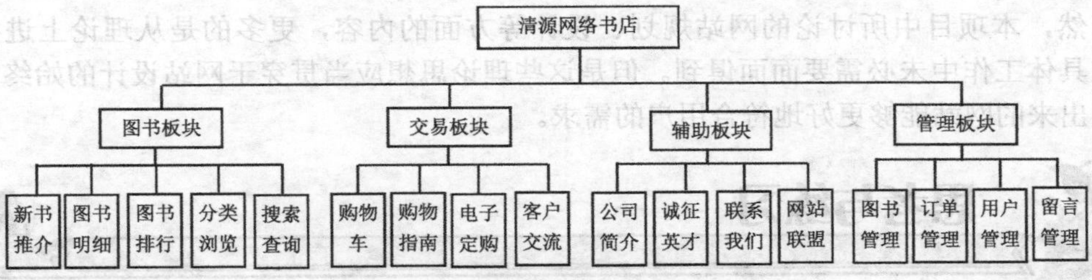

图 2-5　网站内容规划

3. 网站测试与维护

（1）服务器选型。

服务器不仅是网络书店的运行平台，还是公司网站的运行平台，承担了对外宣传、采购等多项业务，因此必须具有稳定的性能。根据目前市场相关设备情况，拟选择某一品牌 PC 级服务器。

（2）网站测试。

为保证网络书店程序的正确性，在网站开发设计完成后，需由公司员工模拟客户进行测试，为期一周，并记录测试中遇到的现象，以便及时反馈和修改。

（3）网站管理。

为保证服务器和网站的正常运转，应设置一名专职管理员，负责资料的录入、订单的整理、服务器的维护等。同时，积极参与搜索引擎登记和广告发布，以扩大网络书店的知名度，争取更大的浏览量和交易量。

（4）网站费用。

各项事宜所需费用已另附明细，这里不再介绍。

【实训小结】

网站策划书的编写是一个比较复杂和烦琐的过程，需要设计者具有一定的市场经验、网络管理能力、程序设计能力和宣传策划技巧。同时，网站策划的内容也是因人而异、因事而异的，内容可繁可简，往往要视具体的项目要求和资金情况来确定。但是只要按照这几个大的方面来考虑，就能够根据需要编写出合格的网站策划书。

动手练习

（1）试编写某鞋帽公司的网站策划书。

（2）试编写某玩具公司网络商场的策划书。

项目小结

网站规划是网站建设的首要工作，对网站的内容和维护起到指导作用。俗话说“磨刀不误砍柴工”，认真做好网站规划，确定网站的类型、风格、栏目等，可以使后面具体的设计工作目标性更强，在编程和测试中少走弯路。

当然，本项目中所讨论的网站规划、设计等方面的内容，更多的是从理论上进行的指导，在具体工作中未必需要面面俱到。但是这些理论思想应当贯穿于网站设计的始终，从而使设计出来的网站能够更好地符合用户的需求。

思考与练习

一、填空题

1．网站规划对网站建设起到____________的作用，对网站的内容和维护起到____________作用。

2．网站规划是指在网站建设前对________进行分析，确定网站的________，并根据需要对网站建设中的________、________、________、________作出规划。

3．目前常见的几种主要网站类型包括________网站、________网站、________网站、________网站、________网站、________网站等。

4．网站的一致性主要体现在________、________、________、________等几个方面。

5．将网站中的所有文件都放在根目录下，会带来一些不利的后果，如____________、________等。

二、简答题

1．网站规划的主要任务是什么？

2．网站规划的基本原则有哪些？

3．在网站栏目规划中，一般有哪些注意事项？

4．网站设计的目标是什么？

5．网站设计的原则有哪些？

6．试简述网站设计的一般过程。

项目三

设计静态网页

根据网站的网页功能，可以将网站简单地划分为静态网站和动态网站。前者使用的是静态网页设计技术，也就是说，网页主要使用 HTML（Hypertext Markup Language，超文本标记语言）来完成；而后者使用了包括 ASP、JSP 或 PHP 在内的动态网页开发技术。下面从基本的静态网页入手，简要介绍如何设计基础的静态网站。

本项目主要通过以下几个任务完成。

- 任务一　了解网页的 HTML
- 任务二　创建基本网页
- 任务三　设置网页的样式
- 任务四　在网页中嵌入多媒体元素

学习目标

了解 HTML 的基本语法
掌握网页元素的创建和设置
熟悉 CSS 样式表的创建和应用
掌握图层和框架的概念和设置
如何在网页中插入多媒体

任务一　了解网页的 HTML

HTML 是网页制作的基础，它是一种描述语言，使用一系列的标记来创建可被浏览器识别和表现的网页文本。

创建 HTML 文件十分简单，在 Windows 的记事本、写字板中都可以进行编辑。目前，有许多图形化的网页开发工具，如 FrontPage、Dreamweaver 等。这些开发工具能够采用“所见即所得”的方法，直接处理网页，而不需要编写烦琐的标记，这使得用户在没有 HTML 基础的情况下，照样可以编写网页。但这些工具在自动生成网页时，往往会产生一些垃圾代码，从而降低了网页的效率。因此，掌握一定的 HTML 知识，对于网页的设计、编辑和理解，具有重要的意义。实际上，很难想像哪个网页设计人员不掌握基本的 HTML 知识就能够设计出优秀的网页。

下面通过一段 HTML 代码来了解其基本结构。

（一）HTML 的基本结构

【任务要求】

在网页上显示一首古诗，如图 3-1 所示，并据此了解 HTML 的基本结构。

【操作步骤】

（1）打开 Windows 中的记事本。

（2）输入如图 3-2 所示的内容，这就是典型的 HTML 代码。

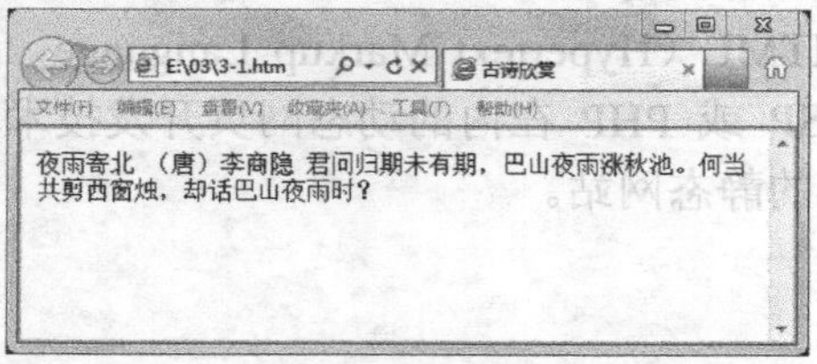

图 3-1　基本网页

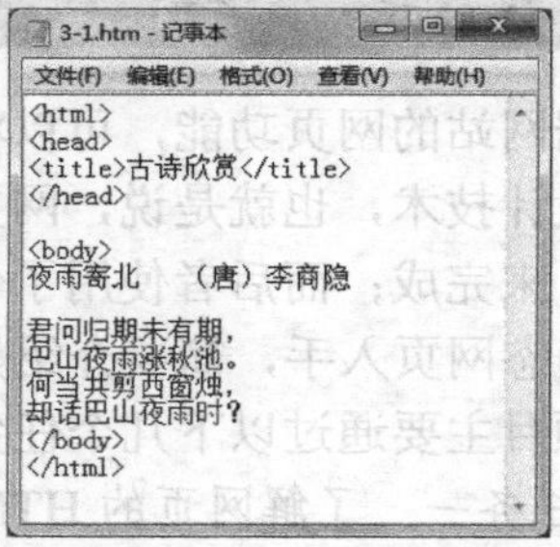

图 3-2　输入 HTML 代码

（3）将文件保存为“3-1.htm”。可见，文件图标表示为 3-1.htm，这就是常见的网页文件。

> **要点提示**
>
> 记事本默认保存文件的类型为“txt”，所以要注意将保存文件的后缀名修改为“htm”。

（4）双击“3-1.htm”文件，网页会在浏览器中打开，显示效果如图 3-1 所示。

【任务小结】

下面对 HTML 的基本结构进行简单的分析和说明。

- <html>…</html>：声明 HTML 文件的语法格式。每一个 HTML 文件都必须以此标记来声明。
- <head>…</head>：声明文件头的语法格式。在该标记内的所有内容都属于网页文件的文件头，不会出现在网页内。
- <title>…</title>：声明文件标题。在该标记内的内容，都将出现在网页最上面的标题栏中。
- <body>…</body>：声明文件主体。该标记中的内容是网页文件的主体，会被显示在浏览器的窗口中。

> **要点提示**
>
> 几乎每一种 HTML 的语法都是以<>开头，以</>结束。在编辑 HTML 的过程中，也可以使用注释，其语法格式为<!-文件注释>，中间的内容只是解释说明，而不会被浏览器编译和显示。

从上面的例子中可以看到，虽然文字在编辑时是以某种格式排列的，但是在浏览器中却没有了该格式。这说明记事本不是一种“所见即所得”的编辑工具。通过在 HTML 代码中添加适当的格式定义标记，就能够确定浏览器中内容的格式。

（二）HTML 中的格式标记

【任务要求】

添加格式标记，将古诗居中、分行显示，如图 3-3 所示。

【操作步骤】

（1）用 Windows 中的记事本打开“3-1.htm”文件，将其另存为“3-2.htm”文件。

（2）在代码中添加<center>…</center>、
等格式标记，如图 3-4 所示。

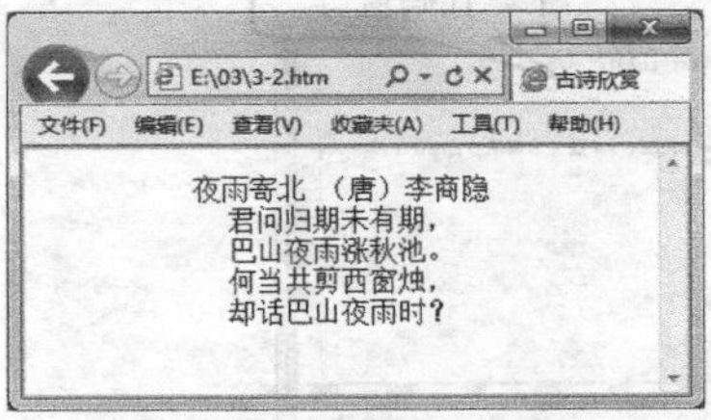

图 3-3　格式化古诗的显示

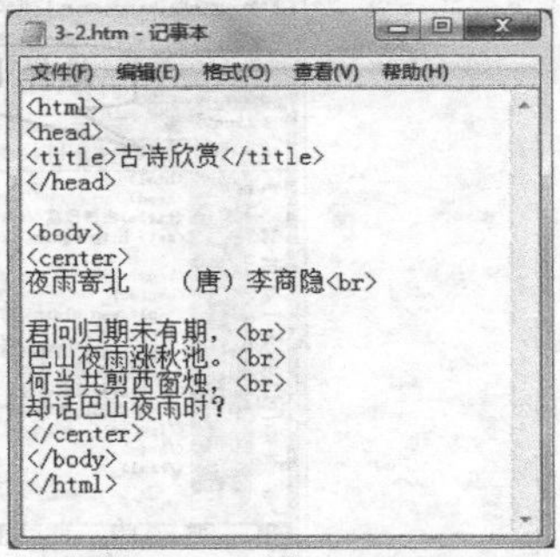

图 3-4　添加格式化标记

> **要点提示**　<center>…</center>是内容居中的格式标记，
是内容换行的格式标记。

（3）保存文件。

（4）用浏览器打开“3-2.htm”网页，可以看到古诗按照设置的格式展现出来。

【任务小结】

HTML 中有许多格式标记，如色彩、大小、字体、链接等，利用它们可以有效地控制内容的显示。但是格式标记多而复杂，一般很难完全记忆。Dreamweaver 等开发工具能够自动添加格式标记，所以一般只需要了解这些格式标记的含义就可以了。

任务二　创建基本网页

Dreamweaver 是目前使用最为广泛的网页开发工具，它功能强大，简便易用，不但能够方便地创建基本网页，而且还能完成动态网页的制作。本书的重点不在于对 Dreamweaver 的讲解，但是网站是由网页组成的，因此，仍然需要使用它来创建从静态网页到动态网页的各种页面。

（一）彩色的古诗

文字是网页中最基本的信息表达方式。除了手工输入文本外，还可以利用复制和粘贴的方式将文本输入到网页中，然后通过设置文本的属性，使其展现出需要的格式。

【任务要求】

以显示效果如图 3-3 所示的网页文件“3-2.htm”为例，为古诗设置不同的字体和色彩，并为网页设置背景，效果如图 3-5 所示。

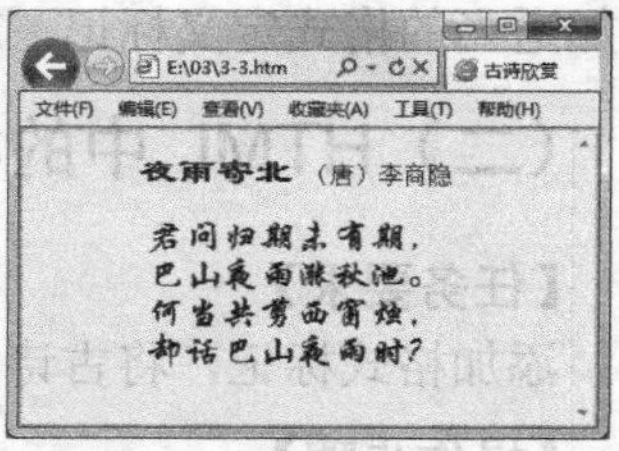

图 3-5 彩色的古诗

【操作步骤】

（1）使用 Dreamweaver 8 打开“3-2.htm”文件，将其另存为“3-3.htm”。打开后的文件如图 3-6 所示。从代码窗口中可以看到 HTML 代码和标记，在设计窗口中可以看到网页的显示情况。

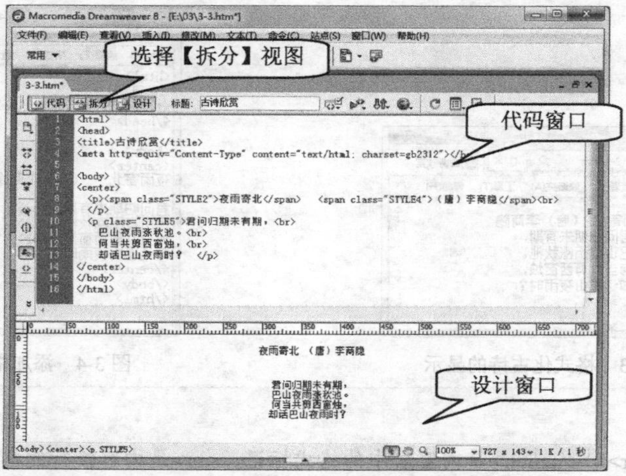

图 3-6 使用 Dreamweaver 8 打开文件

（2）选择古诗的标题，通过【属性】面板设置其字体和颜色，要注意将诗的标题和作者区分开，如图 3-7 所示。

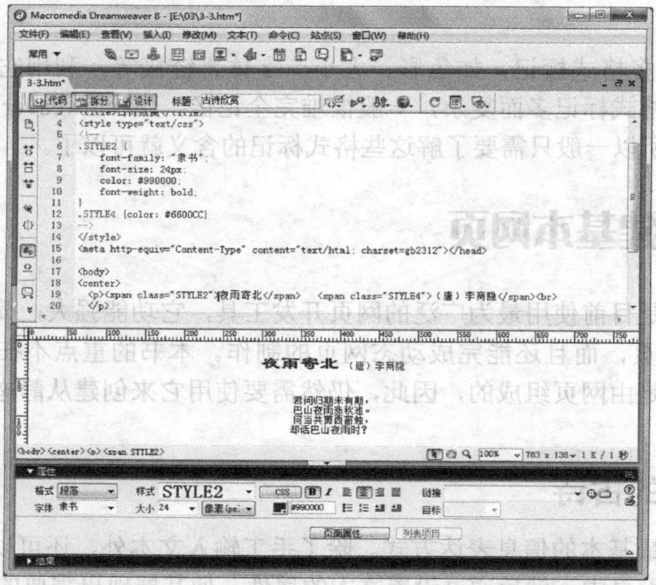

图 3-7 设置标题的字体、大小和颜色

要点提示　在设计窗口中对标题格式的定义，被自动生成为不同的样式，然后直接应用到选定的文字上，这从代码窗口中可以看到。

（3）选择诗的内容，在【属性】面板中设置字体、大小、颜色等，如图 3-8 所示。

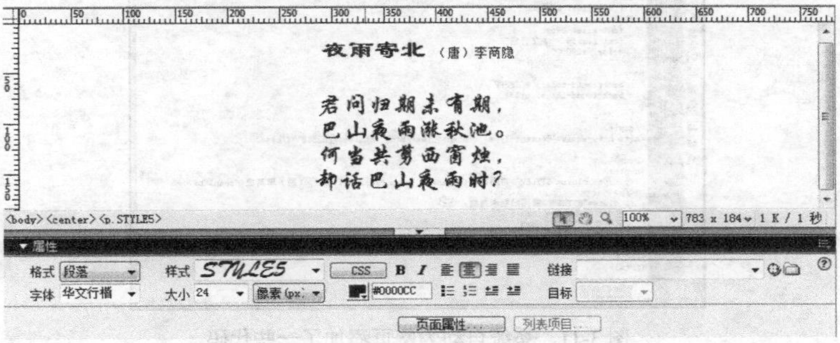

图 3-8　设置内容的样式

（4）在【属性】面板中，单击［页面属性...］按钮，打开【页面属性】对话框。在【背景颜色】选项中单击样本按钮，打开颜色样本窗口，选取一个浅蓝色，如图 3-9 所示。

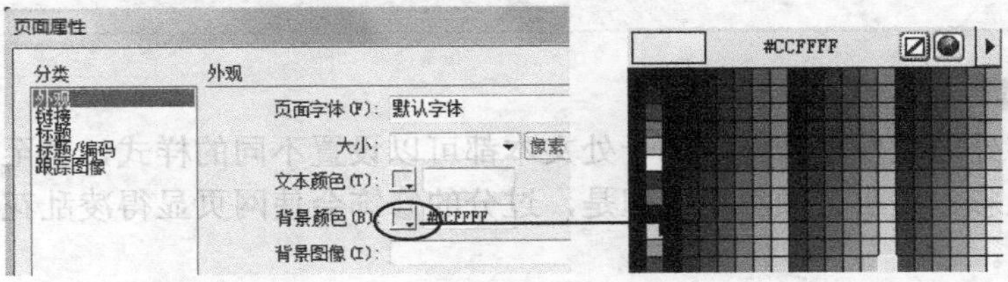

图 3-9　选取网页背景色

（5）单击［确定］按钮，关闭【页面属性】对话框。然后将文件保存。

（6）按 F12 键，打开浏览器浏览网页，如图 3-10 右图所示。可见，网页在浏览器中的显示与在 Dreamweaver 中设计的（见图 3-10 左图）完全一样。

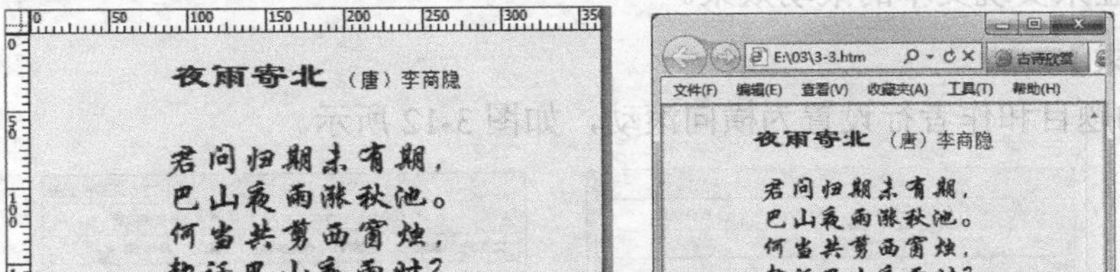

图 3-10　用浏览器浏览网页

要点提示　对于静态网页来说，设计窗口的显示情况与浏览器中显示的情况完全一样，这也就是所谓的“所见即所得”设计方法。

（7）在 Dreamweaver 的【代码】窗口中，可以看到系统自动为网页添加了一些代码，用于对文本内容进行格式化设置，如图 3-11 所示。

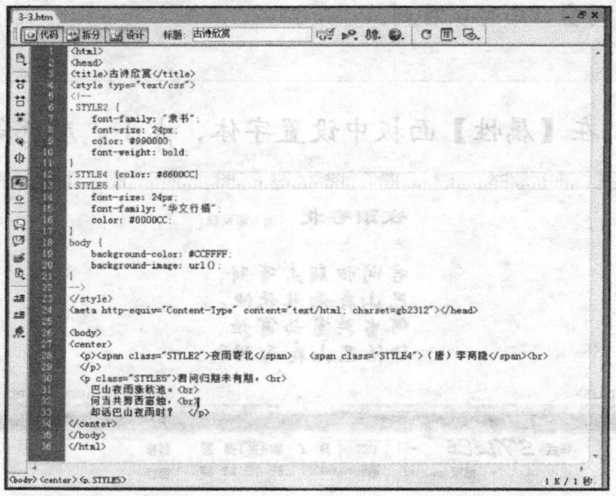

图 3-11　系统自动为网页添加了一些代码

要点提示 如果不需要对网页进行细微调整，一般可以不用考虑这些代码和标记。但是理解这些代码对于设计优秀的网页是非常有必要的。

【任务小结】

如同在文字处理软件中一样，每一处文本都可以设置不同的样式，甚至将一句话设置为不同的字体、色彩、大小、倾斜等。但是，过分的修饰会使网页显得凌乱花哨。因此，一定要合理应用样式。

（二）滚动的文本

在网页中，时常可以看到图像或公告栏中的文字左右或上下滚动，通常将这种文本称为滚动文本。滚动文本可以利用<marquee>标签来创建。下面介绍直接在 HTML 代码中添加<marquee>标签来实现文本的滚动效果。

【任务要求】

将古诗的题目和作者行设置为横向滚动，如图 3-12 所示。

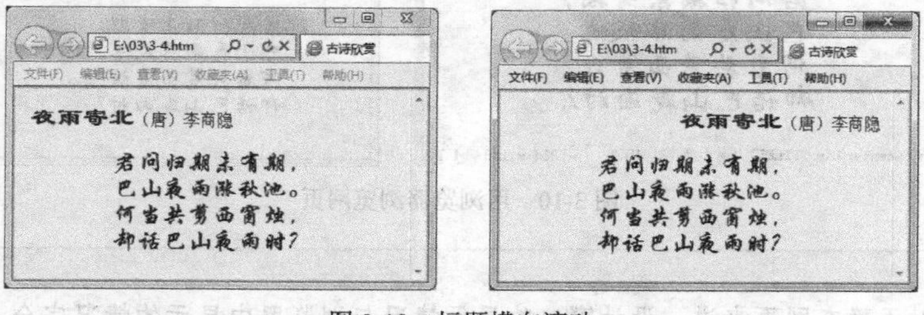

图 3-12　标题横向滚动

【操作步骤】

（1）使用 Dreamweaver 8 打开“3-3.htm”文件，将其另存为“3-4.htm”。

（2）在【设计】窗口中拖动鼠标选择古诗标题，切换到【代码】窗口，将光标移到<span>标签前。

（3）在<span>标签前输入<marquee>，并在相应的</span>标签后输入</marquee>，如图 3-13 所示。

图 3-13　在 HTML 代码中输入<marquee>标签

（4）按 F12 键浏览网页，可以看到古诗的标题部分从右至左做循环的快速移动。

（5）将光标移到<marquee>标签的最后一个字母 e 后面，按空格键，出现一列可使用的代码提示。

（6）在代码提示中双击 direction 指定文本滚动的方向，然后在 direction="" 的代码提示中双击 left，表示文本将向左边滚动，如图 3-14 所示。

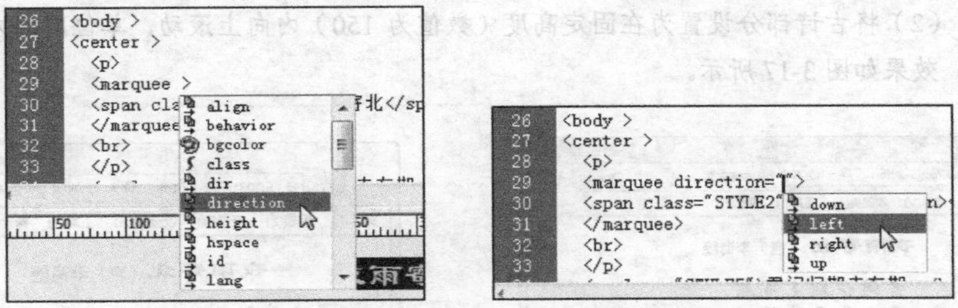

图 3-14　设置文本向左边滚动

（7）当光标在 direction="left"的后面时，按空格键，在代码提示中双击 behavior，选择 alternate，表示交替出现滚动现象。

（8）按空格键，在代码提示中双击 scrollamount，设置其值为 5，用以指定文本的滚动速度。<marquee>标签的最后设置如图 3-15 所示。

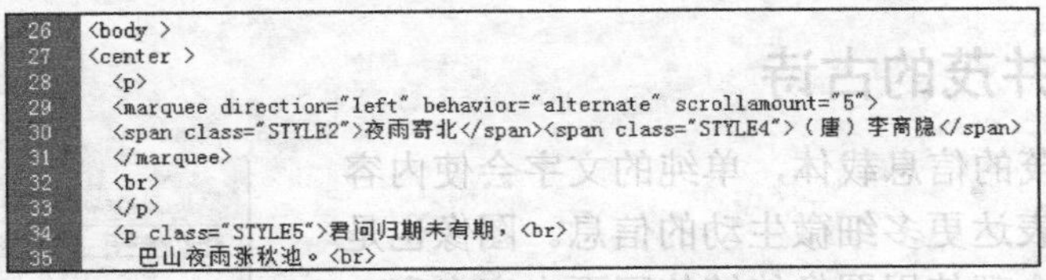

图 3-15　设置<marquee>标签的属性

（9）保存文件。按 F12 键浏览网页，可以发现速度变慢，且到达页面左边框后立即向右滚动。

要点提示

滚动文本是一个比较常用的网页特效，除了利用<marquee>标签来制作外，还可以利用一些现成的脚本语句 JavaScript 或 VBScript 来实现。

【任务小结】

HTML 标签中使用的属性很多，利用空格键可以很方便地找出这些属性，不用强制记忆。此例就是利用<marquee>标签的属性制作文本的滚动效果。

下面列出<marquee>标签中几个常用的属性。

- align：对齐方式。
- height：高度范围。
- bgcolor：背景颜色。
- direction：滚动方向（left 表示向左；right 表示向右；up 表示向上；down 表示向下）。
- behavior：方法（alternate 表示来回滚动；slide 表示滚动到一边后停止；scroll 表示循环滚动）。如果不设置 behavior，则默认为循环滚动。
- scrolldelay：滚动的延迟速度，单位为 1/1 000s，数值越大表示滚动越慢。
- scrollamount：滚动的数量，单位为像素，数值越大表示滚动越快。
- loop：滚动的反复次数。

动手练习

（1）将一个图像设置为古诗网页的背景，效果如图 3-16 所示。

（2）将古诗部分设置为在固定高度（数值为 150）内向上滚动，单位时间内滚动 3 个像素，效果如图 3-17 所示。

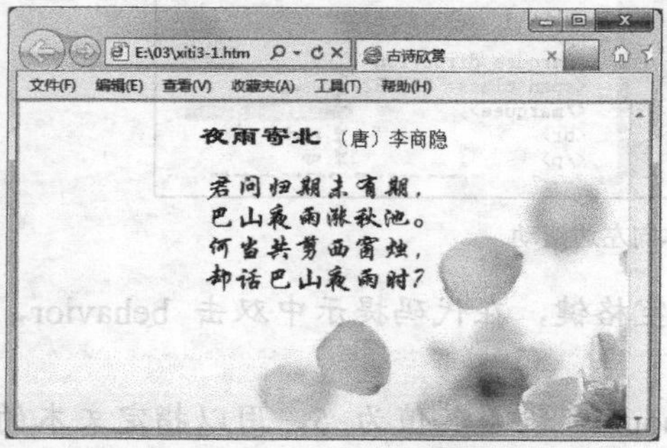

图 3-16 为网页设置图像背景

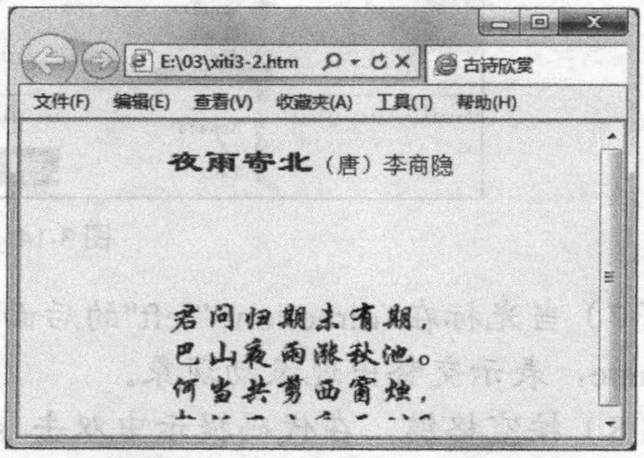

图 3-17 设置古诗部分向上滚动

（三）图文并茂的古诗

网页是图文并茂的信息载体，单纯的文字会使内容枯燥，而且也无法表达更多细微生动的信息。图像也是网页的基本元素，合理使用图像能够使网页丰富多彩、引人入胜。

【任务要求】

以网页文件“3-3.htm”为例，为古诗配上一幅意境悠远的图片，以表达古诗中惆怅、惜别、渺茫的情绪，页面效果如图 3-18 所示。

图 3-18 图文并茂的古诗

【操作步骤】

（1）使用 Dreamweaver 8 打开“3-3.htm”文件，将

其另存为“3-5.htm”。

（2）在标题与第一句之间插入一个空行，并将光标置于该空行位置。

（3）选择【插入】|【图像】命令，出现【选择图像源文件】对话框，要求用户选择需要引入到网页中的图像。选择一个需要的文件，则窗口中会出现相应的图像信息，如图3-19所示。

（4）单击 确定 按钮，会出现【图像标签辅助功能属性】对话框，要求输入一个说明，如图3-20所示，以备当浏览者的计算机无法正常显示图像时，会有一个文字说明信息。

（5）再次单击 确定 按钮，则该图像被插入到网页中光标所在的位置，如图3-21所示。

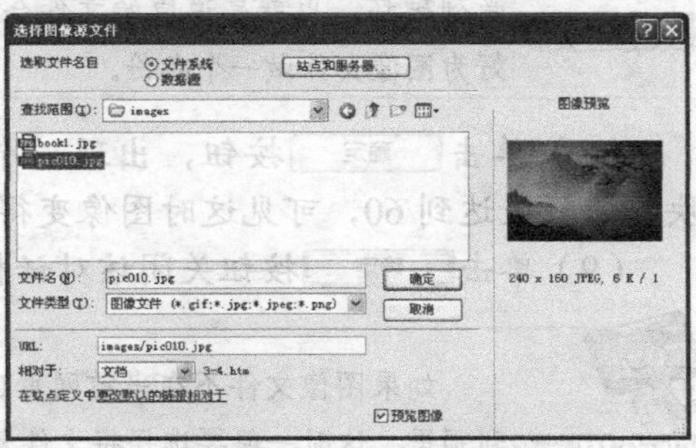

图3-19　选择图像源文件

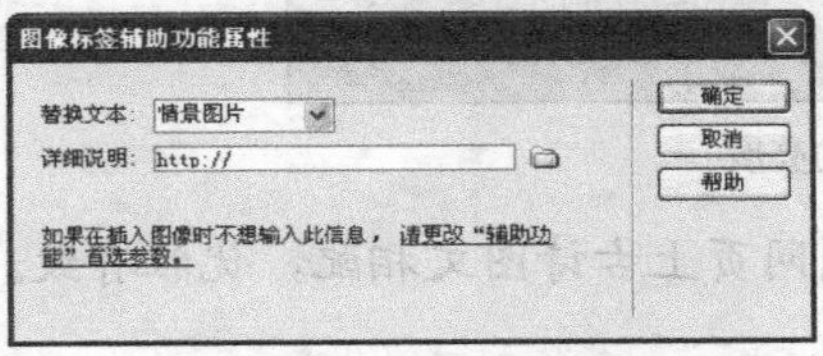

图3-20　图像说明信息

图3-21　图像被插入到网页中

（6）在图像的【属性】面板中，不仅有图像的位置、大小等属性信息，还提供了几个对图像进行编辑的工具按钮，如图3-22所示。

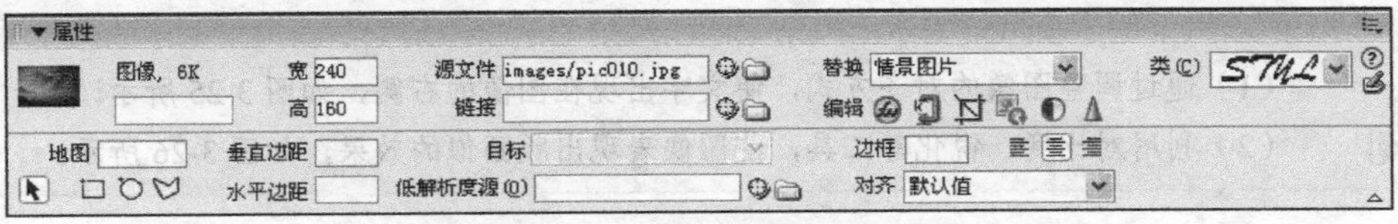

图3-22　图像的【属性】面板

各按钮的功能比较简单，提示也很清晰，这里就不详细讲解了。由于画面较黯淡，因此这里可以使用工具调整图像的亮度，以便使图像更加明亮一些。

（7）单击工具，会出现一个对话框，提示用户操作的后果，如图3-23所示。

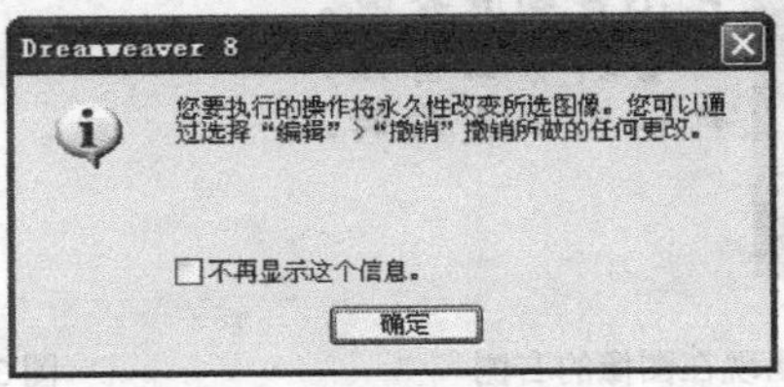

图3-23　提示信息

要点提示

图 3-23 中所示提示的含义是，如果在网页中对图像进行调整，就会使图像的原始文件受到破坏，也就是说原始文件会随网页中图像的变化而变化。因此，在调整图像之前，最好为图像文件做一个备份。

（8）单击 确定 按钮，出现一个【亮度/对比度】对话框，调节上面的【亮度】滑块，使数值达到 60，可见这时图像变得逐渐明亮起来，如图 3-24 所示。

（9）单击 确定 按钮关闭该对话框。

要点提示

如果图像文件不在当前网页目录下的 images 目录下，系统会询问需要将图像文件复制到哪里。这时一般要选择将文件复制到 images 目录中。

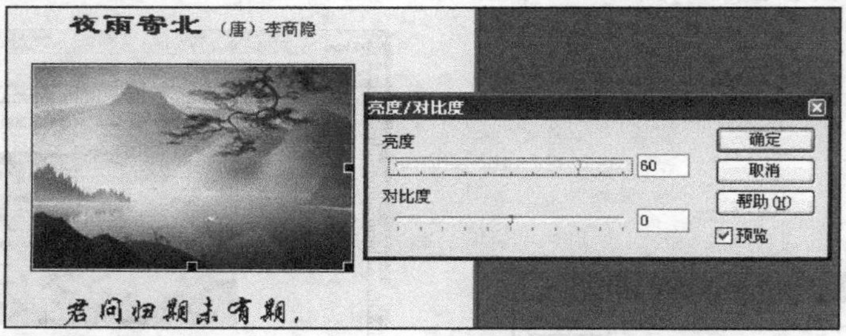

图 3-24　调节图像的亮度

（10）保存文件。按 F12 键浏览网页，可以见到网页上古诗图文相配，优雅有致。

【任务小结】

图像在网页中的作用非常重要，合理运用图像会为网页增色许多。一般在网页中，主要需要考虑的图像属性为大小、对齐位置，以及后面要讲的图像热点等。这些内容都不复杂，多尝试几次，就会掌握其使用方法。

动手练习

（1）通过调整图像的对齐方式，使文字出现在图像的右侧，如图 3-25 所示。

（2）利用对比度、锐化等工具，使图像表现出版画似的效果，如图 3-26 所示。

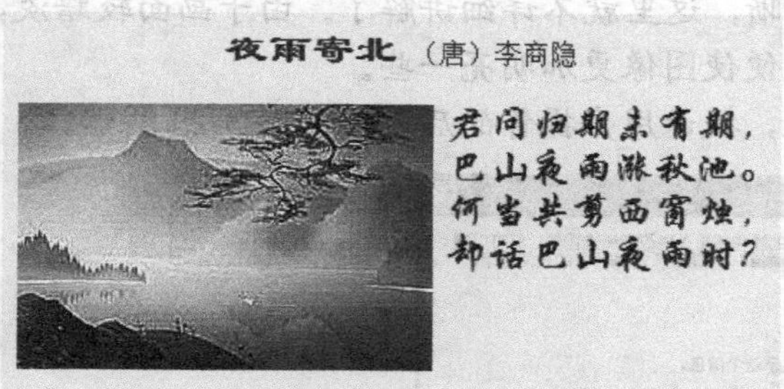

图 3-25　使文字出现在图像的右侧

图 3-26　使图像表现出版画似的效果

要点提示

需要说明的是，如果直接在这个练习中修改图像，会使图像的原始文件发生变化，进而影响到图 3-18 和图 3-25 的显示效果。

（四）创建文字超链接

超链接是指网页上的某些文字或者图像等元素与另一个网页、图像或程序之间的连接关系，当用户用鼠标单击该元素时，浏览器就会跳转到其链接的对象。超链接是互联网最根本的组成部分，没有它的存在，媒体间就失去了关联，网络也就失去了其根本的魅力。

常见的超链接主要有文本超链接、图像超链接、下载链接等。下面用几个实例来说明如何在网页间建立超链接。

【任务要求】

单击图书目录上的书名可打开该书的基本介绍，如图 3-27 所示。

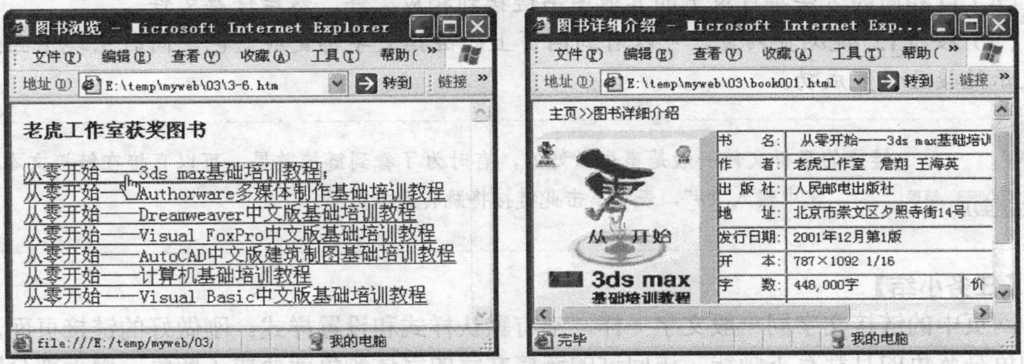

图 3-27　打开图书详细介绍

【操作步骤】

（1）在 Dreamweaver 8 中新建基本页，将其另存为“3-6.htm”。

（2）在设计窗口中输入图书目录，如图 3-28 所示。

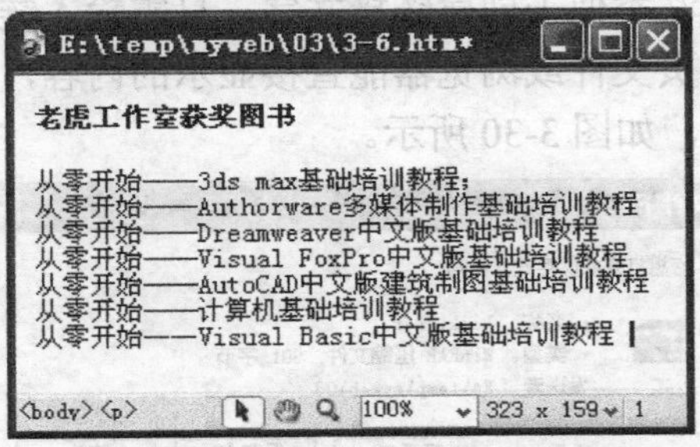

图 3-28　在设计窗口中输入图书目录

（3）在设计窗口中拖动鼠标选择书名，通过【属性】面板设置其链接到一个事先存在的文件“book001.html”上，如图 3-29 所示。

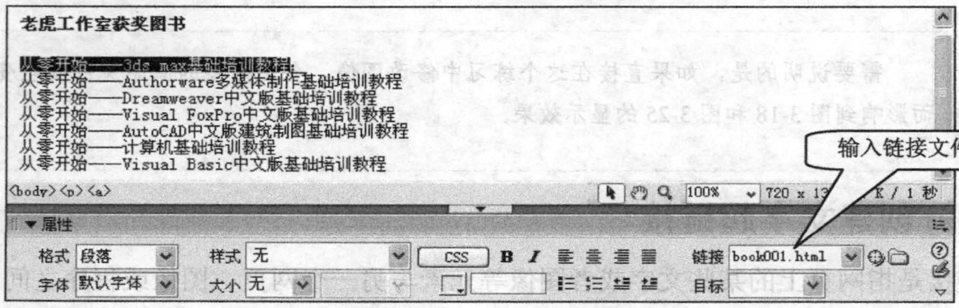

图 3-29　设置链接文件

要点提示 超文本文件的扩展名是.html 还是.htm，对于 Windows 系统完全一样，但是 UNIX 系统用户浏览.htm 后缀的超文本文件时，只能在屏幕上看到超文本的源文件，而不是展示的结果。由于一般用户使用的大都是 Windows 系统，所以对于超文本文件来说，使用哪个扩展名都是可以的。

（4）以相同的方法将目录上的其他图书链接到相应文件，然后保存文件。

（5）按 F12 键浏览网页，可以看到网页上的链接文字都变成蓝色，同时出现下画线，这表示链接已设置成功。

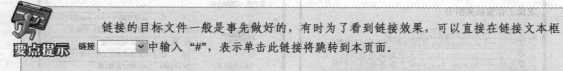

要点提示 链接的目标文件一般是事先做好的，有时为了看到链接效果，可以直接在链接文本框 链接 中输入"#"，表示单击此链接将跳转到本页面。

【任务小结】

网页中的链接文字同一般文字一样，都有默认样式和设置样式。刚做好的链接页面，字体颜色是蓝色的且都有下画线，访问过的链接文字的字体颜色就变成了紫色，而大部分网页采用的是删除链接文字的下画线和改变字体颜色的方法。可以通过单击【属性】面板上的 页面属性... 按钮来完成对页面文字的基本设置，设置界面比较直观，这里就不详细介绍了。

（五）创建图像超链接

在图像中创建链接的方法类似于创建链接文字，只需输入链接图像所链接的目标文件。如果链接的目标文件不是网页文件或浏览器能直接显示的内容，则弹出一个【文件下载】对话框，询问如何下载该文件，如图 3-30 所示。

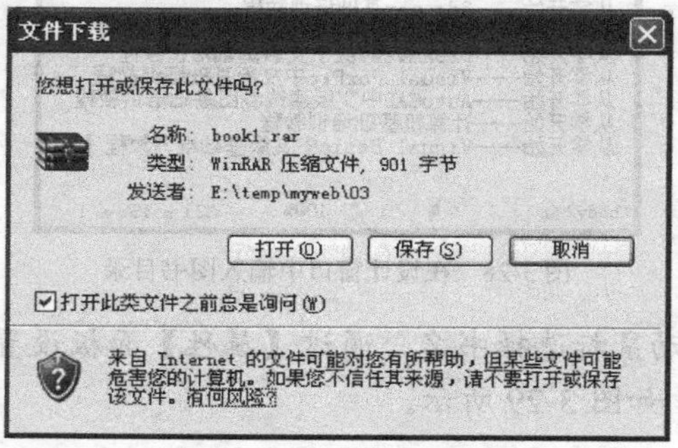

图 3-30　【文件下载】对话框

【任务要求】

单击图像打开网页和链接文件，如图 3-31 所示。

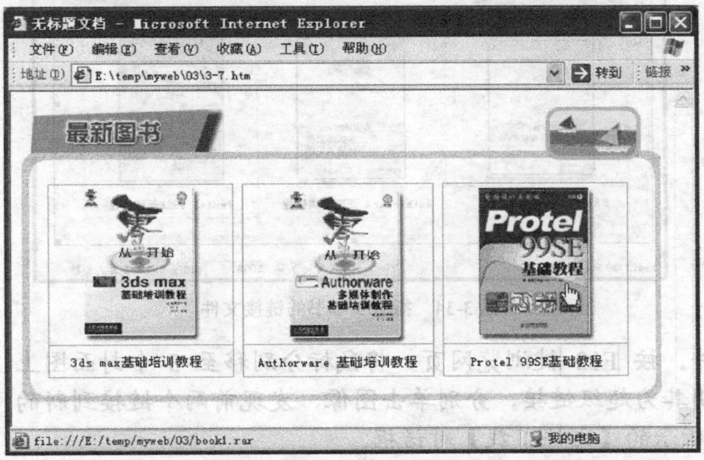

图 3-31　图像链接

【操作步骤】

（1）在 Dreamweaver 8 中新建基本页，将其另存为“3-7.htm”。

（2）在【设计】窗口中插入最新图书告示的图片“pic01.jpg”。

（3）单击图片，在【属性】面板上选择矩形热点工具，拖动鼠标在图片上画出链接区域，如图 3-32 所示。

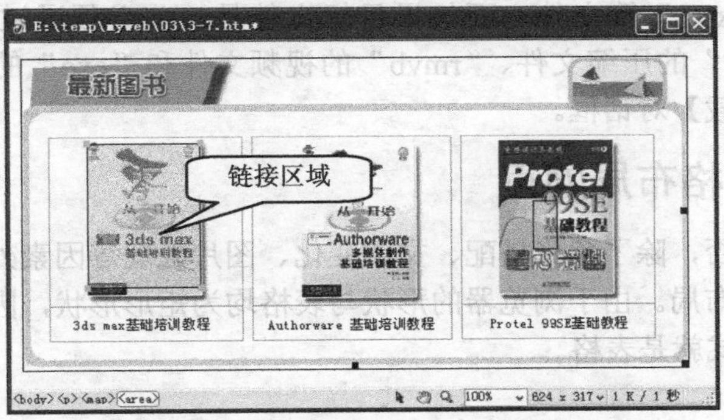

图 3-32　选定图片的链接区域

（4）在其【属性】面板的【链接】文本域中输入链接的目标文件名“book001.html”，如图 3-33 所示。

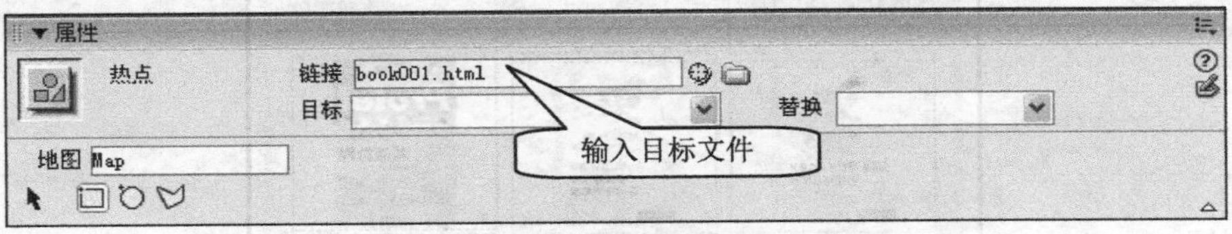

图 3-33　输入目标文件名

（5）以同样的方法分别设置其他两本书的链接目标文件“book002.html”和“book1.rar”，如图 3-34 所示。

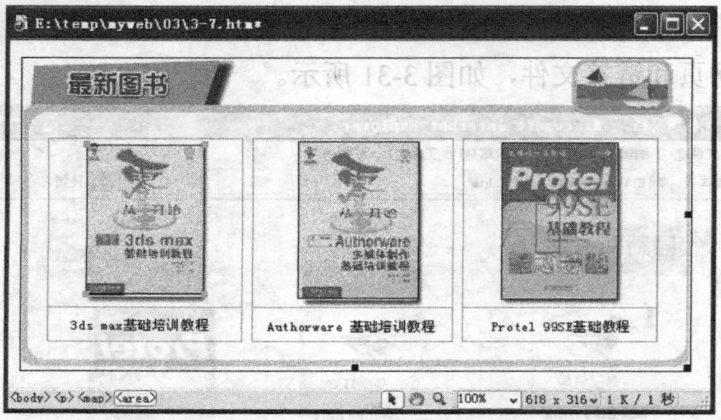

图 3-34　指定 3 本书的链接文件

（6）保存文件。按 F12 键浏览网页，将鼠标分别移至 3 个封面图上，可以看到鼠标指针变为手形，表明其为超级链接，分别单击图像，发现前两个链接到新的网页，而最后一个则弹出如图 3-30 所示的【文件下载】对话框。

要点提示

上例中设置的链接页面是直接在原窗口中打开的，可以在【属性】面板的目标文本域 目标 _blank 中选择“_blank”选项，就可使新页面在新窗口中打开。

【任务小结】

链接的目标文件如果是 IE 浏览器能够直接打开的，则直接在浏览器中显示，如后缀名为“htm”、“txt”、“xml”等文件；而如果目标文件是一些必须通过第三方软件才能打开的，如后缀名为“rar”的压缩文件、“rmvb”的视频文件和“exe”的可执行文件等，则单击后将弹出【文件下载】对话框。

（六）利用表格布局网页

一个网页精彩与否，除了色彩搭配、文字变化、图片处理等因素外，还有一个非常重要的因素——版面规划布局。由于浏览器的形状与表格均为矩形形状，因此布局和定位网页元素时，采用最多的方式就是表格。

【任务要求】

以图 3-35 所示的“最新图书发布栏”为例，来说明如何构建表格以及利用表格布局网页。

图 3-35　利用表格设计的“最新图书发布栏”

要点提示

本网页是利用表格构建的，而在前面制作过类似的网页“3-5.htm”（见图 3-21），是直接在页面中插入图像而成的。这两种方式都是制作网页时比较常用的方法，大家可以比较着掌握。

【操作步骤】

（1）先分析完成此网页所需要的表格结构，得出如图 3-36 所示的表格框图。

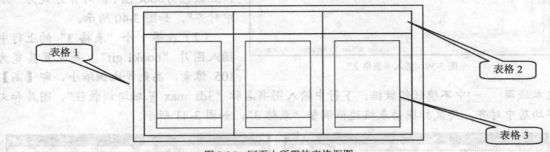

图 3-36　网页中所需的表格框图

（2）在 Dreamweaver 8 中新建基本页，将其另存为“3-8.html”。

（3）在【设计】窗口中插入一个 1 行 1 列、宽度为 591 像素的表格作为网页的“表格 1”，边框粗细、单元格边距和间距都为 0，具体设置如图 3-37 所示。

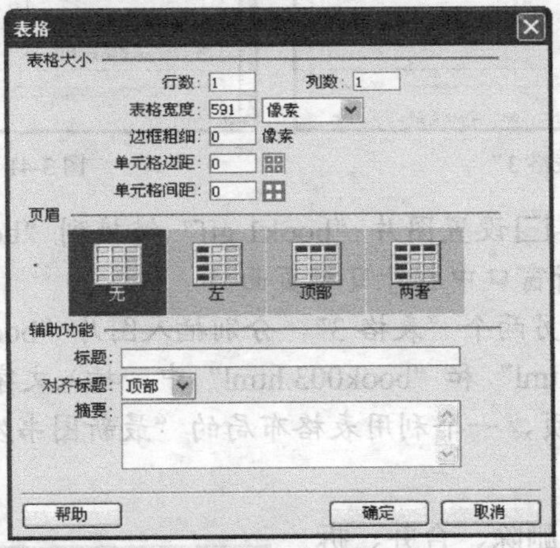

图 3-37　插入“表格 1”

（4）选择表格，在其【属性】面板中设置：高为 286 像素，对齐方式为“居中对齐”，背景图像为“bg.jpg”，如图 3-38 所示。

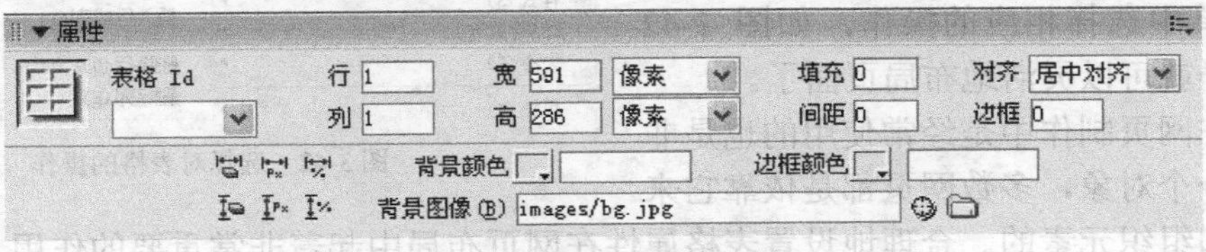

图 3-38　设置主表格的属性

（5）在“表格 1”内部插入一个 2 行 3 列的“表格 2”，其具体设置为：宽为 570 像素，

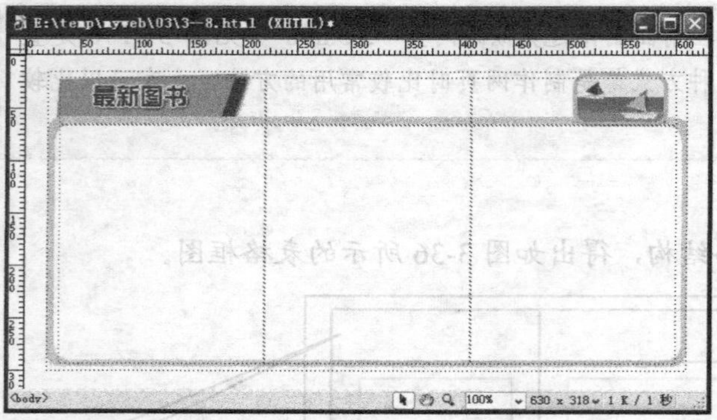

图 3-39　插入“表格 2”

填充、间距和边框都为 0，对齐方式为“居中对齐”。用鼠标拖动表格的边框，使之成为如图 3-39 所示的布局。

（6）在“表格 2”内部插入 3 个 2 行 1 列的“表格 3”，具体设置为：宽为 175 像素，填充和间距为 0，边框为 1 且颜色为#66CBFF，对齐方式为“居中对齐”，如图 3-40 所示。

（7）在第 1 个“表格 3”的上行中插入图片“book1.gif”，并设置其宽为 105 像素，高则等比例缩小，即【高】文本域高　中不填任何数据；下行中输入图书名称“3ds max 基础培训教程”，图片和文字均居中对齐。用鼠标拖动表格边框调整“表格 3”，如图 3-41 所示。

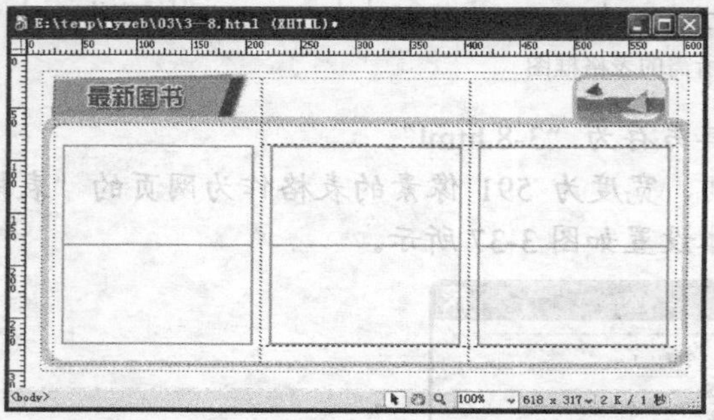

图 3-40　插入“表格 3”

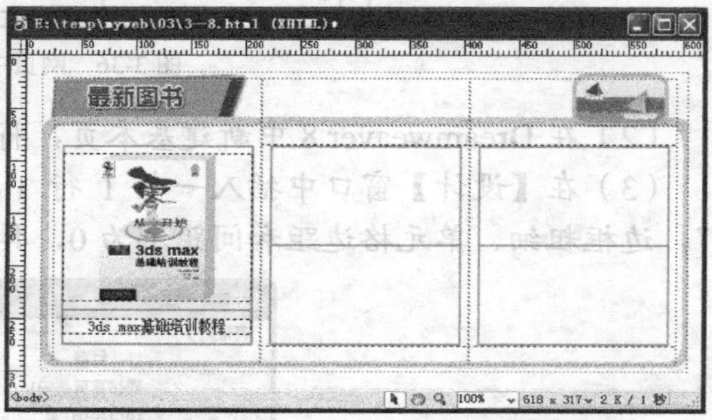

图 3-41　插入图片和文字

（8）使用热点矩形工具设置图片“book1.gif”链接到“book001.html”文件上，并设置目标为“_blank”，即从新窗口中打开目标页面。

（9）以同样的方法设置另两个“表格 3”，分别插入图片“book2.gif”和“book3.jpg”，并设置图片链接到“book002.html”和“book003.html”中。插入文字并居中，然后保存网页。

（10）按 F12 键浏览网页，一个利用表格布局的“最新图书发布栏”就完成了。

【任务小结】

表格可以任意地插入、删除、合并、拆分。具体方法是：选择要操作的表格（删除、合并和拆分）或选定要操作的位置（插入、删除和拆分），单击鼠标右键，在弹出的快捷菜单中选择相应的操作，如图 3-42 所示，这样就可以灵活地布局页面了。

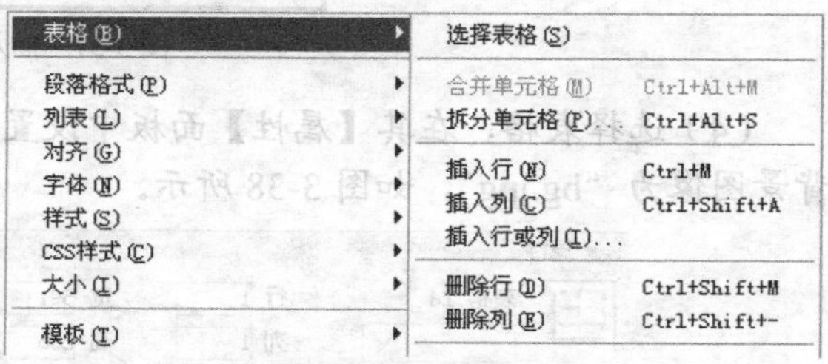

图 3-42　选择对表格的操作

表格在网页制作中是经常使用的也是非常重要的一个对象，多数网页都是依靠它来布局版面和组织元素的。合理地设置表格属性在网页布局中起着非常重要的作用，比如，以“像素”为单位的表格和以“%”为单位的表格在浏览器中的显示就不一样，前者为固定大小，而后者则可以随着浏览器窗口大小的改变而变化。因此，要在实践中不断尝试、不断积累经验，这样才能用表格制作出精致漂亮的网页。

动手练习

制作一个如图 3-43 所示的边框为 1 像素的细线表格。

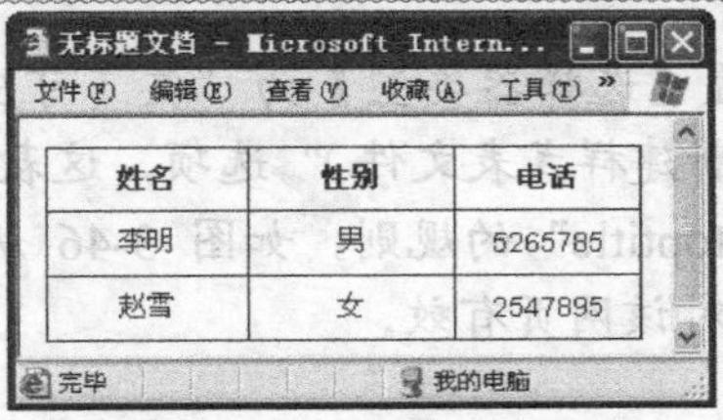

图 3-43　制作表格

任务三　设置网页的样式

与单纯的图文网页相比，生动活泼、形式多样的页面更能吸引浏览者的注意。为了使页面更新颖、更美观，可以在页面的设计中添加各种样式，最常用的方法就是对单个或一组页面设置 CSS 样式，利用 CSS 样式表来规范网页图文的输出方式。另外，还有一些特殊的页面效果，如图层的定位，框架的设置和链接的总体设置等，都是比较常用的设置网页样式的方法。

下面分别介绍网页样式的 3 种比较常用的设置方式：CSS 样式、图层定位和框架设置。

（一）应用 CSS 设置网页文本样式

CSS（Cascading Style Sheets，层叠样式表）简称样式表，是一种设计网页样式的工具。利用 CSS 样式，可以使网页的内容与表现形式互相分开，网页内容位于自身的 HTML 文件中，而这些内容的表现形式则定义于另一个存放 CSS 样式的文件中，从而简化网页代码，加快下载显示的速度。

下面以一个公司网站的页面为例来介绍如何设置 CSS 样式。

【任务要求】

在本书素材中有一个“3-9.html”网页，标题和内容的文字均为默认设置，因此显得比较粗糙，如图 3-44（a）所示，现设置一个 CSS 样式来控制页面文字的输出，要求标题突出，文字有区分，如图 3-44（b）所示。

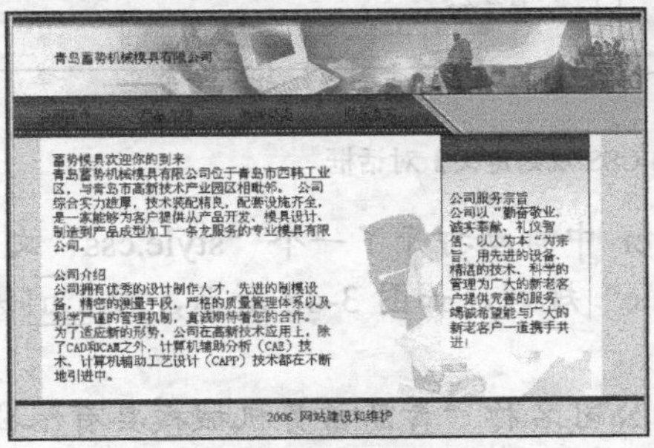

（a）默认样式的页面

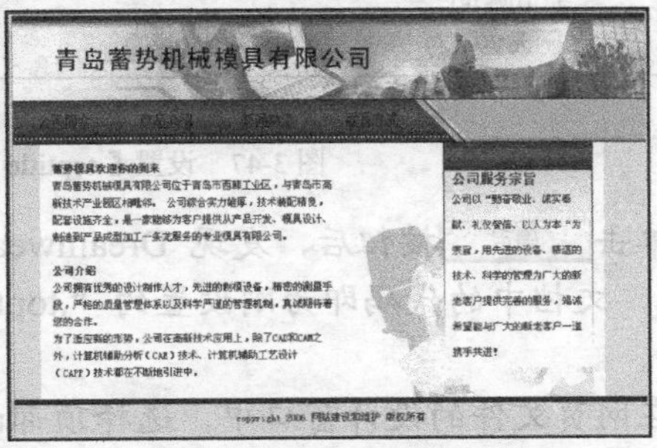

（b）设置了 CSS 样式的页面

图 3-44　应用 CSS 设置网页文本的样式

【操作步骤】

（1）使用 Dreamweaver 8 打开“3-9.html”文件，将其另存为“index_css.html”。

（2）设置公司名称的样式。

① 打开【CSS】面板（快捷键 Shift + F11），单击面板右下角的“新建 CSS 规则”按钮，如图 3-45 所示。

② 在弹出的对话框中设置【选择器类型】为“类（可应用于任何标签）”，【名称】为“.toptitle”，【定义在】选择“（新建样式表文件）”选项，这表示新建一个独立的 CSS 样式文档，在其中定义了一个名为“.toptitle”的规则，如图 3-46 所示。如果选择“仅对该文档”选项，表示建立的 CSS 样式只对该网页有效。

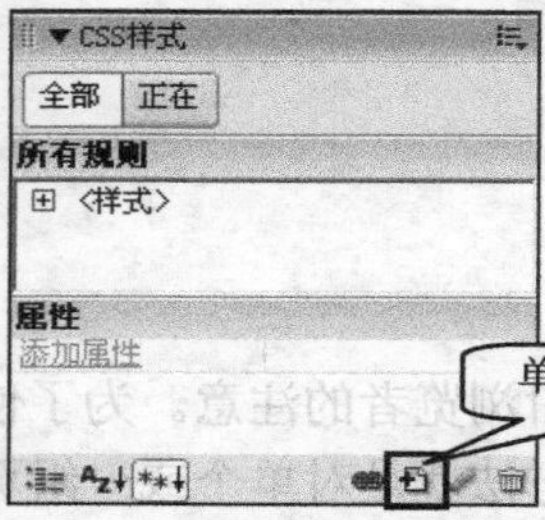

图 3-45 【CSS】面板

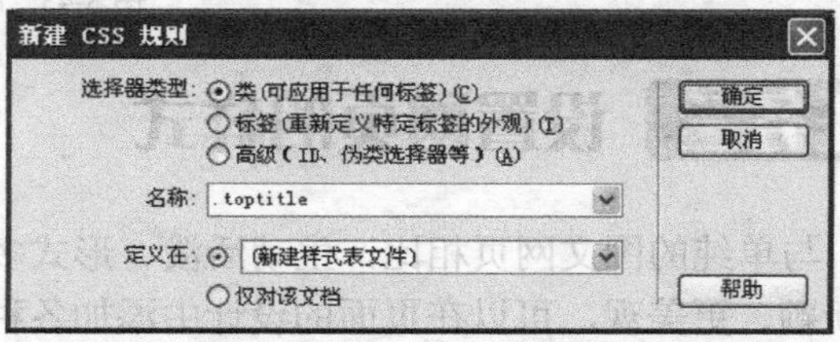

图 3-46 【新建 CSS 规则】对话框

③ 单击【确定】按钮，弹出【保存样式表文件为】对话框，在其中输入“style”，表示将“style.css”文档保存到计算机中（一般是与网页在同一目录下）。

④ 保存后弹出【.toptitle 的 CSS 规则定义】对话框，在其中设置公司名称的显示样式，分为两部分设置，如图 3-47 所示。

- 设置字体：在【类型】设置区中设置：字体为黑体，大小为 30 像素，颜色为 #000000（黑色），修饰为无。
- 设置段落：在【区块】设置区中设置，字母间距为 0.5mm。

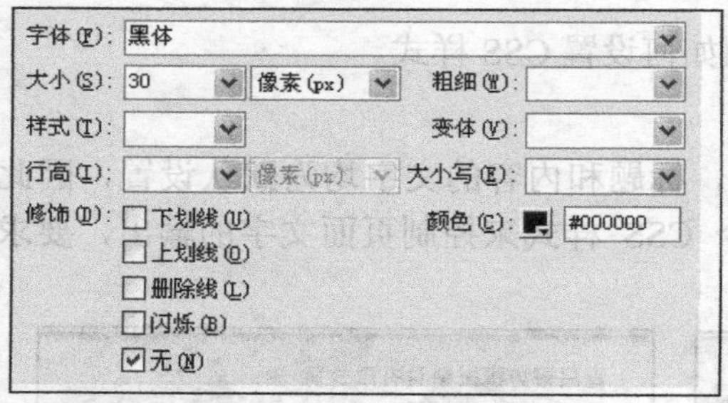

（a）【类型】设置区

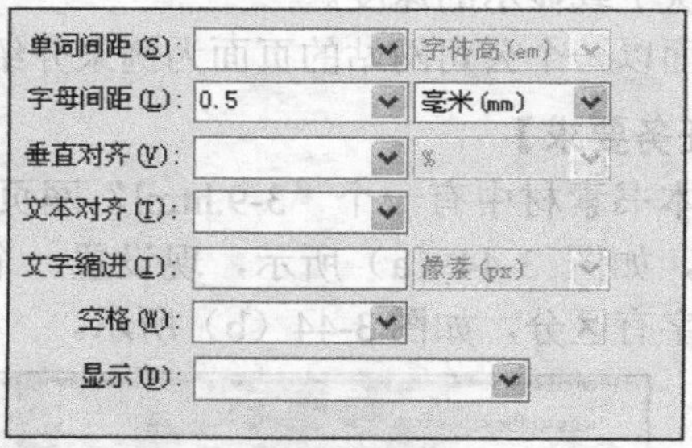

（b）【区块】设置区

图 3-47 设置【.toptitle 的 CSS 规则定义】对话框

⑤ 单击 确定 按钮后，发现 Dreamweaver 中自动打开了一个“style.css”文档并处于编辑状态，文档中的代码即为刚设置的“.toptitle”规则，如图 3-48 所示，按 Ctrl+S 组合键将其保存。

⑥ 在网页文件的设计窗口中，选择顶部的公司名称“青岛蓄势机械模具有限公司”，在其【属性】面板的【样式】下拉列表框中选择“toptitle”选项，将“.toptitle”规则应用到公司名称上，如图 3-49 所示。

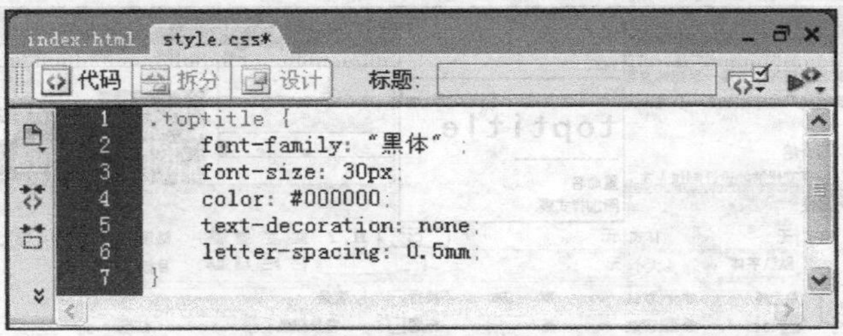

图 3-48　自动打开的“style.css”文档

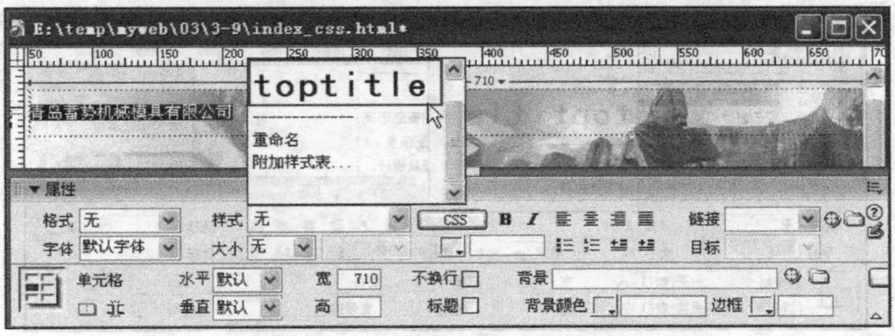

图 3-49　设置公司名称的样式

如果要修改或取消所选文字的样式，只需在【属性】面板的【样式】下拉列表中选择相应的样式或直接选择“无”选项。

（3）设置网页内容的样式。

① 以同样的方式在“style.css”样式文档中建立“.left”规则：字体为宋体，大小为 12 像素，行高为 20 像素，颜色为#003366（蓝色），修饰为无，其他设置默认。

② 将“.left”规则应用到页面左边内容部分，如图 3-50 所示。

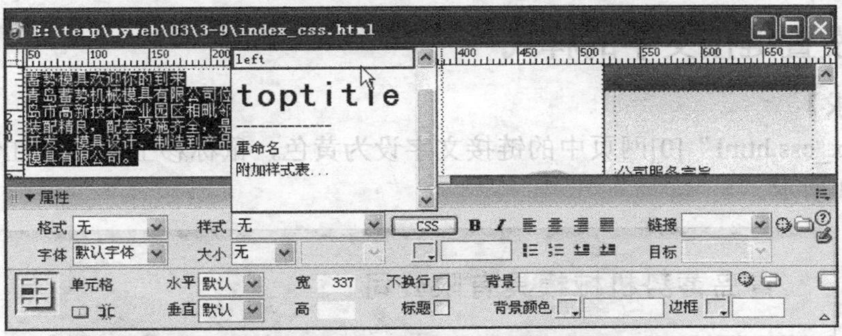

图 3-50　设置网页左边内容的样式

③ 在“style.css”样式文档中再建立一个“.right”规则：字体为宋体，大小为 12 像素，行高为 30 像素，颜色为#333333（灰色），修饰为无，其他设置默认。将其应用到页面右边内容部分，如图 3-51 所示。

④ 在“style.css”样式文档中再建立一个“.bold”规则：粗细为粗体，颜色为#993300（橙色），其他设置默认。将其应用到每段的标题部分，如图 3-52 所示。

（4）保存文件。按 F12 键浏览网页，一个用 CSS 样式修饰的页面就完成了。

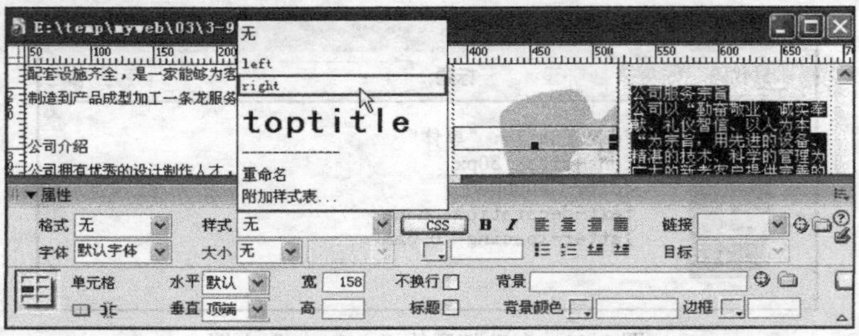

图 3-51　设置网页右边内容的样式

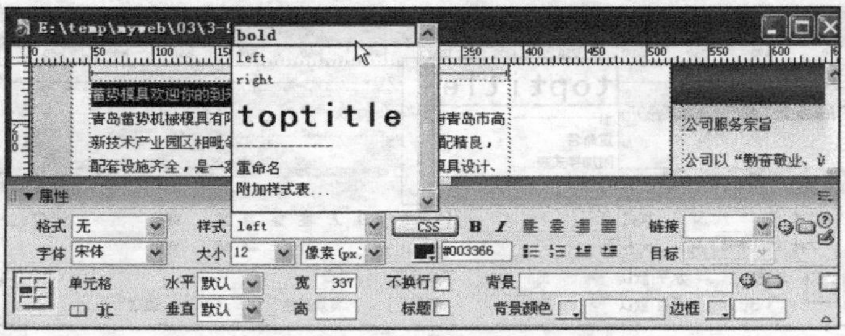

图 3-52　设置每段的第一句

【任务小结】

利用 CSS 样式可以设置多种多样的样式规则，这些规则既可以放在被修饰的页面中，也可以放在一个单独的 CSS 样式文档中。前者适合页面较少的网站，而后者适合任何网站。建议在制作网页的时候，以后者为主，即将 CSS 规则都统一放在一个独立的文档中。

CSS 样式的用途很广泛，利用它还可以设置背景颜色、边框设置、视觉效果等多种网页特效，步骤都是一样的，主要都是在【××的规则定义】对话框中进行设置。

网页中的链接文字默认的样式都是蓝色带下画线，访问后变成紫红色，这种单一的外观已不能满足各种类网页的设计要求，现在就来改变链接文字这种单一的样式。

（二）设置链接文字的样式

【任务要求】

将“index_css.html”[0]网页中的链接文字设为黄色，鼠标移上后变成红色，且有下画线，如图 3-53 所示。

图 3-53　设置链接文字的样式

【操作步骤】

（1）使用 Dreamweaver 8 打开“index_css.html”网页。

（2）单击【CSS】面板右下角的“新建 CSS 规则”按钮，在弹出的对话框中设置【选择器类型】为“高级（ID、伪类选择器等）”，【选择器】中选择“a:link”选项，并定义在“style.css”文档中，如图 3-54 所示。

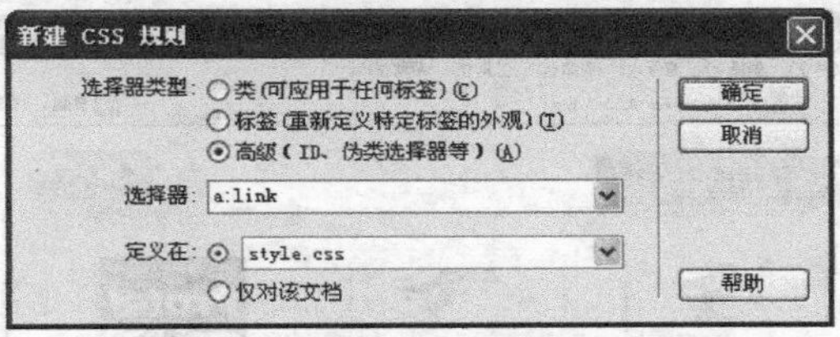

图 3-54　设置【新建 CSS 规则】对话框

（3）单击 确定 按钮后，弹出【a:link 的规则定义（在 style.css 中）】对话框，在其中设置链接文字的初始状态类型“a:link”：大小为 13 像素，颜色为#FFFF00（黄色），修饰选无，其他设置默认，单击 确定 按钮。

（4）以同样的方式建立链接文字的另两种状态规则。

- 访问过的状态“a:visited”：颜色为# FFFF00（黄色），修饰选无，其他设置默认。表示访问过的链接还是黄色。
- 鼠标移上时的状态“a:hover”：颜色为#FF0000（红色），修饰选下画线，其他设置默认。表示鼠标移上显示红色且出现下画线。

（5）设置完毕，保存文件，按 F12 键预览网页。

【任务小结】

利用 CSS 规则可以设计出多种链接文字的样式，比如使链接后的文字错位变色，制造文字的链接效果，或是加上虚线状的下画线等，都是利用【××的规则定义】对话框中的类型来制作的效果。例子很多，要想掌握 CSS 规则，关键在于积极思考、灵活应用，这样才能做出许多特殊的效果。

动手练习

（1）使用【××的规则定义】对话框中的“边框”和“扩展”类型来制作链接文字的凸起效果如图 3-55 所示。

（2）使用【××的规则定义】对话框中的“边框”和“扩展”类型来制作链接文字的凹陷效果如图 3-56 所示。

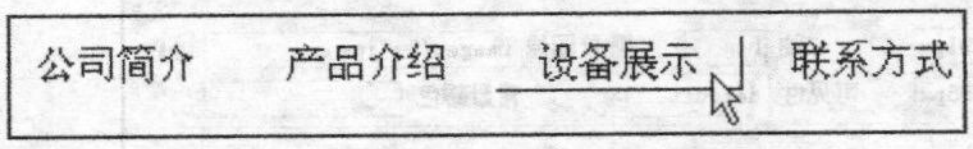

图 3-55　链接文字的突起效果

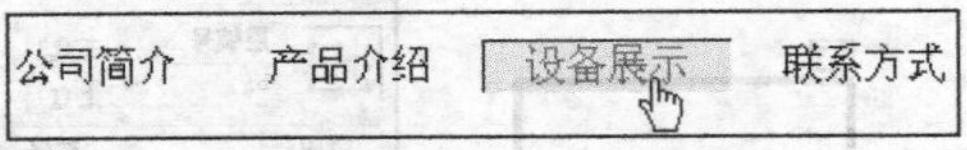

图 3-56　链接文字的凹陷效果

（三）使用图层定位

网页设计同平面设计一样，也有层的概念。层中可以插入任何在网页上允许出现的元素，如文字、图像、表格，甚至另一个层。通过对层的控制，制作网页的时候可以不受排版的约束，随心所欲地控制各类网页元素的显示位置和顺序，赋予网页不同于一般的视觉效果。

由于层使用起来非常灵活，因此经常被使用来创建网页的布局。下面还是以“最新图书发布栏”为例来说明如何利用层来布局网页。

【任务要求】

在“3-8.html”网页中曾利用表格来布局“最新图书发布栏”，现在看看如何用层来布局网页，如图 3-57 所示。

图 3-57　利用层制作的页面

【操作步骤】

（1）在 Dreamweaver 8 中新建基本页，将其另存为“3-11.html。

（2）制作发布栏的背景层。

① 打开【插入】面板（快捷键 Ctrl+ F2），在其布局列中单击“绘制层”按钮，如图 3-58 所示。

图 3-58　利用【插入】面板插入图层

② 在【设计】窗口中，拖动鼠标左键后再松开，页面上将出现一个蓝色的矩形框，这就是层，如图 3-59 所示。

③ 单击层左上角的选择柄选中该层，在其【属性】面板中设置：层编号为 bg，宽为 591 像素，高为 286 像素，背景图像选择图片“bg.jpg”，如图 3-60 所示。其中层编号是层的名字，宽和高的值是依据背景图片大小设置的。

图 3-59　新建的层

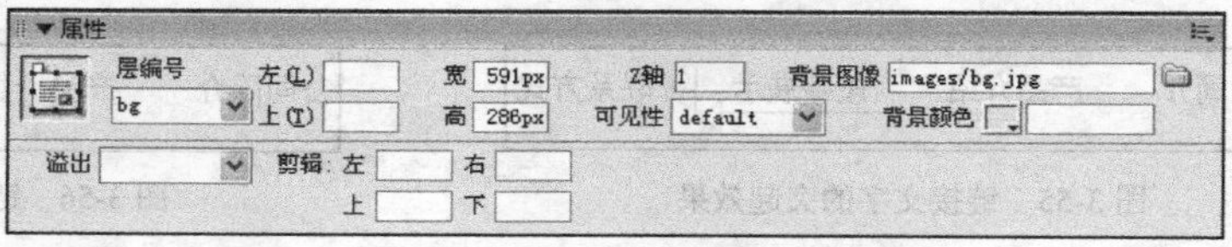

图 3-60　设置层的【属性】面板

（3）制作包含书和书名的表格层。

① 以同样的方式插入新层并选中该层，设置其属性：层编号为 book1，宽为 175 像素，高为 190 像素，其他设置暂不用改。

② 将光标移至层的内部，插入一个 2 行 1 列、宽度为 175 像素、边框为 1 像素的表格，并设置表格的颜色为#66CBFF（蓝色）。

③ 在表格的两行中分别居中插入书的封面图“book.gif”和书名“3ds max 基础培训教程”，设置图片宽度为 105 像素，书名字体为 12，调整表格两行的比例，如图 3-61 所示。

④ 以同样的方式插入其他两本书的图书层，层编号分别为 book2 和 book3。

（4）调整 3 个图书层的位置，使其位于同一高度。

① 单击层 book1 的 z 轴值选中该层，按住 Shift 键的同时依次单击另外两个层 book2 和 book3，即同时选中 3 个图书层，如图 3-62 所示。

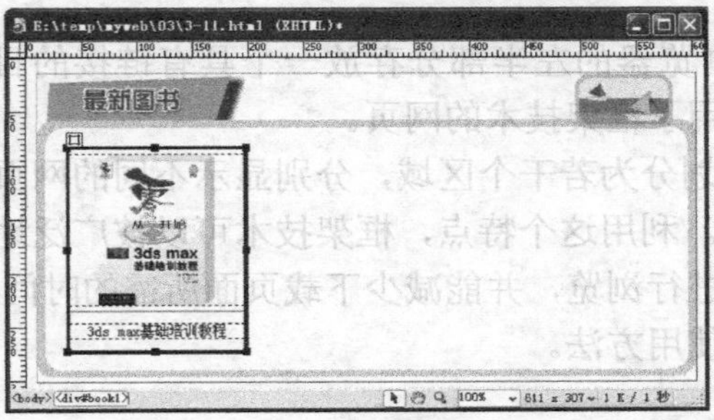

图 3-61　插入图书层

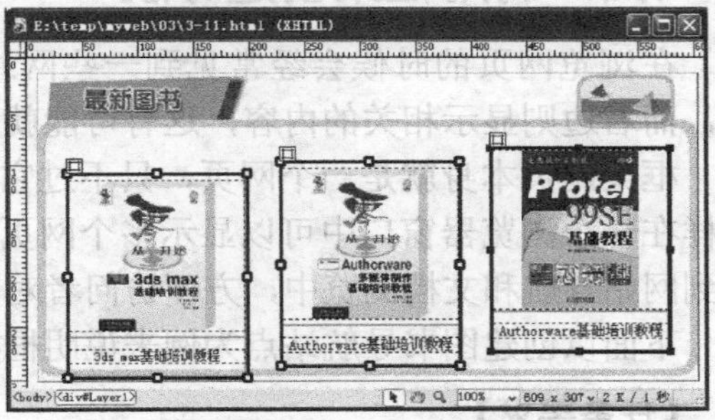

图 3-62　选中 3 个图书层

② 选择【修改】|【排列顺序】|【对齐上缘】命令，此时将层 book1 和层 book2 上提到层 book3 的高度。

要点提示　设置多个层的排列顺序时，都是以最后一个选定层（实心点框突出显示）为基准排列的。

（5）保存文件。按 F12 键预览网页。

【任务小结】

有几点是在使用层的过程中必须要掌握的内容，现归纳如下。

（1）层【属性】面板中的设置。

- 【层编号】：层的名称。
- 【左】和【上】：用来指定该层与页面左边或顶端的距离。
- 【宽】和【高】：用来指定层的宽度和高度。
- 【Z 轴】：用来设置多个层之间的叠放顺序，编号较大的层可以放在编号较小的层上面。如此例中背景层 bg 的 z 轴值为 1，3 个图书层的 z 轴值为 2，因此图书层可以放在背景层的上面。
- 【可见性】：通过下拉列表框选择该层最初是否是可见的。
- 【背景图像】：选择层的背景图像。
- 【背景颜色】：选择层的背景颜色。如果选项空白，则表示指定透明的背景。

（2）选择层和激活层是不同的概念。

- 单击层的边框或左上角的选择柄□为选择层，表示可以移动、排列或是调整层。
- 单击层的内部为激活，表示可以开始在层中添加、删除或是修改网页元素。

选择层和激活层在 Dreamweaver 8 设计窗口中的显示如图 3-63 所示，要注意加以区分。

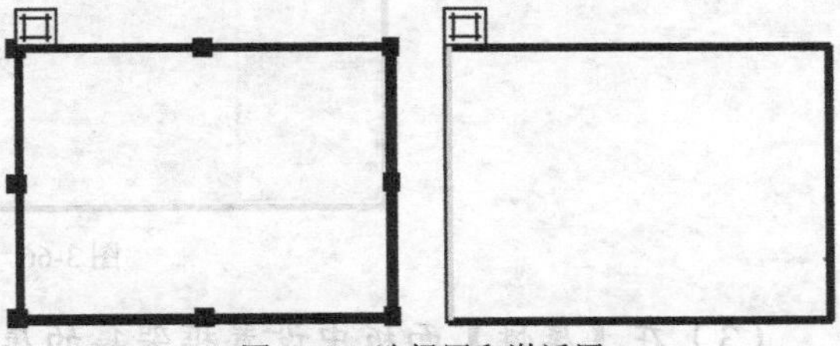

图 3-63　选择层和激活层

（3）重叠的层是不能转化为表格的。在

层转化为表格之前，必须保证层没有重叠，因为表格不具有 z 轴方向的特性，不能重叠，如果要转换已经相互重叠的层，则要通过移动层的方法先把它们分开。

（四）利用框架创建导航

在浏览网页的时候会经常见到一些网站，浏览器的左半部分存放一个具有链接的目录表，而右边则显示相关的内容，这有可能就是采用了框架技术的网页。

框架网页本身就是一个网页，只不过它已被划分为若干个区域，分别显示不同的网页，这样在一个浏览器窗口中可以显示多个网页文档。利用这个特点，框架技术可以被广泛地应用到网站导航和文档浏览中，方便访问者对网页进行浏览，并能减少下载页面所需的时间。

下面以创建图书导航站点为例来说明框架的使用方法。

【任务要求】

创建图书信息的导航站点，采用的结构是左侧固定右侧嵌套的框架集，左侧放置图书目录，单击目录，右边显示相应的内容，网页效果如图 3-64 所示。

【操作步骤】

（1）在 Dreamweaver 8 中新建一左侧固定的框架集，如图 3-65 所示，将其另存为“3-12.html”。

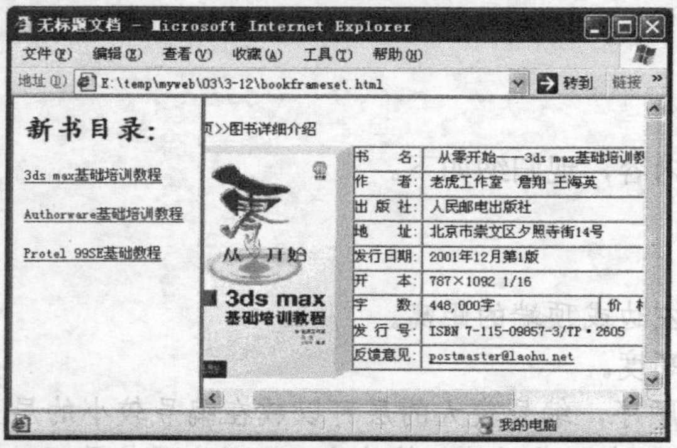

图 3-64　带导航的框架网页

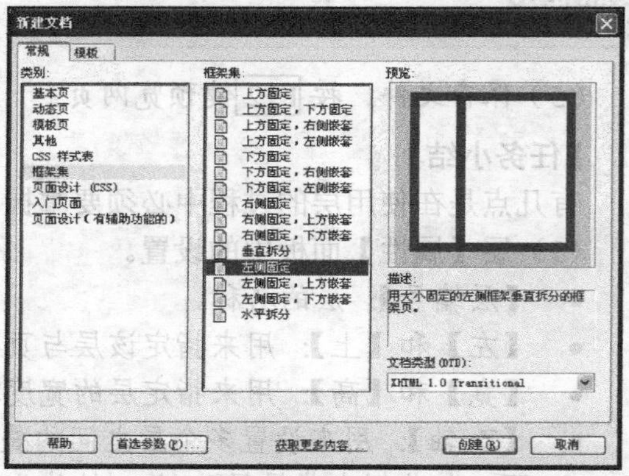

图 3-65　创建左右结构的框架集文档

（2）打开【框架】面板（快捷键 Shift+F2），可以看到一个左右结构的框架，框架名称分别为“leftFrame”和“mainFrame”，在面板上单击总边框，如图 3-66 所示，表示选中框架集。

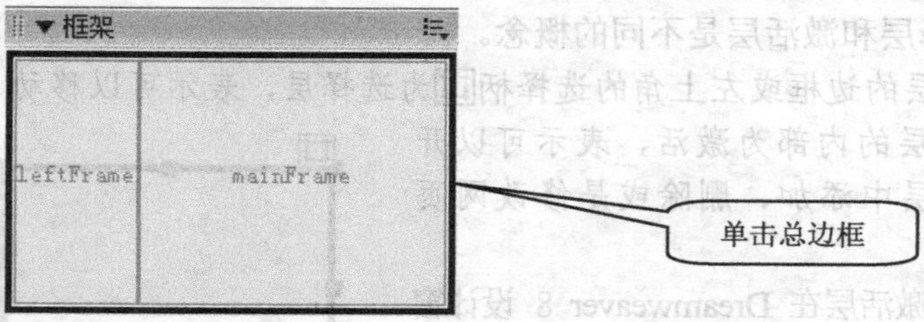

图 3-66　选择总框架

（3）在【属性】面板中设置框架集的属性：边框选“是”选项，边框颜色为 #006699

（蓝色），宽度为 1，其他选项暂时不用设置，如图 3-67 所示。

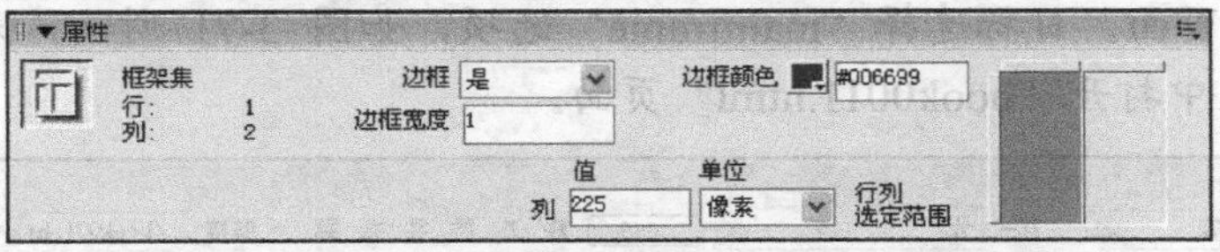

图 3-67　框架集的【属性】面板

要点提示

此时【属性】面板上的行列选定范围图表示左框架的列宽为 225 像素。单击图像右半部分，可以发现此时的【列】为“1”，【单位】是“相对”，如图 3-68 所示，这表示当左框架大小固定时，右框架的大小是随着浏览器尺寸的改变而变化的。

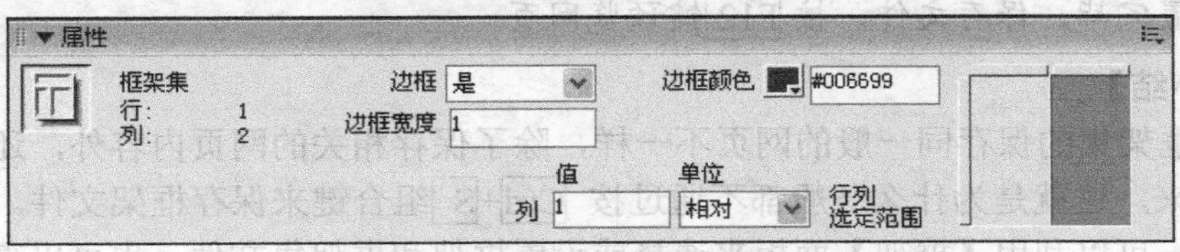

图 3-68　框架集的【属性】面板

（4）将光标移至左框架中，输入图书目录，如图 3-69 所示。

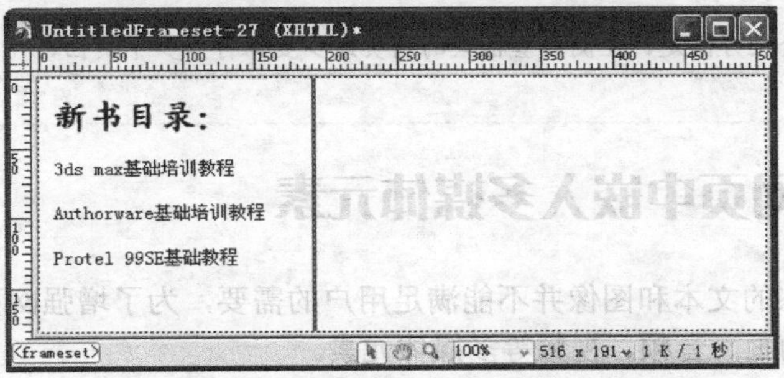

图 3-69　输入图书目录

（5）选择【文件】|【保存全部】命令，在弹出的 3 个对话框中分别输入保存的文件名：“bookframeset.html”、“rightframe.html”和“leftframe.html”，依次保存框架集、右框架和左框架网页。

要点提示

保存过程中具体保存哪一个框架，在 Dreamweaver 的设计窗口中都有黑框显示，如图 3-70 所示，依次为保存框架集，右框架和左框架网页。

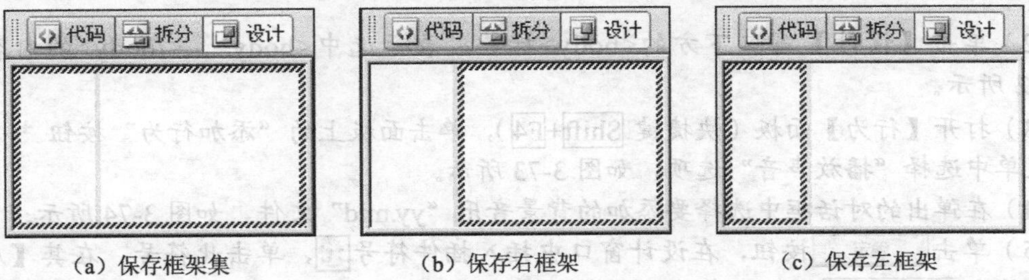

（a）保存框架集　　（b）保存右框架　　（c）保存左框架

图 3-70　依次保存框架文件

（6）选择左框架中的书名“3ds max 基础培训教程”，在【属性】面板上设置其链接到“book0011.html”页面，目标选择“mainframe”选项，如图3-71所示，表示单击书名将在“mainframe”框架中打开“book0011.html”页面。

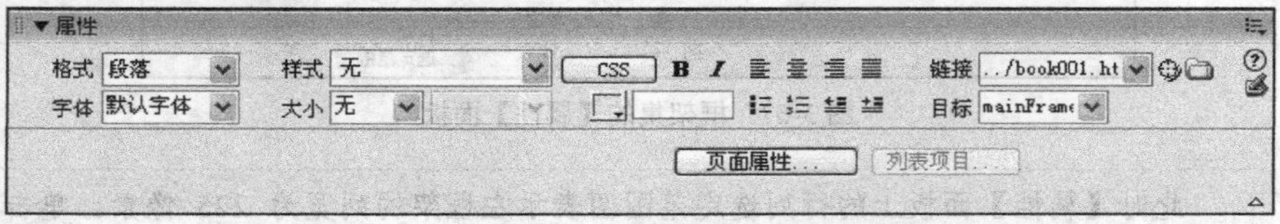

图3-71 设置链接文字的属性

（7）重复上面的步骤，完成另外两本书的链接的设置。

（8）设置完毕，保存文件，按F12键预览网页。

【任务小结】

框架和框架集的保存同一般的网页不一样，除了保存相关的网页内容外，还必须把框架文件保存起来，这就是为什么一般都不通过按Ctrl+S组合键来保存框架文件。在设计框架网页的时候，可以利用【框架】面板来选择或设置框架和框架集文件，也可以直接在设计窗口中修改网页文件。

动手练习

一个含上方固定、左侧嵌套框架的网页最少要保存多少个页面？

任务四 在网页中嵌入多媒体元素

网页上只有静态的文本和图像并不能满足用户的需要，为了增强网页的表现力，常需要在网页文档中插入动画、音频、视频等多媒体元素。

下面介绍3种比较常见的多媒体插入方法。

（一）为网页添加背景音乐

【任务要求】

在一个古诗的网页上，为配合诗中的意境，给网页添加背景音乐。

【操作步骤】

（1）使用 Dreamweaver 8 打开本书素材中的“3-13.htm”文件，将其另存为“3-13.htm”。

（2）单击【设计】窗口下方的<body>标签，表示选中<body>...</body>的内容，如图3-72所示。

（3）打开【行为】面板（快捷键Shift+F4），单击面板上的“添加行为”按钮+，在弹出的菜单中选择“播放声音”选项，如图3-73所示。

（4）在弹出的对话框中选择要添加的背景音乐“yy.mid”文件，如图3-74所示。

（5）单击 确定 按钮，在设计窗口中插入插件符号，单击此符号，在其【属性】面板上单击 参数... 按钮，在弹出的对话框中将参数值false改为true，如图3-75所示。

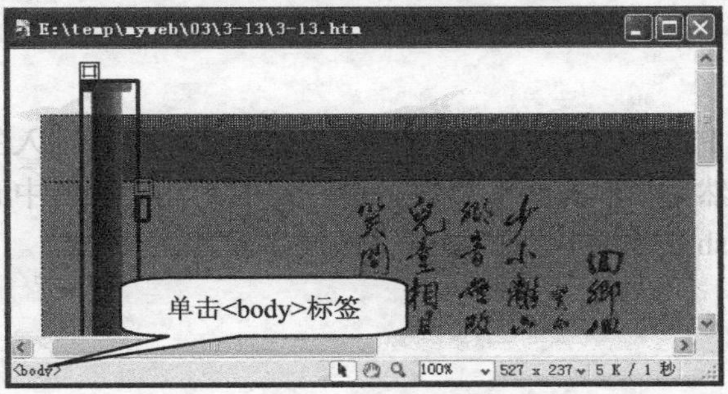

图 3-72　单击<body>标签

图 3-73　【行为】面板

图 3-74　添加背景音乐

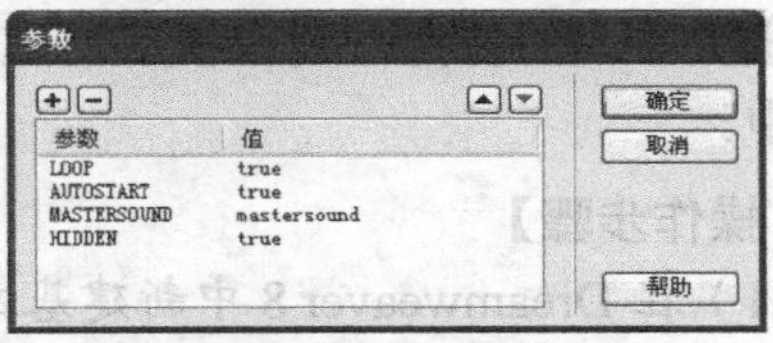

图 3-75　设置插件的参数值

（6）设置完毕，保存文件，一个带有背景音乐的网页就做好了，按F12键预览一下效果。

【任务小结】

此例中运用了行为特效，即给网页元素加上一个行为动作（播放音乐），当被触发（加载页面）时就执行，这在网页设计中也是比较常用的一种方法。

此外，也可以通过修改代码的方式为网页添加背景音乐，即在<body…></body>代码之间输入<bgsound src="音乐文件的路径"loop="−1"/>，其中，loop="−1"表示音乐无限循环播放，如果要设置播放次数，则改为相应的数字即可。

（二）插入 Flash 动画

【任务要求】

Flash 动画是由原 Macromedia 公司开发的网页动画制作软件 Macromedia Flash 生成的动画文件，后缀名是.swf。下面介绍如何将 Flash 内容插入到页面中。

【操作步骤】

（1）在 Dreamweaver 8 中新建基本页面，将其另存为“3-14.html”文件。

（2）将光标置于要插入 Flash 影片的位置，选择【插入】|【媒体】|【Flash】命令，在弹出的菜单中选择 Flash 文件“fish.swf”，将其插入页面中。

（3）插入后，文档中出现一个 Flash 占位符，选中并拖动 Flash 占位符到合适位置放开，如图 3-76（a）所示；单击其【属性】面板上的播放按钮 播放 ，在设计窗口中预览 Flash 的效果，如图 3-76（b）所示。

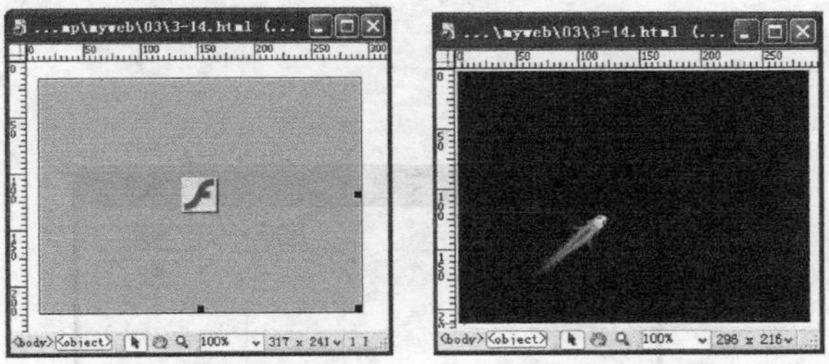

（a）文档中出现占位符　（b）设计窗口中预览 Flash

图 3-76　插入 Flash 动画

（4）设置完毕，保存文件，一个含有

Flash 动画的网页就做好了。

【任务小结】

在网页中可插入的 Flash 对象包括 Flash 影片、Flash 按钮、Flash 文本等，插入的步骤一般都是先将 Flash 对象插入页面中，然后修改其参数属性。要注意的是，浏览器中必须安装了 Flash 播放器才能正常显示包含 Flash 的网页。

（三）插入 RM 影片

【任务要求】

RM（Real Media）是 Real 公司开发的网络流媒体文件格式。由于 RM 具有文件很小而质量损失不大的特点，现在被广泛地使用在网络上。下面就来练习如何将 RM 影片插入到页面中。

【操作步骤】

（1）在 Dreamweaver 8 中新建基本页，将其另存为“3-15.html”。

（2）将光标置于要插入 RM 影片的位置，选择【插入】|【媒体】|【ActiveX】命令。

（3）在【设计】窗口中出现一个占位符，选中并拖动此占位符到合适位置放开，如图 3-77 所示。

（4）插入源文件。在其【属性】面板上选中嵌入框，并在【源文件】文本框中输入要插入的 RM 文件“猫.rm”，如图 3-78 所示。

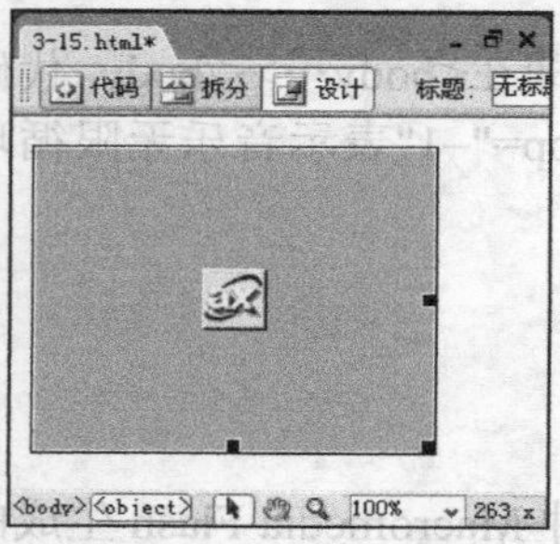

图 3-77　插入 ActiveX 插件

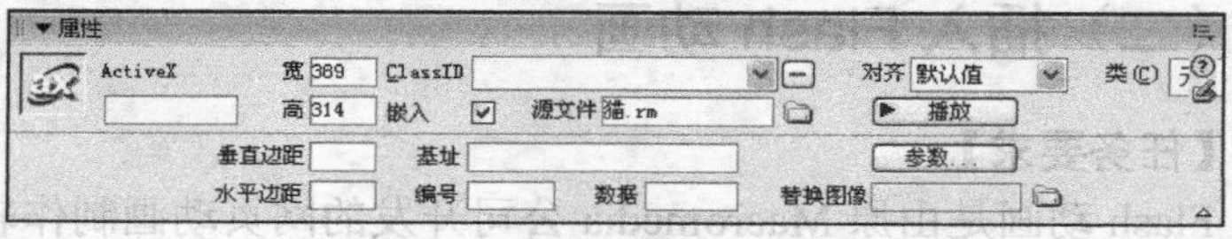

图 3-78　在【属性】面板上插入 RM 文件

（5）单击 参数... 按钮，在弹出的【参数】对话框中设置参数“atuostart”为 1，如图 3-79 所示，表示打开页面将自动播放 RM 文件。

（6）设置完毕，保存文件，一个 RM 文件就插到网页中了，如图 3-80 所示。

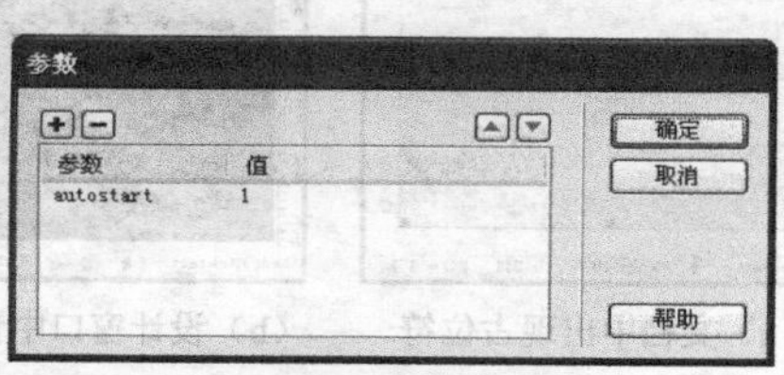

图 3-79　【参数】对话框

图 3-80　含有 RM 文件的网页

【任务小结】

RM 文件可以用 Real 公司开发的播放器（RealPlayer，RealOne）来播放，这就要求浏览器客户端中必须安装有相应的播放器软件，因此在制作这类网页的时候都要考虑周到。

项目实训　清源图书网页

完成项目的各个任务后，读者初步掌握了静态网页的设计方法。下面通过一个制作“清源图书”网页的实训练习，对所学内容加以巩固和提高，如图 3-81 所示。

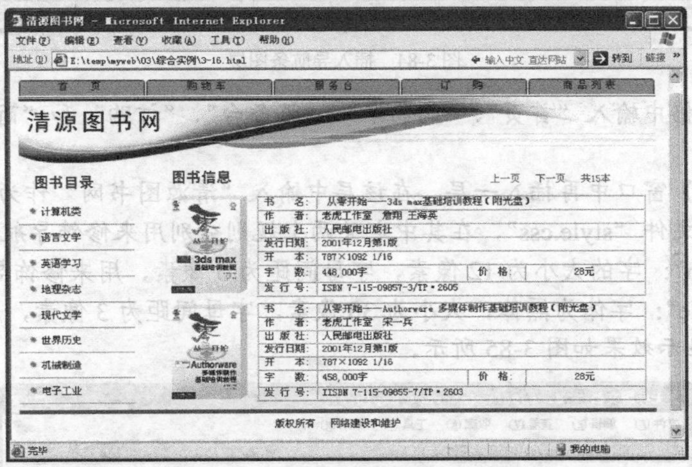

图 3-81　清源图书网

【操作步骤】

（1）在 Dreamweaver 8 中新建基本页，将其另存为“3-16.html”文件。

（2）在【设计】窗口中插入一个 2 行 1 列、宽 760 像素的表格，表格的边框粗细、单元格的边距和间距都设为 0。

（3）制作网页标题和导航栏部分。

① 在第 1 行中插入一个宽为 760 像素、高为 115 像素的单行表格，边框、边距和间距都设为 0，并加入背景图“bg_menu.gif”，如图 3-82 所示。

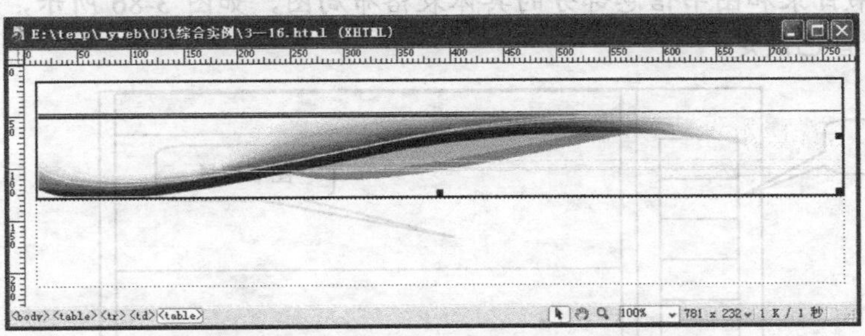

图 3-82　插入一个带有背景图的单行表格

② 插入层，并在层中插入一个 1 行 5 列、宽度为 760 像素的表格，边框、边距和间距都设为 0，如图 3-83 所示。

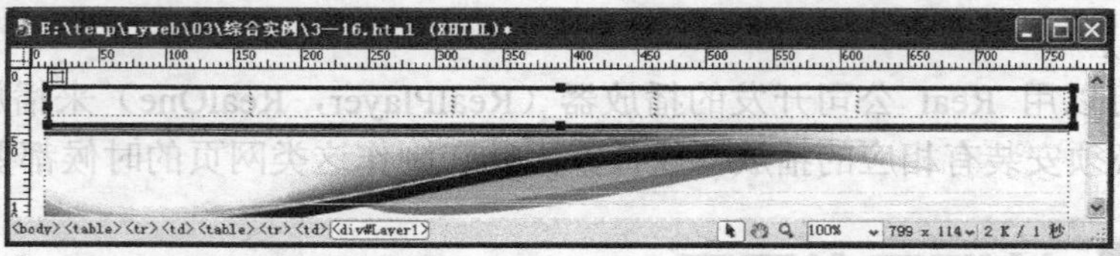

图 3-83　在层中插入 1 行 5 列的表格

③ 在第 1 列中插入一个 1 行 1 列、宽为 150 像素、高为 19 像素、背景图为“bg_k.gif”的表格，并将其复制到其他 4 个列中作为导航条，如图 3-84 所示。

图 3-84　插入导航条图层

④ 在 5 个表格中输入“首页”、“购物车”、“服务台”、“订购”和“商品列表”，并拖动图层到适当位置。

⑤ 在【设计】窗口中再插入一层，在该层中输入“清源图书网”作为网页的标题名。

⑥ 新建样式文件“style.css”，在其中定义两个规则分别用来修饰导航条和标题。

- 规则“.top”：字的大小为 12 像素，字母间距为 5 像素，用来修饰导航条。
- 规则“.title”：字体为黑体，大小为 30 像素，字母间距为 3 像素，用来修饰标题。

此时，网页显示效果如图 3-85 所示。

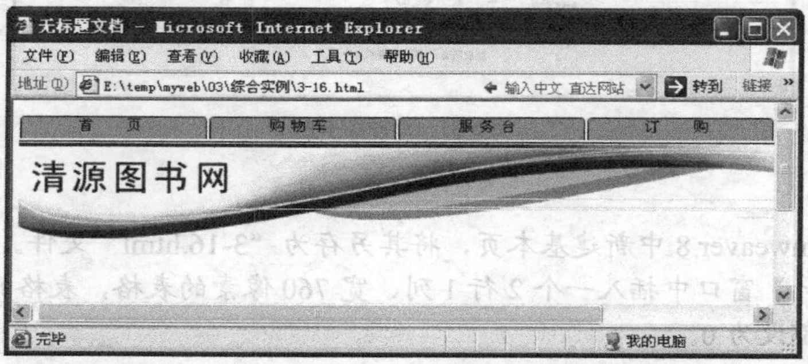

图 3-85　效果图

（4）制作图书目录和图书信息。

① 设计图书目录和图书信息部分的具体表格布局图，如图 3-86 所示，将表格插入到网页中，具体尺寸自己设定。

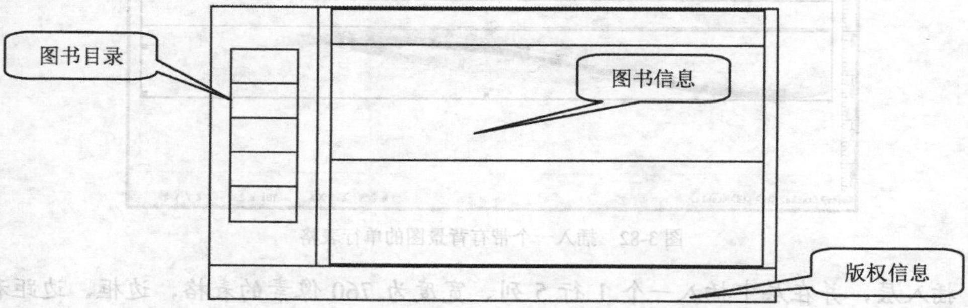

图 3-86　设计表格布局图

② 在图书目录栏中输入图书目录种类，并在文字前插入图片“dot.gif”，下面插入水平线，如图 3-87 所示。

③ 在图书信息栏中设置图书的具体信息，可以直接参考文件“book001.html”和“book002.html”，如图 3-88 所示。

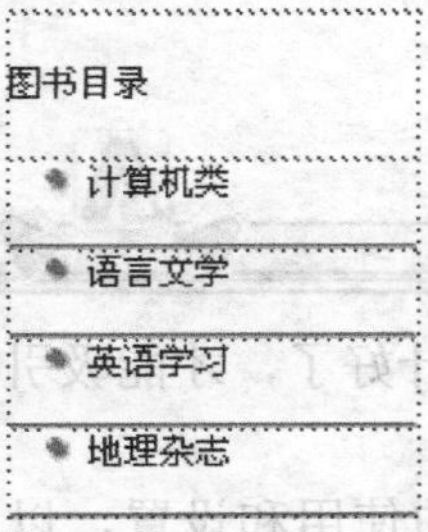

图 3-87　输入图书目录种类

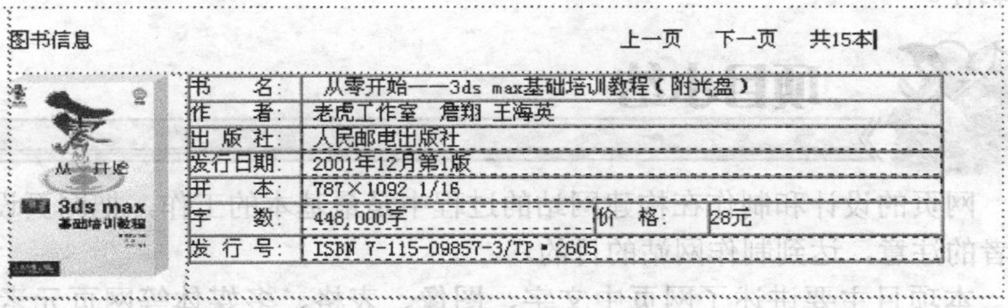

图 3-88　插入图书信息

④ 调整各表格的大小使其美观，网页显示效果如图 3-89 所示。

（5）制作结尾装饰条和版权信息。

① 在版权信息栏中插入一个 2 行 1 列、宽度为 100%的表格，边框、边距和间距都设为 0。

② 将光标置于第 1 行内部，在【属性】面板上设置其背景颜色为#4E75FC，【高】文本域高 [ ] 中输入 5，为的是把第 1 行的高度缩小到 5 像素。由于表格有默认设置，因此高度并未减小。

③ 打开【代码】窗口，找到表格中第 1 行的内容，将其中的“ ”（空格符）删除，此时的代码变成<td height="5" bgcolor="#4E75FC"></td>，可以发现第 1 行的高度减小了。

④ 在第 2 行中输入版权信息“版权所有　网络建设和维护”。

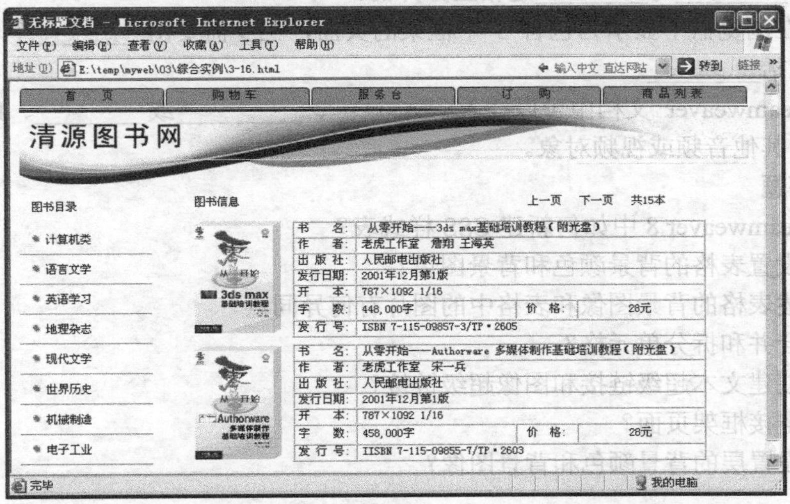

图 3-89　网页效果

（6）在样式文件“style.css”中新增加规则“.proj”：字体为黑体，大小为 18 像素，颜色为＃006699，并将其应用到“图书目录”和“图书信息”这 8 个字上。

（7）设置完毕，保存文件，一个网页就做好了。按 F12 键预览网页。

【实训小结】

制作一个优秀的网页，不仅是插入漂亮的图片或是生动的文字，它还需要设计者先进行分析设计大致结构，再准备一些需要的素材，比如此例中需要插入的图片等；如果有条件的话，最好再学习一些色彩搭配的知识，对要制作的网页结构和运用的色彩都充分了解后再开始制作。

项目小结

网页的设计和制作在构建网站的过程中是最基本的工作，把网页设计好了，才能吸引浏览者的注意，达到制作网站的目的。

本项目主要讲述了网页中文字、图像、表格、多媒体等网页元素的使用和设置，以及如何使用这些网页元素构建网页。方法是固定的，运用是灵活的，本部分内容只是网页制作中最基本的技能，只有掌握了这些知识，才能进一步理解和掌握网页制作中其他的知识和技巧。

思考与练习

一、填空题

1．HTML 文件的中文名称为________，包含基于________的语言。Dreamweaver 8 默认情况下使用________扩展名保存文件。

2．CSS 层叠样式表文件，具有________扩展名，主要用于________。使用 CSS 设置页面格式时，________与________是相互分开的。

3．一个在浏览器中显示为包含 3 个框架的页面，至少需要由________个单独的 HTML 文件组成，包括________。

4．在 Dreamweaver 文档中可以插入__________、__________或________、Java Applet、________或者其他音频或视频对象。

二、简答题

1．在 Dreamweaver 8 中如何新建 CSS 样式表？

2．如何设置表格的背景颜色和背景图像？

3．试简述表格的背景图像和表格中的图片有何异同点？

4．如何合并和拆分单元格？

5．如何创建文本超级链接和图像超级链接？

6．如何链接框架页面？

7．如何设置层的背景颜色和背景图像？

项目四

动态网站设计基础

为了让网页能够依照不同的情况做出动态的响应，在网页中加入程序建立动态响应的机制成了网页制作技术的主要发展方向。目前，动态网页开发技术包括 ASP、JSP、PHP 等。本项目将介绍 ASP 语言的基本语法、内置对象及其与数据库的连接方法等。

本项目主要通过以下几个任务完成。

- 任务一　在 Dreamweaver 中管理 Web 站点
- 任务二　认识 ASP 的基本语法与结构
- 任务三　应用 ASP 内置对象
- 任务四　了解数据库和 SQL 语句
- 任务五　将网页与数据库连接起来

学习目标

了解 ASP 基本语法和 VBScript 语言
认识 ASP 内嵌基本对象
学会利用 Access 建立数据库的方法
能够灵活运用 SQL 语言
掌握 ASP 对数据库的基本操纵方法

任务一　在 Dreamweaver 中管理 Web 站点

【任务要求】

在项目一中介绍了 Web 站点的建立和配置，利用 IIS 可以建立虚拟目录和管理站点，本任务在此基础上讲解如何利用 Dreamweaver 来管理 Web 站点。这样，通过 Dreamweaver 建立的 ASP 网页可以自动保存在 Web 站点中，当浏览 Web 站点内部的 ASP 网页时，就可以直接按 F12 键来预览了，避免每次调用还需在浏览器中输入 URL 地址或使用 IIS 浏览的烦琐操作。

【操作步骤】

（1）建立发布站点，建立方法参见项目一。本项目所有案例所建立的站点虚拟目录均为“E:\myweb”，名称为“myweb”。

（2）打开 Dreamweaver 8，选择【站点】|【新建站点】命令，如图 4-1 所示，弹出【站

点定义】对话框。

（3）在【站点定义】对话框中，输入站点名称“Myweb”，如图 4-2 所示。单击下一步(N) >按钮，进入服务器脚本设置对话框。

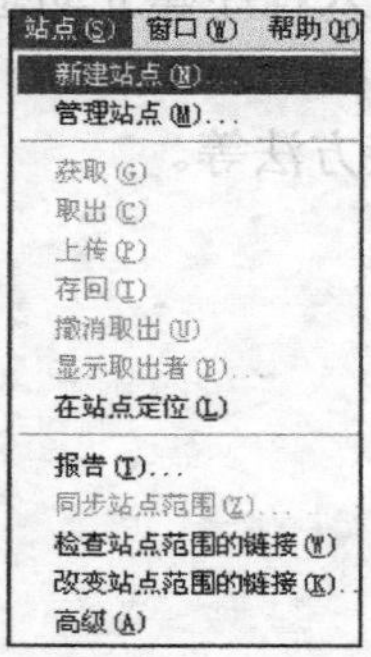

图 4-1　新建站点

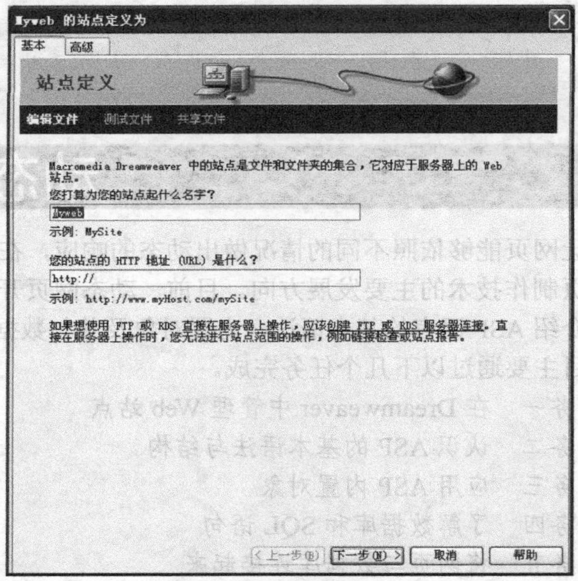

图 4-2　设置站点名称

（4）在服务器脚本设置对话框中，选择【是，我想使用服务器技术。】选项，并在【哪种服务器技术？】下拉列表中选择“ASP VBScript”选项，如图 4-3 所示。单击下一步(N) >按钮，进入 Web 目录选择对话框。

（5）在 Web 目录选择对话框中，单击图标，选择 Web 发布目录为“E:\myweb\”，如图 4-4 所示。单击下一步(N) >按钮，进入发布站点对话框。

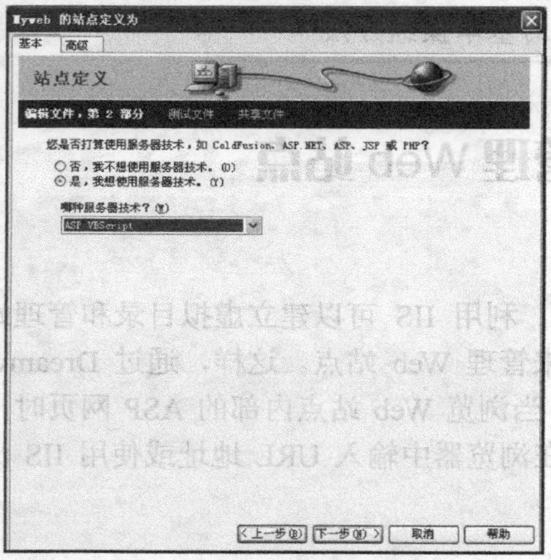

图 4-3　设置服务器使用脚本

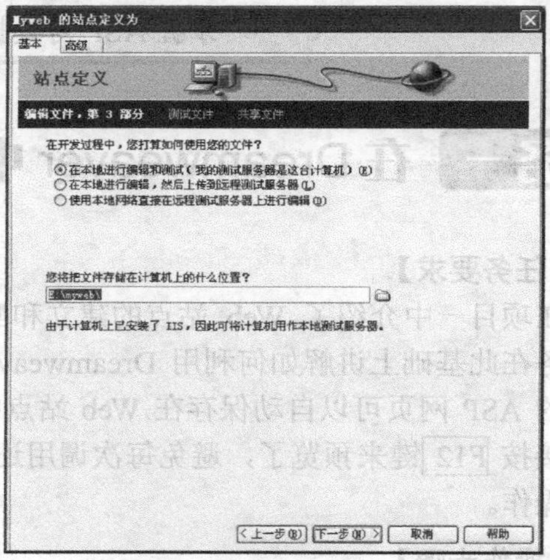

图 4-4　设置发布目录

（6）在发布站点对话框中，输入站点浏览目录“http://localhost/myweb”，如图 4-5 所示。单击下一步(N) >按钮，进入共享文件设置对话框。

（7）在共享文件设置对话框中选择“否”选项，如图 4-6 所示。单击 下一步(N) > 按钮，进入设置列表对话框。

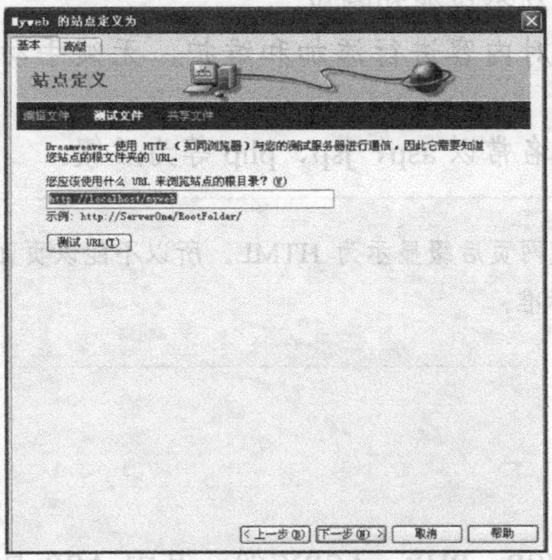

图 4-5　设置发布站点

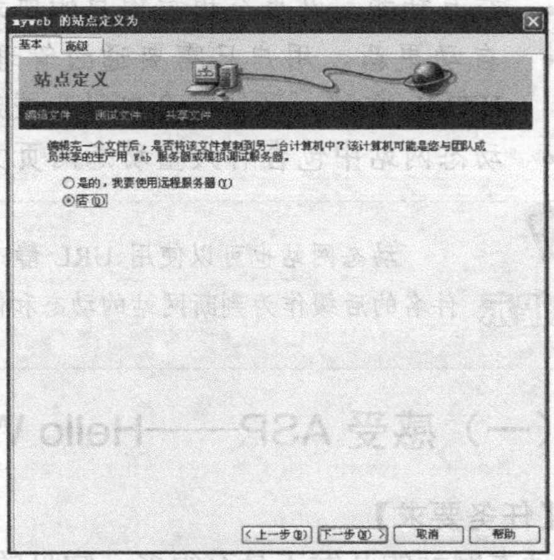

图 4-6　设置远程共享

（8）在设置列表对话框中列出以上所有步骤的设置情况，如果认为设置有误，可单击 < 上一步(B) 按钮返回上一层；确认无误，单击 完成(D) 按钮，完成站点的设置，如图 4-7 所示。这样以后发布在 Dreamweaver 中编辑的 ASP 动态网页，可以直接按 F12 键进行浏览。

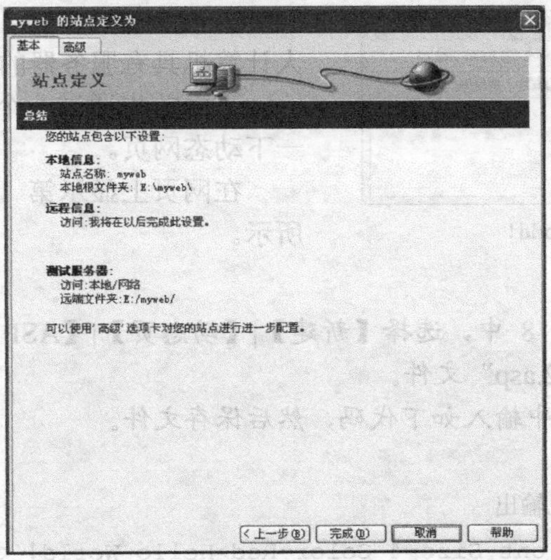

图 4-7　列表显示

任务二　认识 ASP 的基本语法与结构

项目三中所学习的内容，是建立一个静态的网站。所谓“静态”网站，是指网站上的网页内容“固定不变”，内容不易维护。为了更新网页内容，必须不断地重复制作 HTML 文档和修改链接。随着网站内容和信息量的日益扩增，这个工作是难以完成的。因此，设计者很容易想到需要设计动态网站。

所谓“动态”网站，并不是指在网页上放几个动画图片，而是指通过数据库进行架构，使整个网站具有动态的信息呈现方式的网站。一般来说，动态网站应具有以下基本特性。

- 交互功能，网页会根据用户的要求和选择而动态改变和响应。
- 自动更新，用户只需要通过管理后台程序对内容进行添加和维护，无须手动更新 HTML 文档，网站就会自动生成新的页面。
- 动态网站中包含有大量动态网页文件，文件名常以 asp、jsp、php 等为后缀。

要点提示 动态网站也可以使用 URL 静态化技术，使网页后缀显示为 HTML。所以不能以页面文件名的后缀作为判断网站的动态和静态的唯一标准。

（一）感受 ASP——Hello World！

【任务要求】

动态网站的开发工具有很多，常见的有 ASP、JSP、PHP、ASPX 等，其中 ASP 是入门最简单、使用最广泛的编程语言。ASP（Active Server Page）意为“动态服务器页面”，是微软公司开发的一种 Web 开发工具，具有良好的适用性和强大的功能。

ASP 脚本语言是在服务器端 IIS 中解释和运行，并动态生成普通的 HTML 网页，然后再传送到客户端浏览器。我们要在本机上进行程序的调试，那么最好使用 Windows 2003 Server 网络操作系统，并安装 IIS，使我们的个人计算机具有服务器的功能。

图 4-8 Hello World！

下面首先通过一个简单的 ASP 程序来感受一下动态网页。

在网页上显示第 1 个 ASP 网页，如图 4-8 所示。

【操作步骤】

（1）在 Dreamweaver 8 中，选择【新建】|【动态页】|【ASP VBScript】命令，新建一个页面，将其另存为“4-2.asp”文件。

（2）在【代码】窗口中输入如下代码，然后保存文件。

```
<%
'Hello World!以红色输出
response.Write("<Font Size=4 Color=Red>Hello World! </Font><br>")
%>
现在时间是：<%Response.Write(Date)%>
```

要点提示 在 ASP 网页中，ASP 代码和 HTML 往往是交错使用的，HTML 由浏览器解释执行，而 ASP 代码为在服务器端执行，然后将结果返回客户端浏览器。

（3）选择【开始】|【设置】|【控制面板】|【管理工具】|【Internet 信息服务】命令，打开【默认网站】子目录。

（4）找到刚才保存的“4-2.asp”文件，在该文件上单击右键，从弹出的快捷菜单中选择【浏览】命令，如图 4-9 所示。网页会在浏览器中打开，页面效果如图 4-8 所示。

图 4-9　浏览 ASP 网页

要点提示　在浏览器中浏览 ASP 页面时，必须以 URL 地址的形式调用才能够正常显示。若直接在【我的电脑】中双击打开文件，则无法正常显示其中 ASP 代码部分的内容。

【知识链接】

ASP 能够方便地结合 HTML、脚本语言和 ActiveX 组件，编写出动态、交互且高效的 Web 服务器应用程序，已成为开发动态网站的主要技术之一。ASP 不是一种编程语言，它需要一种真正的程序语言来实现。在 ASP 中，系统提供了两种脚本语言：VBScript 和 JavaScript，而 VBScript 为系统默认的脚本语言。

1. ASP 的特点

ASP 简单易学，功能强大，具有以下几个主要特点。

- ASP 语言无须编译，由 Web 服务器解释执行。
- ASP 文件是纯文本文件，编辑工具可以是任意的文字编辑器。命令格式简单，不区分大小写。
- 与浏览器的无关性。ASP 的脚本语言在服务器端执行，用户只要使用可以执行 HTML 的浏览器，即可浏览由 ASP 设计的网页内容。
- ASP 与任何 ActiveX Scripting 语言相兼容。目前，ASP 最常使用的脚本语言是 VBScript、JavaScript 和 JScript，它们都是简单易学的脚本语言。
- ASP 提供了一些内置对象，使用这些对象可以使服务器端的脚本功能更强。
- ASP 的源程序在服务器端运行，不会传到客户端，传回客户端的是 ASP 程序运行生成的 HTML 代码。因此，避免了源程序的泄露，加强了程序的安全性。
- 方便的数据库操作。ASP 通过 ADO（ActiveX Data Object）组件实现对后台数据库的连接和操作，可以方便地操纵数据。

2. ASP 工作原理

用户在客户端浏览器中输入一个带有 asp 后缀的网站地址（URL），就可以向 Web 服务器提交一个调用 ASP 文件的请求，从而启动 ASP。ASP 通过调用内嵌在服务器端的动态链接库 asp.dll 完成处理工作。服务器接受用户的请求后，根据用户请求的 URL 在硬盘上找到相应的文件。

如果用户请求访问的文件是服务器端的 HTML 文件，则服务器直接把该文件传送到客户端。如果用户请求访问的文件是服务器端的 ASP 文件，则服务器就解释执行这个文件。在解释 ASP 文件的过程中，对文件“<% %>”标记内的内容进行处理，产生相应的 HTML 标记信息，而“<% %>”标记外的信息保持不变。如果涉及数据库的查询，则通过 ADO 组件连接并访问数据库，进行一系列解释和操作，最终生成一个纯 HTML 文件传送回客户端的浏览器。

图 4-10 所示为 ASP 文件的基本运行过程。

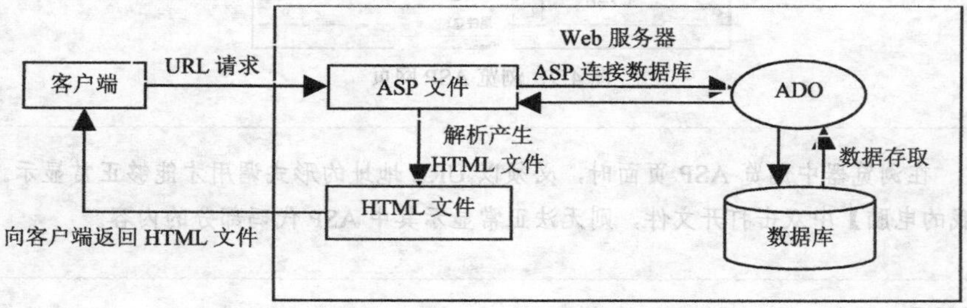

图 4-10　ASP 工作流程

3. ASP 文件结构

ASP 文件一般都是由程序代码与非程序代码两种内容混合编排而成，代码包含了 3 个部分：HTML 超文本标记代码、服务器端脚本语言和客户端脚本语言。其中服务器端和客户端代码的脚本语言可以是 VBScript 或 JavaScript，还可以是其他的脚本语言。本书中 ASP 代码采用的脚本语言是 VBScript。

（1）HTML 代码。

ASP 文件中的 HTML 代码与静态网页的 HTML 代码是相同的，都是用尖括号“<>”把标记包含起来，且标记大多是成对出现的，是网页的主体部分。HTML 代码被传送回客户端浏览器后，由浏览器直接解释执行。

（2）客户端脚本语言。

客户端的脚本语言是标记“<script>”和“</script>”之间引用的代码，这些脚本语言不是在服务器端执行的，而是被传送回客户端浏览器以后，由浏览器解释执行的。由于客户端脚本语言是在客户端解释执行的，所以用户可以看到这些代码。

（3）服务器端脚本语言。

服务器端的脚本语言是标记“<%”和“%>”之间包含的代码，嵌入在 HTML 代码中。在 ASP 文件的开始部分要使用<% @language ="脚本语言"%>命令，指定程序使用的脚本语言，如果不加以说明，则程序就使用默认的脚本语言（VBScript 是 ASP 的默认脚本语言）。服务器端的脚本语言是在服务器端解释执行的，然后再把解释生成的 HTML 代码传送回客户端浏览器。因为客户端脚本语言是在服务器端执行，只是把生成的纯 HTML 代码送回客户端，所以在客户端浏览器中看不到 ASP 的源程序，避免了源代码的泄露，提高了程序的安全性。

（二）了解 VBScript 的语法

VBScript（Microsoft Visual Basic Scripting Edition）是 Microsoft 公司程序开发语言 Visual Basic 家庭中的一员，是一种基于对象的编程语言。它语法简单、功能强大，是 ASP 的宿主语言，可以方便地嵌入到 HTML 文档中，使其不仅具有格式化页面的功能，而且还可以对用户的操作做出反应，从而扩展了 HTML 的功能，增强了网页的灵活性和多样性。

1. VBScript 语法基础

（1）数据类型。

VBScript 只有一种数据类型，即 Variant 类型。Variant 是一种特殊的数据类型，可以包含不同类型的数据信息，即可以根据用途的不同选择最合适的子类型来存储数据。VBScript 不需要明确定义数据类型，而是根据需要确定变量为何种 Variant 子数据类型。例如，一个变量在上下文中适合用数字的方式处理，则把变量按数字类型进行处理；如果在上下文中适合用字符串的方式处理，则把变量按字符串类型进行处理。

（2）VBScript 的运算符。

VBScript 的运算符分为算术运算符、连接运算符、逻辑运算符和比较运算符 4 大类，如表 4-1 所示。

表 4-1　VBScript 的运算符

类　别	运 算 符	说　明
算术运算符	+ － * / Mod ^ \	加、减、乘、除、取模、幂、整除
连接运算符	+ &	字符串连接符、数据连接符
逻辑运算符	And Or Not Xor Eqv Imp	与、或、非、异或、等价、蕴含
比较运算符	= <> < <= > >= Is	等于、不等于、小于、小于等于、大于、大于等于、引用的是否是同一个对象

（3）变量。

变量是一个占位符，用于引用计算机内存的地址，在程序的运行过程中可以访问变量或改变变量中的值。用户并不需要知道变量的计算机内存地址，只要通过引用变量名就可以引用相应的变量。

在 VBScript 中，变量、数组声明与赋值的语法规则是相同的。

使用 dim 声明变量的语法结构如下：

```
dim 变量名
dim 数组名（数组下标）
```

当需要定义多个变量时，变量之间用逗号隔开。语法结构如下：

```
dim 变量1 , 变量2,......
```

例如：

```
dim x
dim y , z
```

对变量和数组的赋值都是使用符号“=”，语法结构如下：

```
变量名=值
数组名（0）=值1
```

数组名（1）=值 2

…

数组名（n）=值 n+1

例如：x=10　'把整数 10 赋值给变量 x

要点提示 在 VBScript 中，“'”代表注释。利用注释可以对程序代码进行说明，提高程序的可读性，也便于后期的修改和维护工作。

在程序中，可以使用控制语句改变正常的流程，VBScript 提供了条件语句、循环语句等几种流程控制语句。

2. 条件语句

条件语句可以根据判断条件实现程序的分支控制结构，是最基本的流程控制语句，它实现了程序的选择结构。常用的条件语句有 If 语句和 Select 语句。

（1）If...Then…End if

语法格式：

```
if<条件>then
    <语句>
end if
```

说明：如果条件成立，就执行 Then 后面的语句；反之，则执行 end if 后面的语句。

（2）If…Then…Else…End if

语法格式：

```
if<条件>then
   <语句 1>
else
   <语句 2>
end if
```

说明：如果条件成立，就执行 Then 后面的语句 1；反之，则执行 else 后面的语句 2.

（3）If…ElseIf…Else…End if

语法格式：

```
if<条件 1>then
   <语句 1>
elseif<条件 2>
      <语句 2>
   elseif<条件 3>
      <语句 3>
......
else
   <语句 n+1>
end if
```

说明：如果条件 1 成立，就执行语句 1；如果条件 1 不成立则判断条件 2，若条件 2 成立，则执行语句 2；如果条件 2 不成立再判断条件 3，依此类推；如果从条件 1 到条件 *n* 都不成立，则执行语句 *n*+1。

（4）Select case…End select

语法格式：

```
select  case<变量名或表达式>
case<选择值 1>
   <语句 1>
case<选择值 2>
   <语句 2>
......
case else
   <语句 n+1>
end select
```

说明：在条件语句实际应用中，如果条件表达式比较固定且有多个选择值的情况下，使用 select 语句使程序更加直观清楚，提高了程序的可读性。当 select case 后面<变量名或表达式>中的值与某个 case 后面的选择值相等时，则执行这个选择值后面相应的语句；若所有选择值都与<变量名或表达式>中的值不相等，则执行 case else 后面的语句 *n*+1。

3．循环语句

循环结构就是重复执行的一个语句块，循环结构是通过循环语句实现的，在 VBScript 脚本中有 3 大类循环语句，即 do 语句、while 语句和 for 语句。

do 语句有 do while 和 do until 两种语句，它们都是通过判断条件来控制是否重复执行程序的。

（1）do while 语句

语法格式：

```
do while <条件>
   重复执行的语句
loop
```

或者

```
do
   重复执行的语句
loop while <条件>
```

说明：前一种语法格式是先判断条件，后执行语句；后一种语法格式是先执行语句，后判断条件。

（2）do until 语句

语法格式：

```
do until <条件>
   重复执行的语句
loop
```

或者

```
do
```

```
  重复执行的语句
loop until <条件>
```

说明：前一种语法格式是先判断条件，后执行语句；后一种语法格式是先执行语句，后判断条件。

（3）while 语句

while 语句与 do 语句类似，但是只有先判断条件后执行语句一种语法格式，缺少灵活性，是为熟悉其用法的用户提供的，所以在实际应用中不常见，推荐用户使用 do 语句。

语法格式：

```
while <条件>
  重复执行的语句
wend
```

说明：只要条件成立，便重复执行语句，直到条件不成立时。

（4）for 语句

for 语句主要在需要重复执行语句次数较多时使用，可以确定循环执行的次数，有 for…Next 和 for each…next 两种语法格式。

① for…next 语句

语法格式：

```
for 变量=初始值 to 终止值 [step 步长值]
  执行语句
next
```

说明：从变量赋初始值开始执行，首先执行重复执行的语句，然后变量增加步长大小的值，再执行重复执行的语句，直到变量值大于终止值，就退出循环执行下面的语句。在 step 语句后面设置步长值，若省略则默认步长值为 1。

② for each…next 语句

语法格式：

```
for each 变量 in 对象集合或数组
  执行语句
next
```

说明：对集合中的每一个元素或数组中的每一个项都执行一组相同的操作。当不知道数组和集合中元素的具体数目时，for each…next 语句是最好的选择。

（三）随机产生 4 位数字与字母的组合验证码

【任务要求】

在网站上经常会看到用户登录时输入验证码，结合 VBScript 来学习怎样随机产生 4 位验证码，效果如图 4-11 所示。

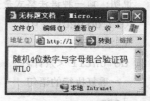

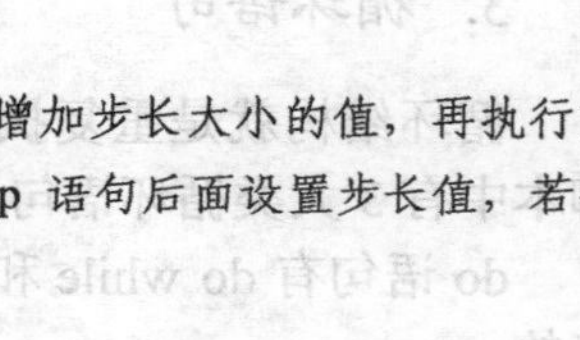

图 4-11　随机产生验证码

【操作步骤】

（1）在 Dreamweaver 8 中，选择【新建】|【动态页】|【ASP VBScript】命令，新建一个页面，将其另存为“4-3.asp”文件。

（2）在【代码】窗口中输入如下代码，然后保存文件。

```
<%
ychar="0,1,2,3,4,5,6,7,8,9,A,B,C,D,E,F,G,H,I,J,K,L,M,N,O,P,Q,R,S,T,U,V,W,
X,Y,Z" '将数字和大写字母组成一个字符串
yc=split(ychar,",") '将字符串生成数组
ycodenum=4
  for i=1 to ycodenum
    Randomize
   ycode=ycode&yc(Int((35*Rnd))) '数组一般从0开始读取，所以这里为35*Rnd
 next
response.write("随机4位数字与字母组合验证码<br>")
response.write (ycode)
%>
```

要点提示　split 函数返回以“,”为分隔符建立的一维数组，Randomize 为随机函数。

（3）按F12键，则网页会在浏览器中打开，效果如图 4-11 所示。

（四）自定义过程和函数

在程序设计中，一般都会采用模块化的编程方式，即一个大的应用程序可以由若干个小的程序模块组成。因为在程序设计的过程中，经常会出现一种情况，就是一组程序块会重复出现多次，所以为了使程序简洁，增强程序的可维护性，就把这个程序块编写成一个过程或者函数，之后在需要的时候随时调用这个过程或函数即可。

在 VBScript 中的过程分为两类：Sub 过程和 Function 函数。

1. Sub 过程

sub 过程的语法格式。

定义：

```
sub 过程名（参数1，参数2，…）
  语句
  end sub
```

调用：

```
call 过程名（参数1，参数2，…）
```

或者

```
过程名 参数1，参数2，…
```

2. Function 函数

function 函数的格式。

定义：

```
function 函数名（参数1，参数2，…）
```

```
语句
   函数名=返回值
  end function
调用：
call 函数名（参数 1，参数 2，…）
或者
函数名（参数 1，参数 2，…）
```

使用和不使用 call 语句调用函数是不一样的，不使用 call 语句调用时函数会有一个返回值，而使用 call 语句调用时函数没有返回值。

要点提示 VBScript 系统自带了大量的函数，包括字符串函数、转换函数、数学函数、时间和日期函数、数组函数等，对于程序的设计非常有帮助，有兴趣的读者请参考相关资料。

【任务要求】

下面用一个小例子说明过程与函数的用法。利用过程计算变量的和，利用函数计算变量的平方，并显示计算结果。

【操作步骤】

（1）在 Dreamweaver 8 中，选择【新建】|【动态页】|【ASP VBScript】命令，新建一个页面，将其另存为“test1.asp”文件。

（2）在【代码】窗口中输入如下代码，然后保存文件。

```
<html>
<head>
<title>过程与函数示例</title>
</head>
<body>
<%
    dim x,y
    x=10
    y=15
    result=squre(x)
%>
函数调用示例：x*x=<%=result%>
<br>
过程调用示例：x+y=<% plus x,y %>
</body>
</html>
<%
sub plus(x,y)
    response.Write(x+y)
```

```
end sub
function squre(z)
    squre=z*z
end function
%>
```

（3）按 F12 键，则网页会在浏览器中打开，效果如图 4-12 所示。

动手练习

（1）求出 1～100 数的和，如图 4-13 所示。

（2）变量 Grade 的值域为 1～4，Grade 的值为 1 时是系统管理员，为 2 时是普通管理员，为 3 时是会员用户，为 4 时是访客，试用程序判断用户级别，如图 4-14 所示。

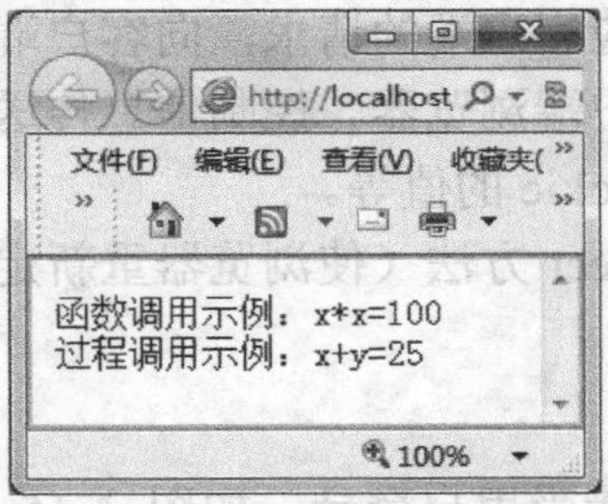

图 4-12　过程与函数示例

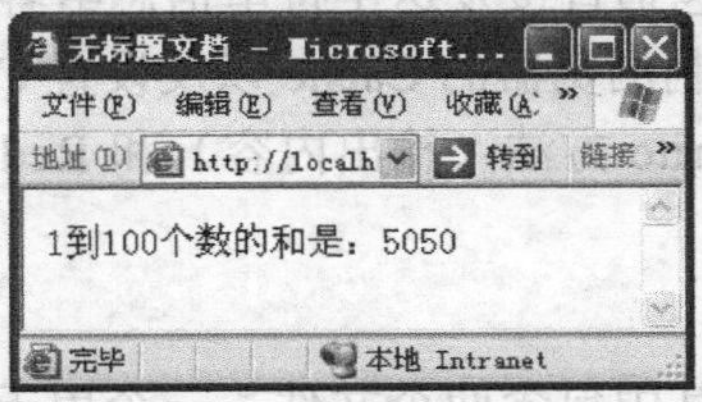

图 4-13　1～100 的和

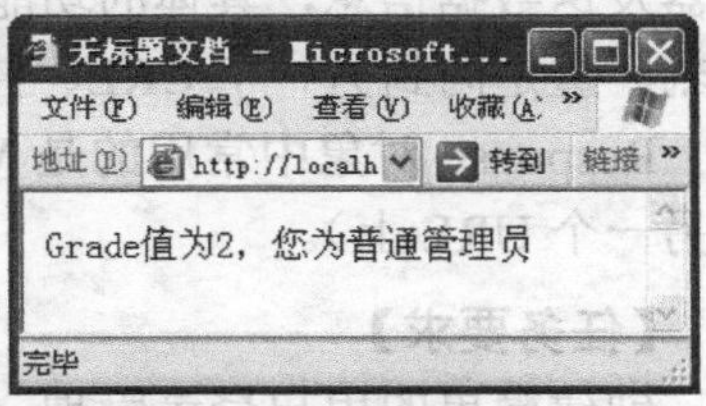

图 4-14　判断用户级别

任务三　应用 ASP 内置对象

在 ASP 中，除了利用 VBScript 语法、语句实现编程之外，ASP 本身也内嵌了很多对象和组件，这里主要介绍 5 种基本的对象，它们扮演着十分重要的角色。

- Request Object
- Response Object
- Server Object
- Application Object
- Session Object

（一）创建简单的用户登录管理

1. Request 对象

Request 对象可以连接客户端和服务器端，进行客户端到服务器端单向的数据传送。当一个用户在客户端浏览器中向服务器发送一个请求时，Request 对象就可以使服务器端获得客户端请求的所有信息，这些信息包括用 Get 方法或 Post 方法传送来的表单数据、参数、Cookie 数据等。使用 Request 对象可以使服务器轻松实现数据收集的功能。

Request 对象的语法格式为：

`Request.[ collection | property | method]`（变量名）

在 Request 对象的语法中，[ ]之间的可选项是 Request 对象的成员，即集合（collection）、属性（property）和方法（method）。其中最常用的是 Request 对象的集合，如表 4-2 所示。

表 4-2　　Request 对象的集合

Request 对象的集合	说　明
Form	采用 Post 方法，获取客户端表单中的数据信息
QueryString	采用 Get 方法，获取 HTTP 中使用 URL 参数方式提交的字符串数据
ServerVariables	获取服务器端的环境变量
Cookies	检索客户端浏览器的 cookie 信息，获取用户在浏览器中曾经输入过的数据信息
Clientcertificate	获取客户端浏览器发送请求中的验证信息

2. Response 对象

Response 对象和 Request 对象正好相反，其主要功能是响应客户端的请求，向客户端浏览器发送数据信息，具体的功能包括直接发送字符串信息给客户端浏览器、控制信息传送的时刻、重定向到另一个 URL、控制浏览器的 Cache 以及设置 Cookie 的值等。

Response 对象中常用的是 Write 方法（输出内容）和 Redirect 方法（使浏览器重新定位到另一个 URL 上）。

【任务要求】

创建简单的用户登录管理，其中包含两个文件，一个用于接受用户登录，如图 4-15 所示，另一个用于对用户身份进行验证，如图 4-16 所示。其中前者在 HTML 页面中使用 Form 表单及表格，后者用 Request 对象接收表单数据。

图 4-15　用户登录 Form 表单

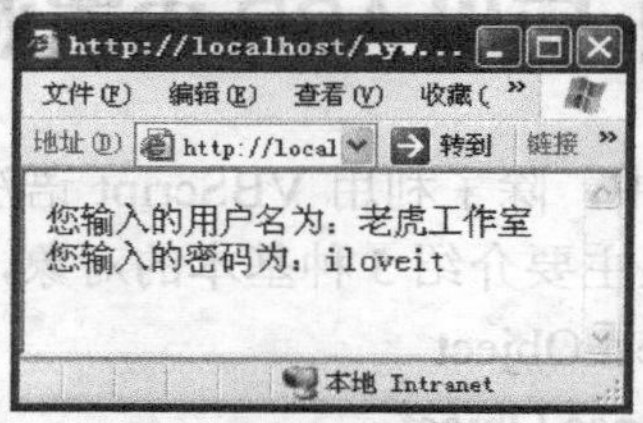

图 4-16　Request 对象接收表单数据

【操作步骤】

（1）在 Dreamweaver 8 中，新建基本页，将其另存为“4-4/user.html”文件。

（2）选择【插入】|【表单】|【表单】命令，如图 4-17 所示。

（3）在【设计】窗口中插入表单，会在页面中直接插入 Form 表单框。在如图 4-18 所示的【属性】面板中设置 Form 属性，在【动作】属性中输入“checkuser.asp”，在【方法】下拉列表框中选择“post”选项。

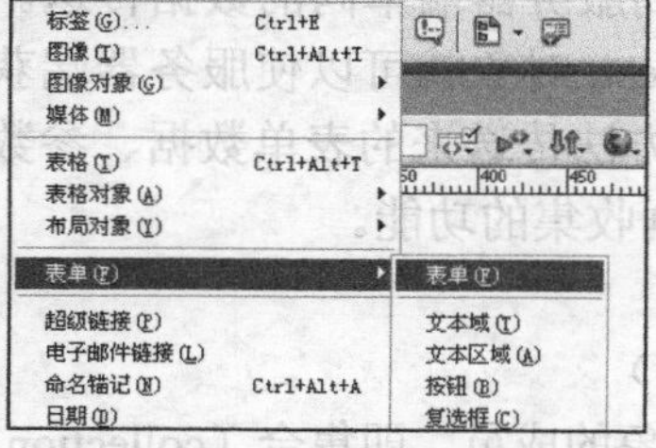

图 4-17　插入表单命令

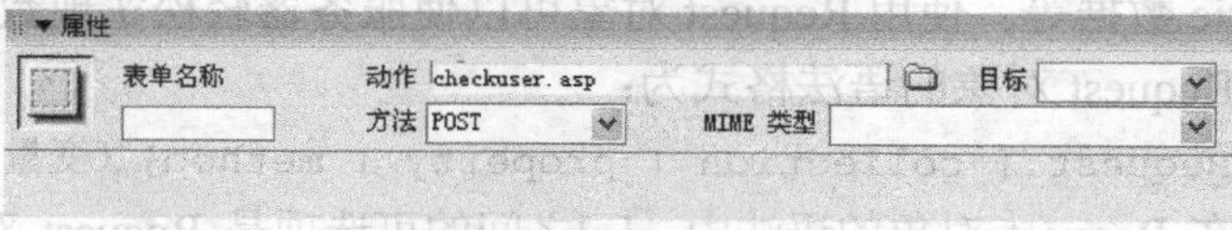

图 4-18　设置表单属性

要点提示 如果在【代码】窗口中插入表单，会弹出【标签编辑器】对话框。单击 浏览... 按钮，选择表单提交的 ASP 页面文件，在本例中输入“checkuser.asp”，在【方法】下拉列表框中选择“post”选项。单击 确定 按钮，结束设置，如图 4-19 所示。

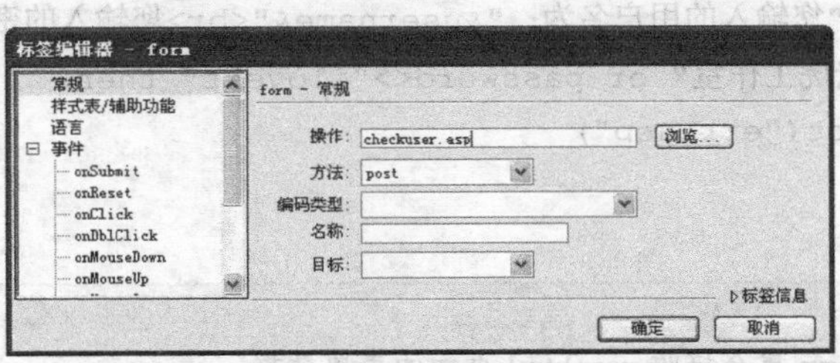

图 4-19 标签编辑器

（4）选择【插入】|【表格】命令，插入表格，并定义表格属性，如图 4-20 所示。

（5）分别在表格的第 1 行、第 2 行第 1 列、第 3 行第 1 列中输入文字“用户登录”、“用户名:”、“密码:”，分别在表格的第 2 行第 2 列、第 3 行第 2 列和第 3 行中，选择【插入】|【表单】命令，插入两个文本域和两个按钮，如图 4-21 所示。

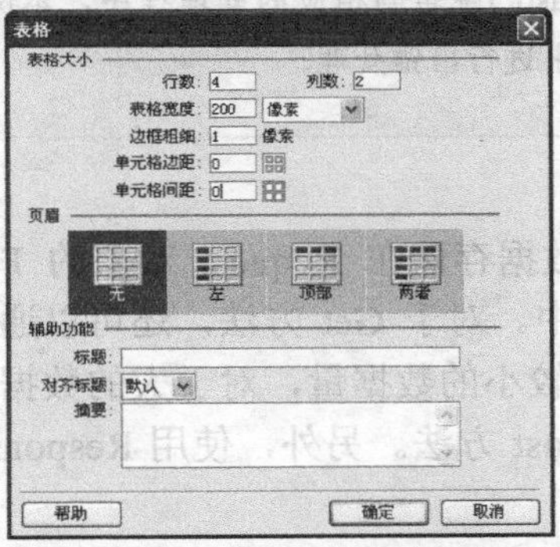

图 4-20 插入表格

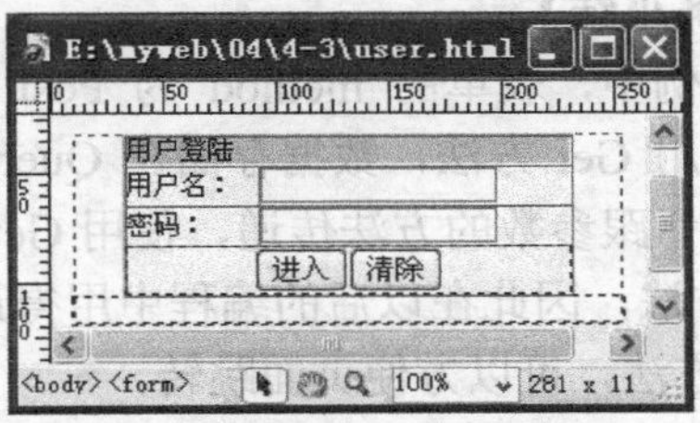

图 4-21 插入文本域和按钮

（6）在【属性】面板中设置各文本域和按钮的属性，如图 4-22 所示。

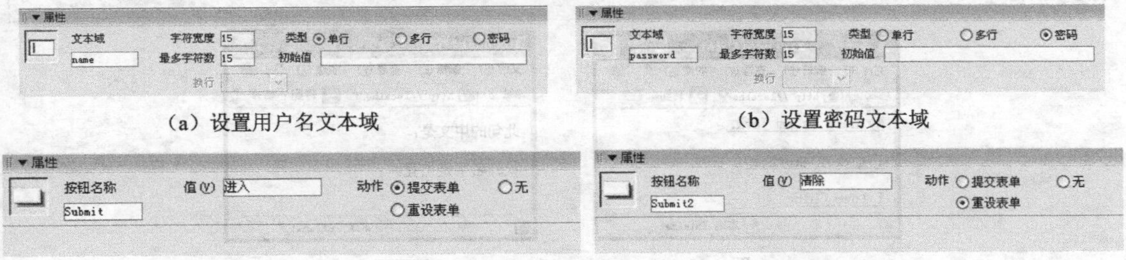

（a）设置用户名文本域 （b）设置密码文本域

（c）设置确定按钮 （d）设置重置按钮

图 4-22 设置文本域和按钮属性

（7）保存文件，登录窗口的表单文件制作完毕。

（8）在 Dreamweaver 8 中，选择【新建】|【动态页】|【ASP VBScript】命令，新建一个页面，将其另存为“4-4/checkuser.asp”文件。

（9）在【代码】窗口中输入如下代码，然后保存文件。

```
<%
username=request.Form("name")
password=request.Form("password")
response.Write("您输入的用户名为："&username&"<br>您输入的密码为："&password)
if username<>"老虎工作室" or password<>"iloveit" then
response.Redirect("err.asp")
end if
%>
```

要点提示 request.Form 集合接收 user.html 页面的表单数据。

（10）打开“user.html”文件，按 F12 键浏览该页面，在【用户名】文本域中输入“老虎工作室”，【密码】文本域中输入“iloveit”，则网页会在浏览器中打开如图 4-15 所示的效果。

要点提示 当用户名或密码不正确，通过 Redirect("err.asp")跳转到相应的处理程序，本例中加入<%response.Write("对不起，你输入错误")%>代码来进行出错处理。

【任务小结】

在本例中，表单的 method 为 Post 方法，所以数据存储在 Request 对象的 Form 集合中，如果用 Get 方法，数据存储在 QueryString 集合中。对于 Get 方法，还可以通过超链接后接“？”跟参数的方法传递，使用 Get 方法只能对较小的数据量，对于大的数据量，一般用 Post 方法，因此在以后的编程中用得最多的还是 Post 方法。另外，使用 Response 对象的 Redirect 方法，可以方便页面跳转。

动手练习 简单的英译汉程序，效果如图 4-23 所示。

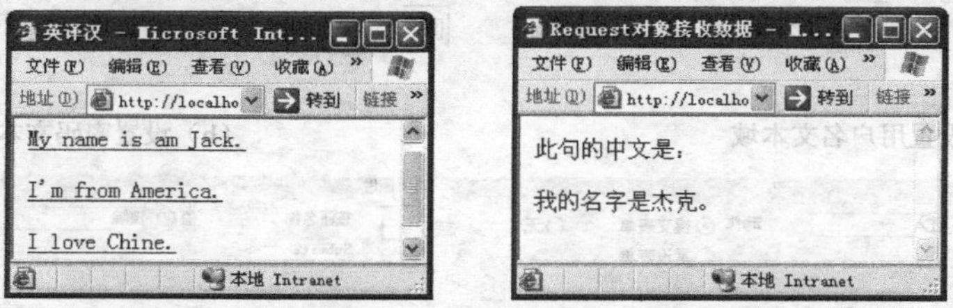

图 4-23 English.html 和 Chinese.asp 页面

（二）显示在线人数

1. Application 对象

Web 应用程序是指在 Web 服务器中同一虚拟目录及其子目录下的所有文件，它是运行在服务器端的可执行程序或动态连接库。它们可以响应用户的要求，动态产生超文本页面，并将信息返回给客户浏览器。

Application 对象是一个应用程序级别的对象，它可以为应用程序提供全局变量。当一个应用程序创建了一个 Application 对象后，所有的用户都可以共享它的数据信息，使用它可以在所有的用户和所有的应用程序之间进行数据的传递和共享。这些被共享的数据信息，在服务器运行期间可永久保存。Application 对象还可以控制访问应用层的数据，以及在应用程序启动和停止时触发该对象的事件。

Application 对象主要有两个方法，一个是 lock，另一个是 unlock。当一个用户对 Application 对象调用了 Lock 方法后，服务器就不允许其他的用户再对该 Application 对象的数据变量进行修改。用户使用完该 Application 对象后，使用 Unlock 方法解除对该 Application 对象的锁定，使其他用户获得使用该 Application 对象的权限。因此，Lock 方法和 Unlock 方法都是成对出现的。

同时，Application 对象也有两个事件，Application_OnStart 和 Application_OnEnd。在 Web 应用程序启动或结束时分别触发这些事件，可以对 Application 对象中的各个变量设置初始值或清除变量值。这两个事件过程都必须定义在 global.asa 文件中。

2. Session 对象

网页是一种无状态的连接程序，服务器端无法得知用户的浏览状态。因此，必须通过一定的机制记录用户的有关信息，以供用户再次以此身份对 Web 服务器提出要求时作确认，Session 对象正是实现了这样的功能。Session 对象是指访问者从到达某个特定主页到离开为止的那段时间，每个访问者都会单独获得一个 Session，即 Session 对象主要为每个用户保存数据。Session 对象的语法格式为：

```
Session("变量名")=值
```

【任务要求】

利用 Application 对象和 Session 对象创建站点统计，效果如图 4-24 所示。

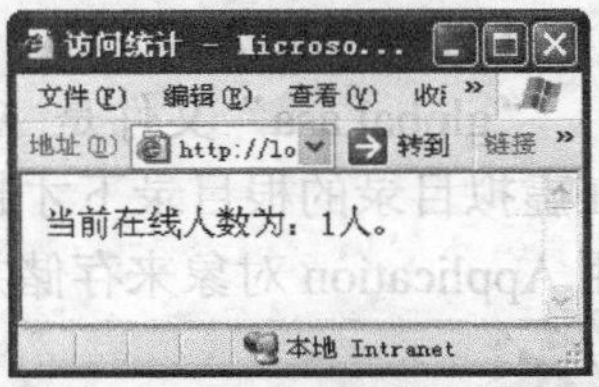

图 4-24　在线统计

【操作步骤】

(1) 在 Dreamweaver 8 中，新建一个基本页文件，将其保存在虚拟目录的根目录“E:\myweb”下，命名为“global.asa”文件。

(2) 在【代码】窗口中输入如下代码，然后保存文件。

```
<script language="vbscript" runat="server">
Sub Application_OnEnd()
    Application("totvisitors")=Application("visitors")
End Sub

Sub Application_OnStart
    Application("visitors")=0
End Sub
```

```
Sub Session_OnStart
  Application.Lock
  Application("visitors")=Application("visitors")+1
  Application.UnLock
End Sub
Sub Session_OnEnd
  Application.Lock
  Application("visitors")=Application("visitors")-1
  Application.UnLock
End Sub
</script>
```

要点提示 OnStart 和 OnEnd 分别为 Application 和 Session 对象的两个事件，这两个事件必须定义在“global.asa”文件中才有效。

（3）在 Dreamweaver 8 中，选择【新建】|【动态页】|【ASP VBScript】命令，新建一个页面，将其另存为“4-5/visit.asp” 文件。

（4）在【代码】窗口中输入如下代码，然后保存文件。

当前在线人数为：<%response.write(Application("visitors"))%>人。

（5）打开“visit.asp”文件，按 F12 键，会在浏览器中打开如图 4-24 所示的网页效果。

【任务小结】

“global.asa”文件是 Application 对象和 Session 对象的初始化应用程序，这个程序必须放在虚拟目录的根目录下才起作用。在程序中，通常用 Session 对象来传递用户的变量信息，而用 Application 对象来存储共享信息。建立对象属性的方法为：对象（“属性名”）=值。

动手练习 显示用户在线时间，如图 4-25 所示。

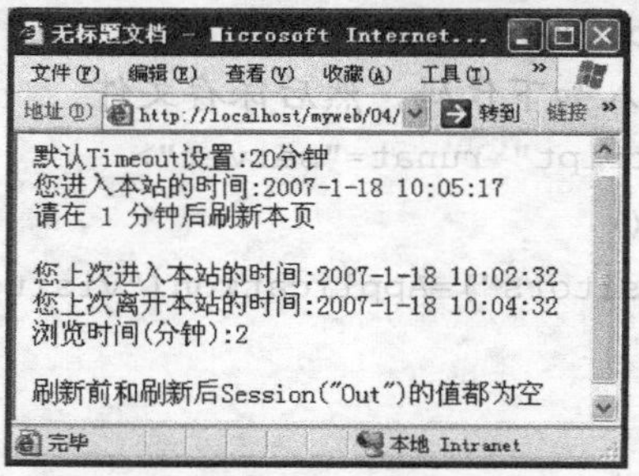

图 4-25 显示在线时间

（三）操纵外部文件

Server 对象提供了访问和控制服务器的方法和属性，通过这些方法和属性，用户可以使用服务器端的许多功能，包括参数与错误处理、生成组件实例、控制重定向等，其中最重要的功能是允许用户使用服务器端的 ActiveX 组件。ActiveX 组件为用户提供了强大的功能，这些功能是 ASP 的内置对象所无法实现的。所以，ActiveX 组件是 ASP 中重要的组成部分。

Server 对象是一个很重要的对象，许多高级功能都是靠它来完成的。它最常用的方法是 CreateObject 方法和 MapPath 方法。 CreateObject 方法用于创建已注册到服务器上的 ActiveX 组件，MapPath 方法返回指向特定文件的相对路径或物理路径。

【任务要求】

创建一个“4-6”文件夹，在其中创建一个 create.txt 文件，并在文件中追加数据“外部文件已经建立！”如图 4-26 所示。

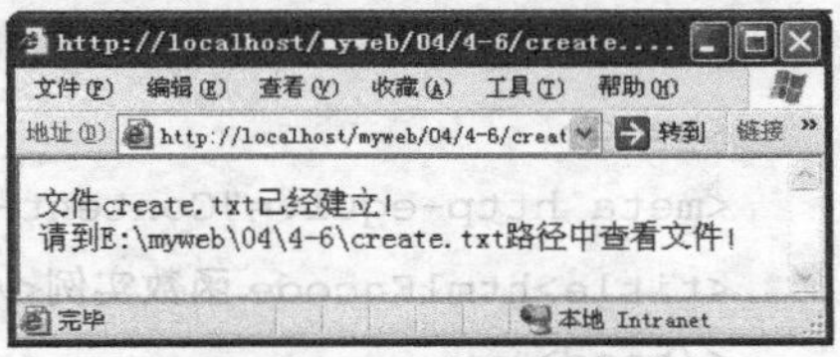

图 4-26　建立外部文件

【操作步骤】

（1）在 Dreamweaver 8 中，选择【新建】|【动态页】|【ASP VBScript】命令，新建一个页面，将其另存为“4-6/create.asp”文件。

（2）在【代码】窗口中输入如下代码，然后保存文件。

```
<%
set fso=server.CreateObject("scripting.filesystemobject")
myPath=server.MapPath("create.txt")
set myfile=fso.CreateTextFile(mypath)
myfile.writeline("外部文件已经建立！")
myfile.close
response.Write("文件 create.txt 已经建立！<br>")
response.Write("请到"&mypath&"路径中查看文件！<br>")
%>
```

要点提示 scripting.filesystemobject 为建立文件组件。此组件有很多关于文件、文件夹、驱动器的属性和方法，对于外部文件的操纵功能很全面。

（3）按 F12 键，会在浏览器中打开如图 4-26 所示的网页效果。

【任务小结】

FileSystem 组件为默认安装的服务器组件，利用 Server 对象的 CreateObject 方法引用此 ActiveX 组件，组件创建完成后，可以调用该组件的属性和方法。利用 FileSystemObject 对象的 CreateTextFile 方法实现外部文件的创建，OpenTextFile 方法可创建一个 TextStream 对象来实现对数据的读取。

（四）对指定的字符串进行 HTML 编码

在 ASP 程序运行的过程中，有时需要向屏幕输出一些 HTML 或者 ASP 的特殊标记，如<%、
等标记。如果使用普通的方法输出，这些标记会被服务器识别并执行。如果希望这些标记以普通的字符串格式输出，可以通过 Server 对象 htmlEncode 函数进行编码转换，转换成为普通的字符串格式。

【任务要求】

通过一个小例子，介绍怎样通过 HTMLEncode 函数对指定的字符串进行 HTML 编码，使字符串以所需的格式输出。

【操作步骤】

（1）打开 Dreamweaver 8，新建一个 ASP 文件，输入以下代码：

```
<%@ language= "VBScript" %>
<html>
<head>
<meta http-equiv="Content-Type" content="text/html; charset=utf-8"/>
<title>htmlEncode 函数实例</title>
</head>
<body>
<% response.write("HTML 文件的基本框架" & "<br>")
response.write(sever.htmlencode("<html>") & "<br>")
response.write(server.htmlencode("<head>" & "<br>")
response.write(server.htmlencode("<title>"))
response.write("标题”)
response.write(server.htmlencode("/title") & "<br>")
response.write(server.htmlencode("</head>") & "<br>")
response.write(server.htmlencode("<body>") & "<br>")>
response.write("网页的主体部分" & "<br>")
response.write(server.htmlencode("</body>") & "<br>")
response.write(server.htmlencode("</html>") & "<br>") %>
</body>
</html>
```

（2）依次选择【文件】/【另存为】命令，选择存储路径为 D:\ASP，以“htmlEncode 函数”为文件名保存文件。

（3）按 F12 键，会在浏览器中打开如图 4-27 所示的网页效果。

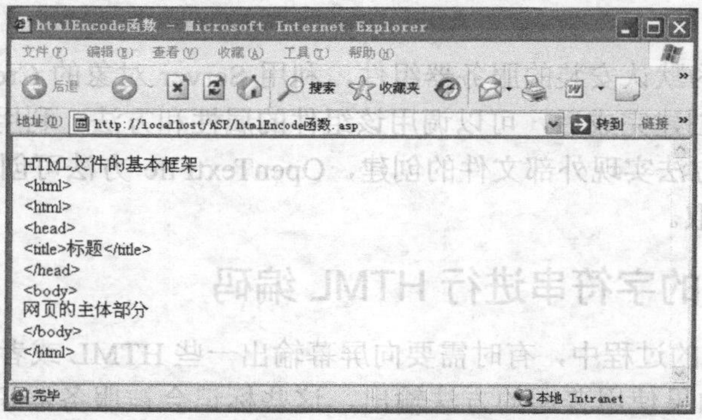

图 4-27　HTML 文件的基本框架

动手练习

在日志文件“log.txt”文件中追加用户访问信息，效果如图 4-28 和图 4-29 所示。

图 4-28　追加记录

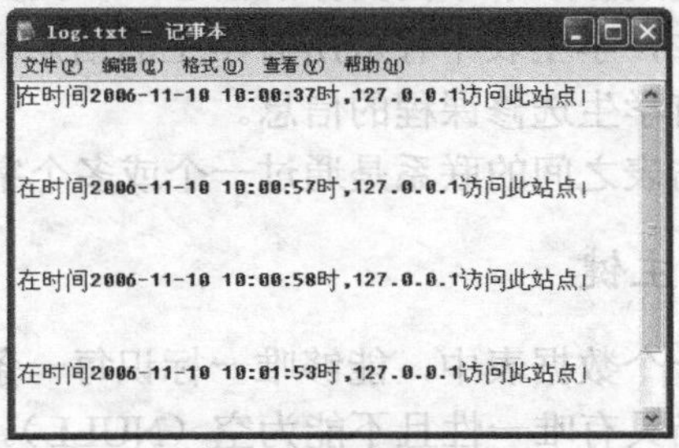

图 4-29　外部日志文件

任务四　了解数据库和 SQL 语句

简单地讲，数据库（Database）就是数据的“仓库”，它以某种组织方式将相关的数据组织起来，并且能够实现对数据的管理和维护。数据库中的数据可被所有授权的用户和应用程序共享。从 20 世纪 60 年代后期数据库技术诞生至今，数据库系统得到了迅猛的发展，到目前为止，数据库系统的基本理论和实现技术已基本成熟。

按照数据库所采用的数据模型，通常将数据库分为层次数据库、网状数据库、关系数据库和面向对象数据库。其中关系数据库是以关系代数作为理论基础，其结构简单直观，用户易于理解和使用，成为目前最成功和普遍应用的数据库系统。Oracle、SQL Server、Access 等常见的数据库管理系统（DBMS）都属于关系数据库系统。

（一）了解数据库

由于关系数据库是基于关系模型的，所以首先给出关系模型的一些基本概念。

1. 关系

一个关系对应于一张二维表格，如学生基本信息表、课程表等。表中的每一行称为一条记录，每一列称为一个字段（或属性）。每条记录描述的是现实世界中的一个实体的信息，如学生表中的每条记录对应于一个学生的基本信息。每个字段描述的是实体的某个属性信息，如“姓名”字段描述的学生的姓名信息。表 4-3 所示为一个学生基本信息表的示例。

表 4-3　　学生基本信息表

学　号	姓　名	性　别	出生日期	籍　贯	专　业	备　注
99001001	张三	男	1981-10-14	北京	001	
99001002	李四	女	1981-11-12	上海	001	
99001003	王五	男	1981-06-25	天津	001	
99002001	钱六	女	1981-09-11	武汉	002	
99002002	赵二	男	1981-05-16	北京	002	

2. 关系数据库

表是关系数据库中存储数据的基本对象，每个关系数据库通常是由若干个二维表构成。这些表分别存放了不同实体的信息，以及实体与实体之间的联系。

例如，学生表中存放所有学生的信息，课程表中存放所有课程的信息，而学生选课表则存放所有学生选修课程的信息。

表与表之间的联系是通过一个或多个字段建立起来的，这些字段被称为主键和外键。

3. 主键

在一个数据表中，能够唯一标识每一条记录的字段或字段集合，称为表的主键。主键的取值应当具有唯一性且不能为空（NULL）。

例如，在表 4-3 所示的学生基本信息表中，学号能够唯一标识每一个学生，所以“学号”可以作为学生表的主键。如果所有学生都不重名，那么“姓名”也可以作为学生表的主键。

4. 外键

在一个数据表中，如果某个字段或字段集合不是这个表的主键，而是对应于另一个表的主键，则称该字段或字段集合为这个表的外键。

例如，在表 4-4 所示的专业表中，专业编号能够唯一标识每一个专业，所以“专业编号”可以作为专业表的主键。在表 4-3 所示的学生基本信息表中，“专业”不是学生表的主键，但是“专业”对应于专业表的主键“专业编号”，所以“专业”是学生表的外键。

表 4-4 专业表

专业编号	专业名称
001	计算机应用技术
002	计算机软件与理论
003	计算机系统结构
…	…

（二）创建 Access 数据库

根据使用方式的不同，数据库管理系统可以分为以下两大类。

- 桌面型数据库系统：它为简单的单机版数据库应用程序提供数据存储和管理功能，如 Access、Visual FoxPro 等。
- 服务器型数据库系统：用于支持客户机/服务器（C/S）或客户机/应用服务器/数据库服务器（B/S）应用程序，它允许多个用户同时在线访问数据库系统，如 Oracle、DB2、Microsoft SQL Server、Sybase SQL Server 等。

Access 数据库是 Microsoft Office 家族中的一个重要成员，它简单易学并且能够满足普通用户的大部分功能需求，因此一直受到广大用户的欢迎。

在电子商务网站设计中，常常以会员制为主要的经营模式，网站把用户会员信息存放在数据库的数据表中。下面将介绍如何用 Microsoft Access 2003 来创建数据库。

【任务要求】

创建一个名为“bookshop.mdb”的数据库，其中包含一个名为“t_UserInfo”的表，如图 4-30 所示，表中包含了用户的编号、姓名、性别、年龄等用户基本信息。

【操作步骤】

（1）在 Microsoft Access 2003 中，新建数据库文件，并将其另存为“4-7/bookshop.mdb”，如图 4-31 所示。

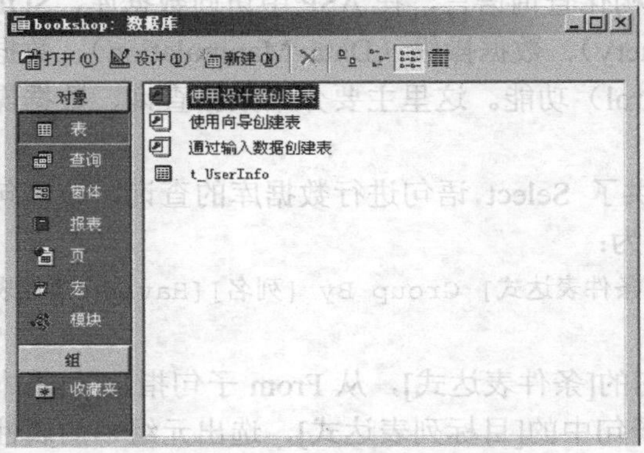

图 4-30 建立用户数据库

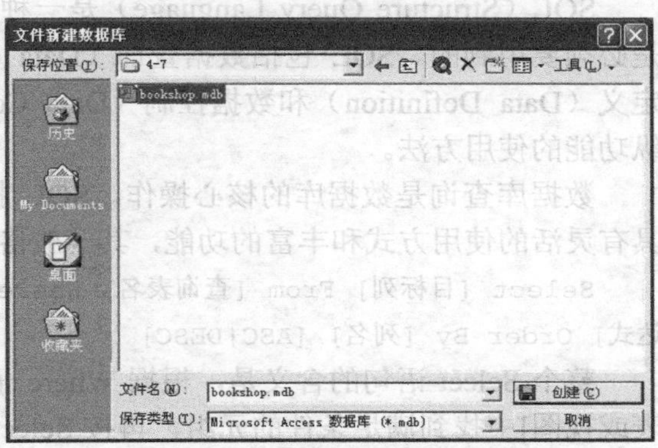

图 4-31 保存数据库 bookshop.mdb

（2）在数据库窗口中，选择【对象】|【表】命令，单击 设计(D) 按钮，打开数据表字段设置窗口，如图 4-32 所示。

（3）在数据表设置窗口中，建立用户表字段和数据类型，具体数据结构如图 4-33 所示。在【说明】中填写数据的作用，是为了方便其他用户使用此表。

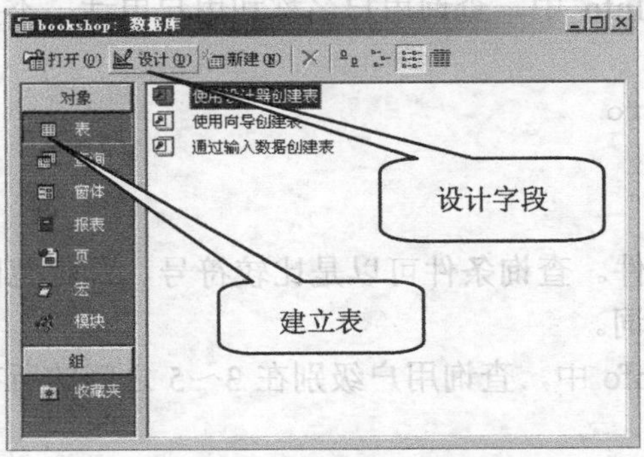

图 4-32 建立数据表

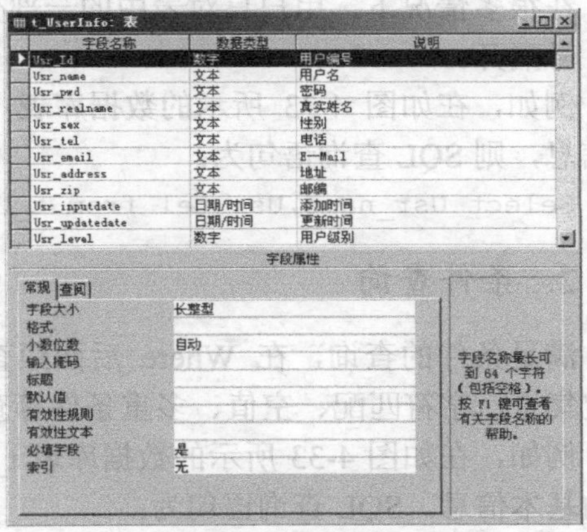

图 4-33 数据字段

（4）保存此表，将名称设定为“t_UserInfo”。

【任务小结】

数据库是长期存储在计算机内的、有组织的、可共享的数据集合。在网站设计中，数据库设计是项目开发的根基，设计者常常根据用户需求来创建数据库结构。Microsoft Access 2003 适用于中小型数据的存储，或者是只供少量人访问的数据库。大型数据的存储常常需要 SQL Server、Oracle 等数据库。

动手练习

用 Microsoft Access 2003 来创建电子商务网站网上书店的商品数据库 bookshop.mdb，包含基本信息表 t_BookInfo，其中，字段包括图书名称、图书类别、上架日期、图书图片、图书简介、图书价格、图书数量等信息。

（三）使用 SQL 语句进行数据查询

SQL（Structure Query Language）是一种结构化查询语言，在 ASP 中访问数据库，SQL 是必须要用到的。SQL 包括数据查询（Data Query）、数据操纵（Data Manipulation）、数据定义（Data Definition）和数据控制（Data Control）功能。这里主要介绍数据查询、数据操纵功能的使用方法。

数据库查询是数据库的核心操作。SQL 提供了 Select 语句进行数据库的查询，该语句具有灵活的使用方式和丰富的功能，其一般格式为：

```
Select [目标列] From [查询表名] Where [条件表达式] Group By [列名][Having 条件表达式] Order By [列名] [ASC|DESC]
```

整个 Select 语句的含义是，根据 Where 子句的[条件表达式]，从 From 子句指定的[基本表或视图]中找到满足条件的元组，再按 Select 子句中的[目标列表达式]，选出元组中的属性值形成结果表。如果有 Group By 子句，则将结果按[列名]的值进行分组，该属性列值相等的元组为一个组。如果 Group By 子句带 Having 短语，则只有满足指定条件的组才可以输出。如果有 Order By 子句，则结果表根据[列名]的值进行升序或降序排序。

1. 指定列查询

在很多情况下，用户只对表中的一部分属性列感兴趣，这时如果查询多列，则列之间用“,”号隔开。

例如，在如图 4-33 所示的数据库表 t_UserInfo 中，查询用户名称和用户电话，不要其他信息，则 SQL 查询语句为：

```
Select Usr_name,Usr_tel from t_UserInfo
```

2. 条件查询

满足条件的查询，在 Where 后面跟查询条件。查询条件可以是比较符号、确定范围、确定集合、字符匹配、空值、多重条件等查询谓词。

例如，在如图 4-33 所示的数据库表 t_UserInfo 中，查询用户级别在 3～5 之间的所有用户的基本信息，SQL 查询语句为：

```
Select * from t_UserInfo where Usr_leve <=5 and Usr_leve>=3
```

或者用确定范围谓词查询，SQL 查询语句为：

```
Select * from t_UserInfo where Usr_leve between 3 and 5
```

例如，在如图 4-33 所示的数据库表 t_UserInfo 中，查询用户姓名为姓“张”的用户基本信息。SQL 查询语句为：

```
Select * from t_UserInfo where Usr_realname like '张%'
```

要点提示

Select 语句查询表，查询全部列用“*”号表示，比较字符包括=、>、<、>=、<=、<>、!>、!<等，确定范围谓语动词包括 Between and、not Between and，字符匹配谓语动词包括 Like、not Like，对于字符匹配，“%”代表任意长度的字符串，“_”代表任意单个字符。在上例中，如果查询姓名为两个字符且姓张的用户，表达式为“张_”。

动手练习

在如图 4-33 所示的数据库表 t_UserInfo 中，查询用户级别在 1～2 之间，并且姓名不以“王”字开头的用户的用户姓名、用户性别、用户地址和用户电话。

（四）对数据进行操纵

数据操纵包括插入数据、修改数据和删除数据。

1. 插入数据

SQL 的数据插入语句的一般格式为：

```
Insert Into [目标表名]（属性列）Values（常量）
```

若 Into 子句中属性列为空，则插入的新记录将为这些字段（属性）取空值；但是，如果在定义表时说明了某些字段不能为空值，则插入新记录时会出错。

例如，在如图 4-33 所示的数据库表 t_UserInfo 中，插入一个新的用户记录（用户名：LaoHu_WorkRoom；密码：123456；真实姓名：张明；性别：男；电话：0532-88033042），SQL 语句为：

```
Insert Into t_UserInfo （Usr_name,Usr_pwd,Usr_realname,Usr_sex,Usr_tel）
Values（'LaoHu_WorkRoom','123456','张明','男','0532-88033042'）
```

2. 修改数据

SQL 修改数据的一般格式为：

```
Update [目标表名] Set [列名]=[表达式] Where [条件表达式]
```

其功能是修改指定表中满足 Where 子句条件的元组。其中 Set 子句给出[列名]=[表达式]的值用来取代相应的属性列值。如果省略 Where 子句，则表示要修改表中的所有元组。

例如，在如图 4-33 所示的数据库表 t_UserInfo 中，将用户名为“LaoHu_WorkRoom”的用户电话改成“0532-88033043”。SQL 语句为：

```
Update t_UserInfo Set Usr_tel='0532-88033043'
 Where Usr_name='LaoHu_WorkRoom'
```

3. 删除数据

SQL 语言的删除数据的一般格式为：

```
Delete From [目标表名] Where [条件表达式]
```

Delete 语句的功能是从指定表中删除满足 Where 子句条件的所有元组。如果省略 Where 子句，表示删除表中的全部元组，但表的定义仍在字典中。也就是说，Delete 语句删除的是表中的数据，而不是关于表的定义。

例如，在如图 4-33 所示的数据库表 t_UserInfo 中，删除用户名称为“LaoHu_WorkRoom”的记录。SQL 语句为：

```
Delete From t_UserInfo Where Urs_name=' LaoHu_WorkRoom'
```

动手练习

（1）编写在网上书店的商品基本信息表 t_BookInfo 中插入一条商品信息的 SQL。

（2）编写在网上书店的商品基本信息表 t_BookInfo 中修改一条商品信息的 SQL。

（3）编写在网上书店的商品基本信息表 t_BookInfo 中删除一条商品信息的 SQL。

任务五 将网页与数据库连接起来

在 ASP 网页中操纵数据库的第一步就是要建立 ASP 网页与数据库的连接，数据库的连接方式通常采用 ADO（Active Data Object）连接。

（一）认识 ADO 组件

ADO 对象是 ASP 中最重要的内置组件，是构建 ASP 数据库应用程序的核心，它集中体现了 ASP 丰富而灵活的数据库访问功能。不管数据库是在什么位置，ADO 都可以连接到数据库并访问库中的任意对象。在一次数据访问的过程中，ADO 可以实现将数据从服务器端传送到客户端应用程序，在客户端对数据进行处理后再将结果返回到服务器进行更新。

在 ADO 的对象模型中，最重要的是 Connection 对象和 RecordSet 对象，下面简单介绍一下这 2 个对象。

1. Connection 对象

Connection 对象用于建立和管理应用程序与 OLE DB 兼容数据源或 ODBC 兼容数据库之间的连接，并可以对数据库进行一些相应的操作。

要建立数据库连接，必须首先创建 Connection 对象的实例。使用 Server 对象的 CreateObject 方法来创建 Connection 对象实例的语法如下：

```
Set conn = Server.CreateObject("ADODB.Connection")
```

其中，conn 是对新创建的 Connection 对象实例的引用。

在完成了 Connection 对象的建立后，必须调用 Open 方法才能完成数据库的连接。其语法结构为：

```
conn.Open 连接字符串，数据库使用账号，密码
```

2. RecordSet 对象

Connection 对象和 Command 对象已经可以完成对数据库的相关操作，但是如果要完成的功能比较复杂（如分页显示记录等），还需要使用 RecordSet 对象。RecordSet 对象是 ADO 对象中最灵活、功能最强大的一个对象。利用该对象可以方便地操作数据库中的记录，完成对数据库的几乎所有操作。

RecordSet 对象表示来自数据表或命令执行结果的记录集。也就是说，该对象中存储着从数据库中取出的符合条件的记录集合。该集合就像一个二维数组，数组的每一行代表一条记录，数据的每一列代表数据表中的一个数据列。在 RecordSet 对象中有一个记录指针，它

指向的记录称为当前记录。

在 ASP 中，可以通过 Connection 对象或 Command 对象的 Execute 方法来创建 RecordSet 对象，也可以直接创建 RecordSet 对象。语法如下：

```
Set rs = Server.CreateObject("ADODB.RecordSet")
```

其中，rs 是新创建的 RecordSet 对象的名称。

要点提示　ADO 共包含 7 个对象，每个对象又包含若干属性、方法和数据集合等，在数据库操纵中都有重要的作用。详细的说明和用法，请参考专门的图书或手册。

ADO 连接数据库的方法有两种，一种是通过 ODBC（Open DataBase Connection）连接，另一种是通过 OLEDB 引擎连接。下面来介绍这两种连接方法。

（二）利用 ODBC 方式连接数据库

ODBC 方式连接数据库通常有两种方式，一种是 DSN（数据源）连接，另一种是无数据源连接。数据源连接方式是指在服务器端通过建立 ODBC 数据源的方式，建立提供 ASP 网页数据的数据源，然后 ASP 网页通过 Connection 对象连接此数据源，进而实现打开数据库的目的。无数据源方式是指通过 ASP 程序中的 Connection 对象的 Open 方法连接数据库引擎来操纵数据库。

【任务要求】

在如图 4-30 所示对话框中已经创建了 bookshop.mdb 的数据库，下面通过 ASP 结合 ODBC 方式连接该数据库，如图 4-34 所示。

【操作步骤】

（1）在 Microsoft Access 2003 中打开“4-7/bookshop.mdb”文件，将其另存为“4-8/bookshop.mdb”。

（2）首先需要创建一个数据源。选择【开始】|【设置】|【控制面板】|【管理工具】命令，如图 4-35 所示，会看到【数据源（ODBC）】图标。

图 4-34　ASP 调用 DSN 连接数据库

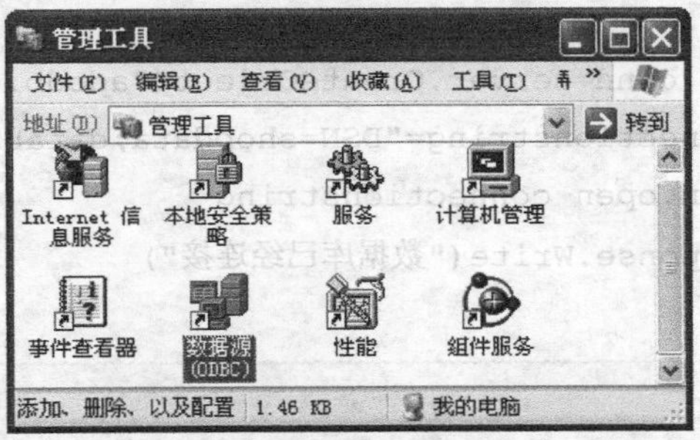

图 4-35　数据源

（3）双击打开【数据源 ODBC】，进入【ODBC 数据源管理器】对话框，如图 4-36 所示。

（4）选择 系统 DSN 标签，单击 添加(D)... 按钮，出现【创建新数据源】对话框，如图 4-37 所示，在列表框中选择【Microsoft Access Driver（*.mdb）】数据源驱动程序。

（5）单击 完成 按钮，进入【ODBC Microsoft Access 安装】对话框，在这里设置数据源名称为“shopdata”，说明文字为“bookshop”，如图 4-38 所示。

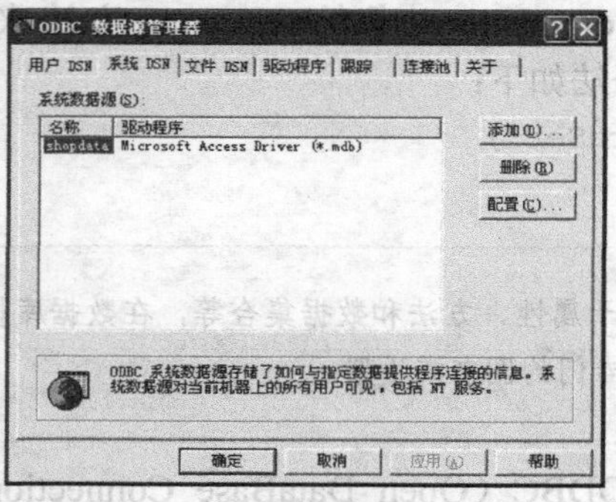

图 4-36　数据源管理器

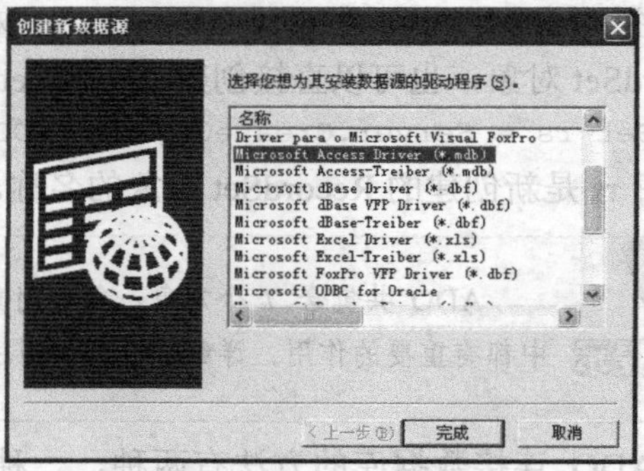

图 4-37　创建新数据源

（6）单击 选择(S)... 按钮，进入【选择数据库】对话框，如图 4-39 所示。选择“e:\mywet\04\4-8/bookshop.mdb”数据库，单击 确定 按钮，这样就安装好 DSN 系统了，以后调用此数据库时，就不必管实际的物理路径。

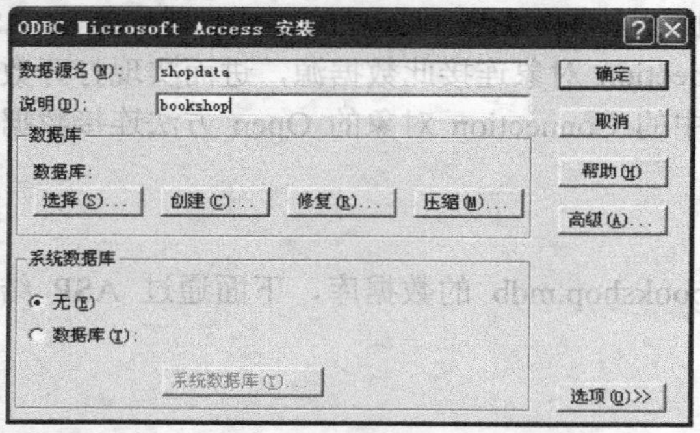

图 4-38　数据库安装

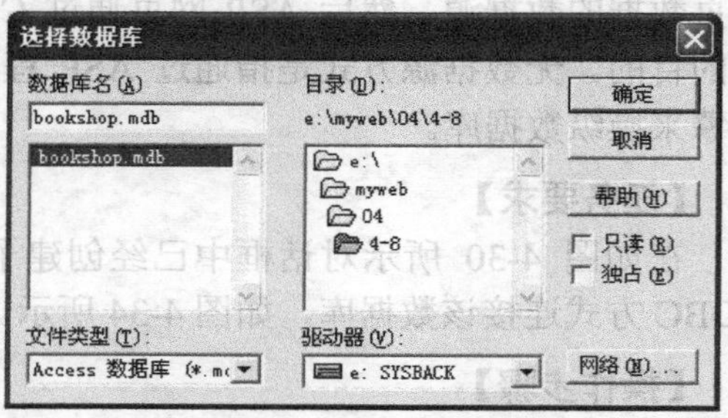

图 4-39　选择数据库

（7）在 Dreamweaver 8 中，选择【新建】|【动态页】|【ASP VBScript】命令，新建一个页面，将其另存为“4-8/conn.asp”文件。

（8）在【代码】窗口中输入如下代码，然后保存文件。

```
<%
set conn=server.CreateObject("adodb.connection")
connectionstring="DSN=shopdata;database=bookshop"
conn.open connectionstring
response.Write("数据库已经连接")
%>
```

要点提示

说明：ConnectionString 为 ADO 中 Connection 对象的属性。

（9）按 F12 键，在浏览器中会打开如图 4-34 所示网页的效果。

【任务小结】

在 ODBC 连接数据库时，除了设定 DSN 为系统 DSN 外，还可以设定为文件 DSN，效果是一样的。另外，ODBC 还提供了无 DSN 连接方式，目前使用的也不少，其代码如下：

```
Set conn=Server.CreateObject ("adodb.connection")
Dbpath=Server.Mappath ("bookshop.mdb")
Connectionstring="Driver={Microsoft Access Driver (*.mdb)};DBQ="&Dbpath
Conn.open connectionstring
```

（三）使用 OLEDB 方式连接数据库

ADO 是封装了 OLEDB 的复杂接口的 COM 对象，它以极为简单的 COM 接口方式来存取各种不同的数据。因此，ADO 可以直接用 OLEDB 来存取不同数据源的数据。

【任务要求】

以图 4-30 所示对话框中创建的 bookshop.mdb 数据库为例，利用 OLEDB 引擎来连接数据库，效果如图 4-34 所示。

【操作步骤】

（1）在 Dreamweaver 8 中，选择【新建】|【动态页】|【ASP VBScript】命令，新建一个页面，将其另存为“4-9/conn.asp”文件。

（2）在【代码】窗口中输入如下代码，然后保存文件。

```
<%
set conn=Server.CreateObject("adodb.connection")
Dbpath=Server.Mappath("bookshop.mdb")
Connectionstring="Provider=Microsoft.Jet.OLEDB.4.0;Data Source = "&Dbpath
Conn.open connectionstring
response.Write("数据库已经连接")
%>
```

要点提示

Microsoft.Jet.OLEDB.4.0 为系统自带的 OLEDB 引擎，一般不需要安装。

（3）按F12键，在浏览器中会打开如图 4-34 所示网页的效果。

【任务小结】

本例中，Provider 为服务于连接的底层 OLEDB 数据供应程序的名称；Data Source 为服务于底层数据供应程序的数据源名称。尽管由 OLEDB 和 ODBC 都可以实现对数据的存取，但从 ADO 数据存取方式中可以看出，使用 ODBC 的方式要比 OLEDB 的方式多一个层，因此，当访问相同的数据时，ODBC 的方式可能会比 OLEDB 速度慢一些。

项目实训　网络书店数据操作

完成项目的各个任务后，读者初步掌握了动态网站的设计方法。下面通过对网络书店的数据操作的实训练习，对所学内容加以巩固和提高。

实训一　显示网上书店全部图书记录

在 ADO 访问数据库时，RecordSet 是 ADO 中的一个非常重要的对象，它对数据的管理是其他 ADO 接口无法比拟的，尽管 Connection 对象和 Command 对象可以用来处理数据，但是它们最终的目标常是用来创建一个 RecordSet 记录集。

【实训要求】

利用 RecordSet 对象创建记录集，显示网上书店图书的详细信息，如图 4-40 所示。

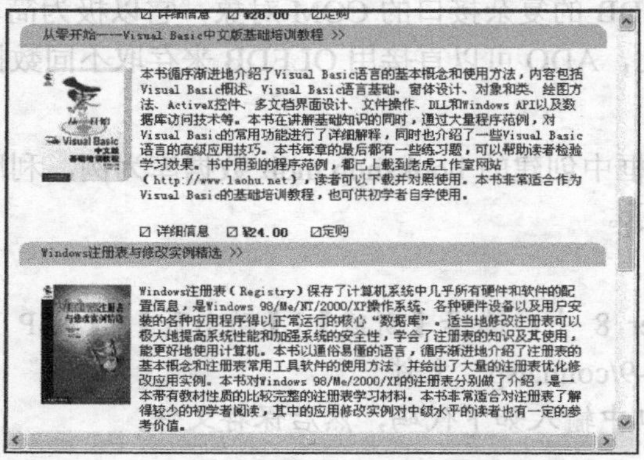

图 4-40　显示所有图书信息

【操作步骤】

（1）在 Microsoft Access 2003 中，新建数据库文件，并将其另存为“4-10/bookshop.mdb”。

（2）建立商品表字段名称、数据类型和说明，具体数据结构如图 4-41 所示。

（3）保存此表，名称设定为“t_BookInfo”。

（4）双击表的名称 t_BookInfo，打开数据记录窗口，如图 4-42 所示。

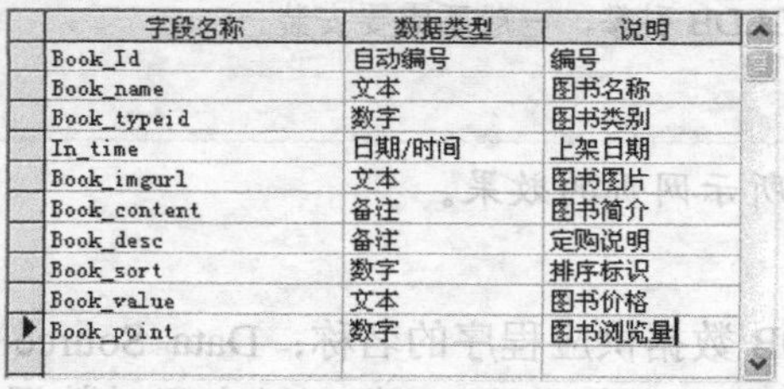

字段名称	数据类型	说明
Book_Id	自动编号	编号
Book_name	文本	图书名称
Book_typeid	数字	图书类别
In_time	日期/时间	上架日期
Book_imgurl	文本	图书图片
Book_content	备注	图书简介
Book_desc	备注	定购说明
Book_sort	数字	排序标识
Book_value	文本	图书价格
Book_point	数字	图书浏览量

图 4-41　设定表字段

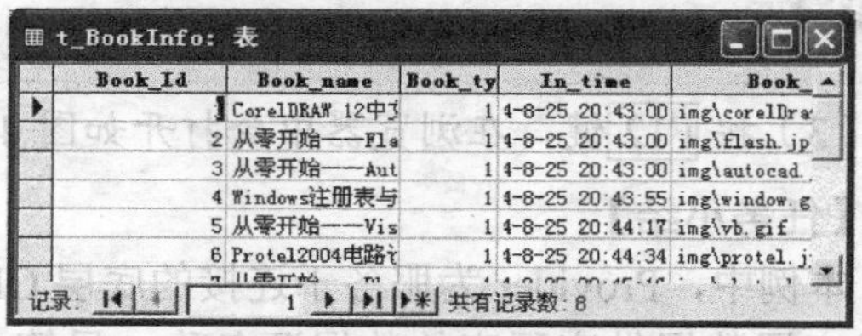

图 4-42　数据记录显示窗口

（5）在数据库表中插入几条图书信息的记录。

（6）在 Dreamweaver 8 中，选择【新建】|【动态页】|【ASP VBScript】命令，新建一个页面，将其另存为“4-10/conn.asp”文件。

（7）在【代码】窗口中输入如下代码，连接数据库文件“bookshop.mdb”，然后保存文件。

```
<%
set conn=Server.CreateObject("adodb.connection")
Dbpath=Server.Mappath("bookshop.mdb")
Connectionstring="Provider=Microsoft.Jet.OLEDB.4.0;Data Source = "&Dbpath
```

```
Conn.open connectionstring
%>
```

（8）在 Dreamweaver 8 中，选择【新建】|【动态页】|【ASP VBScript】命令，新建一个页面，将其保存为“4-10/booklist.asp”文件。

（9）在【设计】窗口中，设计显示单条记录信息的网页布局，如图 4-43 所示。

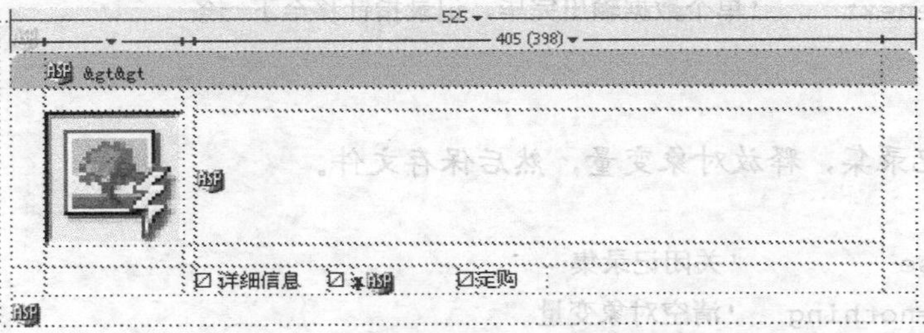

图 4-43　单条记录信息显示网页布局

（10）在【代码】窗口的头部输入如下建立记录集的代码：

```
<!--#include file="conn.asp" -->
```

要点提示　包含文件相当于在此文件上写入 conn.asp 文件中的代码，这样可以把公用的代码写成文件，供多个用户调用，以避免重复编写代码。

```
<%
set rs=server.CreateObject("adodb.recordset")
sql="select * from t_BookInfo order by In_time desc"
rs.open sql,conn,1,1
%>
```

要点提示　此段代码为建立 RecordSet 记录集，打开数据库，提取数据库数据。

（11）在【代码】窗口中，输入循环取出记录集中数据的代码。

要点提示　ASP 代码往往夹杂在 HTML 中，此段 ASP 代码在 HTML 语句之间。

```
<%' 循环取出每条记录，将数据库字段数据取出，保存在相应的变量中
do while not rs.eof or rs.bof
  Book_name=rs("Book_name")
  Book_imgurl=rs("Book_imgurl")
  Book_content=rs("Book_content")
  Book_value=rs("Book_value")
' 此处为单条记录数据信息
%>
```

要点提示

eof 和 bof 是用来判断是否到 RecordSet 的首记录或尾记录。movenext 方法的作用是把 RecordSet 中的记录指针移到下一条记录，除此之外还有 movefirst、movelast、moveprevious 等方法。

```
<%
    rs.movenext        '单个数据输出完毕，记录指针移至下一条
    loop
%>
```

（12）关闭记录集，释放对象变量，然后保存文件。

```
<%
    rs.close           '关闭记录集
    set rs=nothing     '清空对象变量
    set conn=nothing
%>
```

要点提示

当对象变量使用完毕，应该关闭记录集，清空对象变量。

（13）在 Dreamweaver 8 中打开“booklist.asp”文件，按 F12 键进行测试，在浏览器中会打开如图 4-40 所示网页的效果。

【任务小结】

本例中是使用 RecordSet 对象从数据库中读取数据，在用 RecordSet 对象的 Open 方法时，后面加上两个参数，分别是游标类型（CursorType）和锁类型（LockType）。不同的游标决定了对数据库所能做的操作，而不同的锁类型决定了是否可以在更新数据以及在用户编辑一条记录时，指定该记录的锁定形式。

实训二　分页显示图书记录

在上面的例子中，页面上同时显示网上书店的所有图书，如果数据量很多，会造成网页过长，影响浏览和定位。可以运用 RecordSet 对象的 AbsolutePage、PageCount、PageSize 等属性对数据记录进行分页显示。

【实训要求】

对图书详细信息进行分页显示，每页显示 1 条记录，如图 4-44 所示。

【操作步骤】

（1）在 Microsoft Access 2003 中，打开数据库文件“4-10/bookshop.mdb”，并将其另存为“4-11/bookshop.mdb”。

（2）在 Dreamweaver 8 中，打开文件“4-10/conn.asp”，将其另存为“4-11/conn.asp”文件。

（3）在 Dreamweaver 8 中，打开文件“4-10/booklist.asp”，将其另存为“4-11/booklist.asp”文件。

（4）修改单个商品信息的网页布局，如图 4-45 所示。

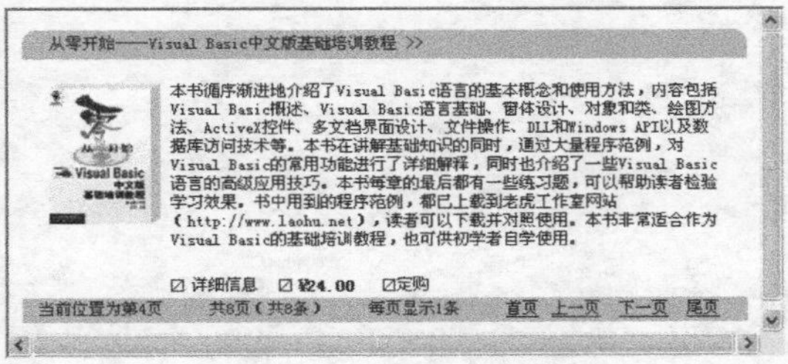

图 4-44　分页显示图书信息

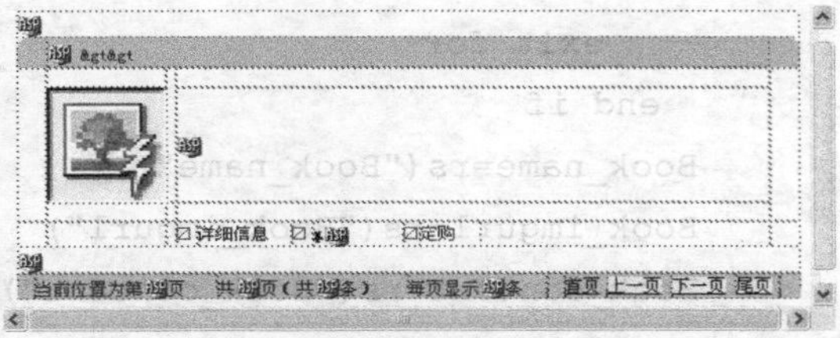

图 4-45　增加分页布局

（5）在【代码】窗口的头部输入如下建立记录集和分页的代码：

```
<!--#include file="conn.asp" -->
<%
set rs=server.CreateObject("adodb.recordset")
sql="select * from t_BookInfo order by In_time desc"
rs.open sql,conn,1,1
'-----------------------------分页
if rs.recordcount<>0 then
rs.pagesize=1
 topage=cint(request("topage"))
 if topage="" then
 topage=1
 else
  if topage>rs.pagecount then
    topage=rs.pagecount
rs.absolutepage=rs.pagecount
  elseif topage<=0 then
    topage=1
rs.absolutepage=1
else
      rs.absolutepage=topage
   end if
  end if
end if
 %>
```

要点提示　RecordCount 属性为记录集记录总数；PageSize 属性为定义每页显示记录数；PageCount 属性为记录集分页的总数；AbsolutePage 属性为跳转记录集指针。

（6）在【代码】窗口中，输入循环取出记录集中数据的代码：

```
<%
   for i=1 to rs.pagesize    '利用 for 循环取出本页每条记录
```

```
    if rs.eof or rs.bof then
      exit for
    end if
  Book_name=rs("Book_name")
  Book_imgurl=rs("Book_imgurl")
  Book_content=rs("Book_content")
  Book_value=rs("Book_value")
%>
  此处为单个商品记录信息显示 HTML
<%
  rs.movenext
  next
%>
```

（7）建立分页超链接，在相应的分页信息中输入如下代码：

```
当前位置为第<%=topage%>页
共<%=rs.pagecount%>页（共<%=rs.recordcount%>条）
每页显示<%=rs.pagesize%>条
```

要点提示 ASP 变量输出，显示分页记录信息。

```
<% if topage<>1 then %>
   <a href="booklist.asp?topage=1">首页</a>
   <a href="booklist.asp?topage=<%=topage-1%>">上一页</a>
  <%end if
   if topage<>rs.pagecount then
  %>
    <a href="booklist.asp?topage=<%=topage+1%>">下一页</a>
    <a href="booklist.asp?topage=<%=rs.pagecount%>">尾页</a>
  <%end if%>
```

要点提示 对分页跳转加上动态超链接。

（8）关闭记录集，释放对象变量，然后保存文件。

```
<%
 rs.close
 set rs=nothing
 set conn=nothing
%>
```

（9）在 Dreamweaver 8 中打开"booklist.asp"文件，按 F12 键，在浏览器中会打开如

图 4-44 所示的网页效果。

【任务小结】

记录集的分页技术是 RecordSet 的重要应用，在本例中，利用变量“topage”来进行页面的跳转。另外，还可以在分页下面显示每页的超链接，用户可以直接单击某个链接进入，这样可以更方便用户浏览。

实训三　添加图书记录

数据库记录的添加是数据库的基本操作，其中会用到 RecordSet 对象的 addnew 方法和 update 方法。下面就来练习这项操作。

【实训要求】

利用网上书店数据库进行商品基本信息数据的添加，添加界面如图 4-46 所示。

【操作步骤】

（1）在 Microsoft Access 2003 中，打开数据库文件“4-11/bookshop.mdb”，并将其另存为“4-12/bookshop.mdb”。

（2）在 Dreamweaver 8 中，打开文件“4-11/conn.asp”，将其另存为“4-12/conn.asp”文件。

（3）在 Dreamweaver 8 中，选择【新建】|【动态页】|【ASP VBScript】命令，新建一个页面，将其另存为“4-12/bookadd.asp”文件。

（4）在网页中插入表格与 Form 表单项，网页布局如图 4-47 所示。

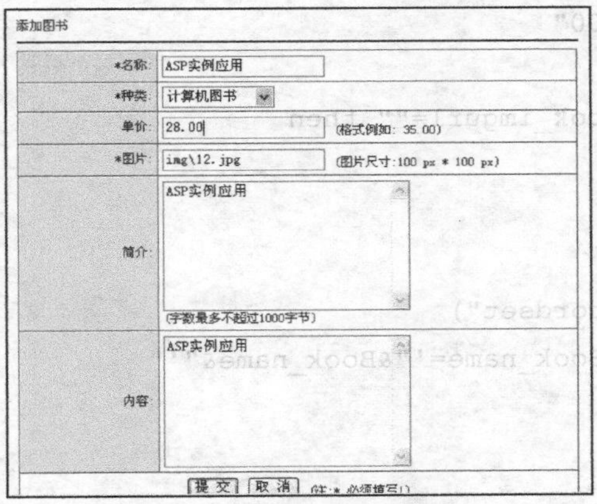

图 4-46　数据库记录添加界面

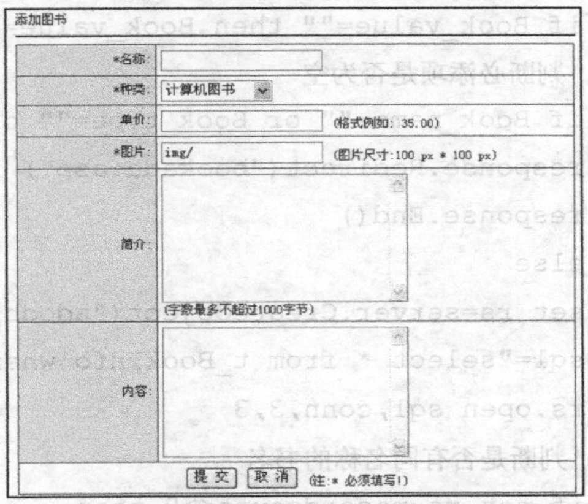

图 4-47　添加数据窗口网页布局

（5）按数据字段设置表单项，设置文本域名称为对应的字段名称。设置表单【动作】为“saveadd.asp”，在【方法】下拉列表中选择“post”选项，如图 4-48 所示。操作完毕后，保存文件。

图 4-48　设置表单属性

要点提示 为方便 ASP 从表单中提取对应的输入信息，故设置表单项名称与字段名称一致。设置图书名称文本域名称为“Book_name”；设置种类列表名称为“Book_type”；设置图书单价文本域名称为“Book_value”；设置图片 url 文本域名称为“Book_imgurl”；设置图书简介文本域名称为“Book_content”；设置图书内容文本域名称为“Book_desc”。

（6）在 Dreamweaver 8 中，选择【新建】|【动态页】|【ASP VBScript】命令，新建一个页面，将其另存为“4-12/saveadd.asp”文件。

（7）在【代码】窗口中输入如下代码，然后保存文件。

```
<!--#include file="conn.asp"-->
<%
'获取表单数据
Book_name=request.Form("Book_name")
Book_type=request.Form("Book_type")
Book_value=request.Form("Book_value")
Book_imgurl=request.Form("Book_imgurl")
Book_content=request.Form("Book_content")
Book_desc=request.Form("Book_desc")
if Book_content="" then Book_content="暂无简介"
if Book_desc="" then Book_desc="暂无详细说明"
if Book_value="" then Book_value="0.00"
'判断必添项是否为空
if Book_name="" or Book_type="" or Book_imgurl="" then
response.Redirect("bookadd.asp")
response.End()
else
set rs=server.CreateObject("adodb.recordset")
sql="select * from t_BookInfo where Book_name='"&Book_name&"'"
rs.open sql,conn,3,3
'判断是否有同名称的书名
if not rs.recordcount<>0 then
'添加记录
rs.addnew
rs("Book_name")=Book_name
rs("Book_typeid")=Book_type
rs("Book_value")=Book_value
rs("Book_imgurl")=Book_imgurl
rs("Book_content")=Book_content
rs("Book_desc")=Book_desc
rs("In_time")=now()
rs("Book_point")=0
```

```
rs.update
response.Write("记录添加成功！")
else
response.Write("同名记录已经存在！")
response.end
end if
rs.close
set rs=nothing
end if
set conn=nothing
%>
```

（8）在 Dreamweaver 8 中打开“booklist.asp”文件，按 F12 键，在浏览器中会打开如图 4-46 所示的网页效果。

【任务小结】

在使用 RecordSet 对象的 addnew 方法时，实际是在更改变量，数据并没有真正地写入到数据库中，而是存储在缓存中，当所有变量赋值完毕，通过 update 方法才更新数据库记录。这种方法有助于防止造成数据库的错误读写。另外，使用 SQL 的数据操纵方法也可以实现对数据库数据的读写。

实训四　图书信息的添加和删除

前面使用了 RecordSet 对象的 addnew 方法和 update 方法对数据库进行数据的添加，利用 update 方法也能够实现对数据库数据的修改，利用 RecordSet 对象中的 delete 方法能够实现对数据库中数据的删除。

【实训要求】

为图书信息添加修改和删除的功能，管理商品列表的页面如图 4-49 所示。

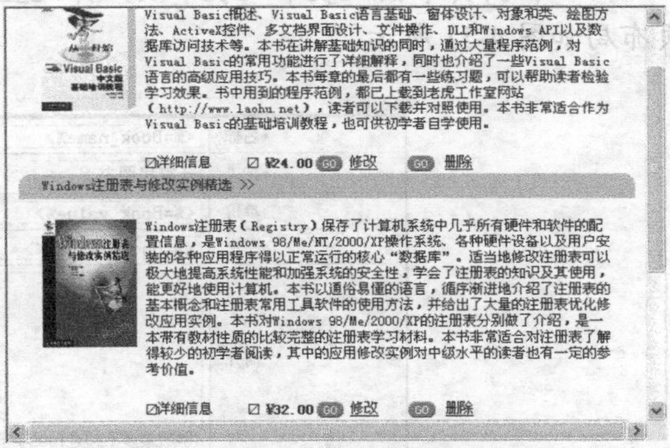

图 4-49　在列表中修改和删除商品

【操作步骤】

（1）在 Microsoft Access 2003 中，打开数据库文件“4-12/bookshop.mdb”，并将其另存为“4-13/bookshop.mdb”。

（2）在 Dreamweaver 8 中，打开文件“4-12/conn.asp”，将其另存为“4-13/conn.asp”文件。

（3）在 Dreamweaver 8 中，打开文件“4-11/booklist.asp”，将其另存为“4-13/booklist.asp”文件。

（4）在网页表格中拆分单元格，输入“修改”和“删除”文字，修改网页布局如图 4-50 所示。

（5）分别在“修改”和“删除”文字上插入超链接“bookedit.asp?id=<%=Book_Id%>”和“bookdelete.asp?id=<%=Book_Id%>”。

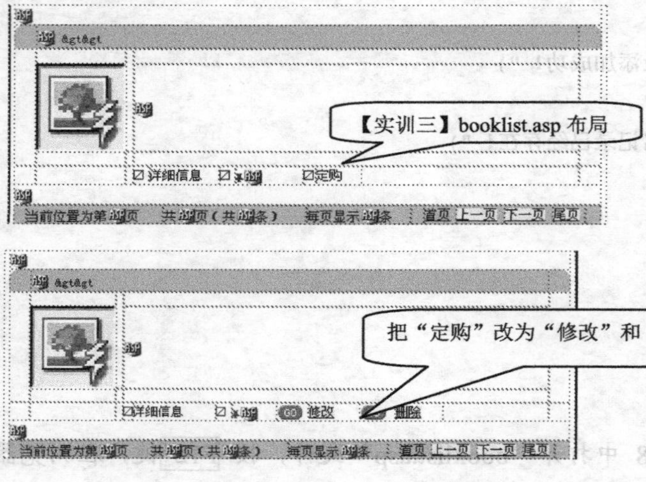

图 4-50　商品管理列表

要点提示

超链接跳转到相应的处理程序，并传递 Request 对象 QueryString 集合的“Book_Id”参数。

（6）在 Dreamweaver 8 中，选择【新建】|【动态页】|【ASP VBScript】命令，新建一个页面，将其另存为“4-13/bookedit.asp”文件。

（7）在网页中插入表单及表单项，并设置各个表单项的初始值为与字段同名的变量，网页布局如图 4-51 所示。

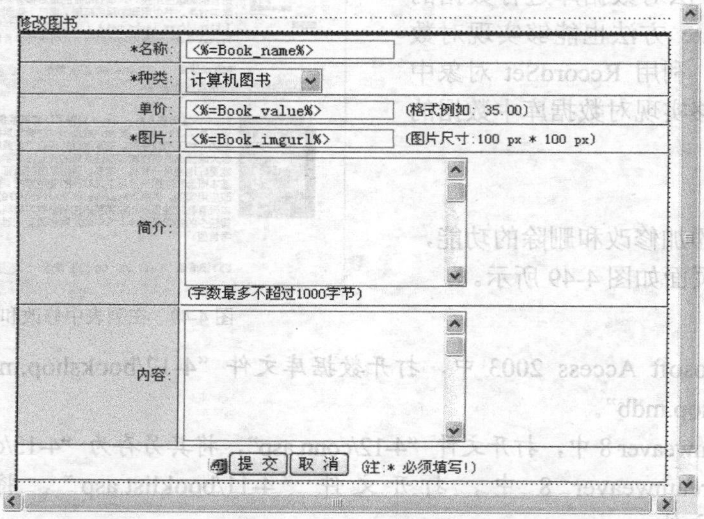

图 4-51　插入表单及表单项

要点提示

因为是修改记录，所有初始值应该从数据库中调出并显示在文本域中。

（8）在表单中插入隐藏域，并设置名称为“Book_Id”，初始值为“<%=id%>”，如图 4-52 所示。

图 4-52　插入表单项隐藏域

> **要点提示**　设置隐藏域的目的是要把此条记录的“Book_Id”值传递到“saveedit.asp”中，以便在数据库中以此为关键字查找此记录，然后修改当前记录。

（9）在【代码】窗口的头部输入如下提取数据记录信息的代码:

```
<!--#include file="conn.asp"-->
<%
id=request.QueryString("id")
if id="" then
response.Write("非法修改！")
response.End()
else
'查找此 id 的数据库记录，并提出数据项，把值输出到表单项的初始值中
set rs=server.CreateObject("adodb.recordset")
sql="select * from t_BookInfo where Book_Id="&id
rs.open sql,conn,3,3
Book_name=rs("Book_name")
Book_type=rs("Book_typeid")
Book_value=rs("Book_value")
Book_imgurl=rs("Book_imgurl")
Book_content=rs("Book_content")
Book_desc=rs("Book_desc")
end if
%>
```

> **要点提示**　此修改图书信息的网页布局和添加图书信息的网页布局其实是一样的，只不过在 Form 表单项中所有的初始值，都是从数据库中提取当前要修改的数据库记录的字段值，因此，可以通过实训三中的“bookadd.asp”文件修改得此“bookedit.asp”文件，设置表单 action 为“saveedit.asp”。

（10）在 Dreamweaver 8 中，选择【新建】|【动态页】|【ASP VBScript】命令，新建一个页面，将其另存为“4-13/saveedit.asp”文件。

（11）在【代码】窗口中输入如下修改数据库当前记录的代码，然后保存文件。

```
<!--#include file="conn.asp"-->
```

```
<%
'获取表单数据
Book_Id=request.Form("Book_Id")
if Book_Id="" then
response.Write("非法保存！")
response.End()
end if
Book_name=request.Form("Book_name")
Book_type=request.Form("Book_type")
Book_value=request.Form("Book_value")
Book_imgurl=request.Form("Book_imgurl")
Book_content=request.Form("Book_content")
Book_desc=request.Form("Book_desc")
if Book_content="" then Book_content="暂无简介"
if Book_desc="" then Book_desc="暂无详细说明"
if Book_value="" then Book_value="0.00"
'判断必添项是否为空
if Book_name="" or Book_type="" or Book_imgurl="" then
url="bookedit.asp?id="&Book_Id
response.Redirect(url)
response.End()
else
set rs=server.CreateObject("adodb.recordset")
sql="select * from t_BookInfo where Book_Id="&Book_Id
rs.open sql,conn,3,3
if rs.recordcount=1 then
'修改记录
rs("Book_name")=Book_name
rs("Book_typeid")=Book_type
rs("Book_value")=Book_value
rs("Book_imgurl")=Book_imgurl
rs("Book_content")=Book_content
rs("Book_desc")=Book_desc
rs("In_time")=now()
rs("Book_point")=0
rs.update
response.Write("记录修改成功！")
end if
rs.close
set rs=nothing
```

```
end if
set conn=nothing
%>
```

（12）在 Dreamweaver 8 中，选择【新建】|【动态页】|【ASP VBScript】命令，新建一个页面，将其另存为“4-13/bookdelete.asp”文件。

（13）在【代码】窗口中输入如下代码，然后保存文件。

```
<!--#include file="conn.asp"-->
<%
'获取表单数据
Book_Id=request.QueryString("id")
if Book_Id="" then
response.Write("非法删除！")
response.End()
else
sql="delete from t_BookInfo where Book_Id="&Book_Id
conn.execute(sql)
%>
 <script language="vbscript">
alert("该商品已经删除！")
location.href="booklist.asp"
</script>
<%
end if
%>
```

（14）在 Dreamweaver 8 中打开“booklist.asp”文件，按F12键，在浏览器中会打开如图 4-49 所示的网页效果。

项目小结

数据库的操纵是 ASP 数据库编程的重点和难点，数据库操纵的方式也很多，本项目主要介绍了利用 SQL 操纵数据库和利用记录集操纵数据库的两种方式。利用 SQL 操纵数据库，首先要依靠 Connection 对象建立数据库连接，然后利用 Connection 对象的 Execute 方法来执行 SQL 语句实现数据的操纵，用 Execute 方法可以执行所有的 SQL 命令，如可以创建一个数据表、添加数据、清除数据、删除数据等。

思考与练习

一、填空题

1．在 ASP 中，系统提供了________和________两种脚本语言。

2．ASP常用的5大对象分别是________、________、________、________和________。

3．对于中小型数据库，通常用________建立。

4．ODBC方式连接数据通常有两种方式，即________和________。

5．利用SQL操纵数据库，首先要依靠________对象建立数据库连接，然后利用________对象的________方法来执行SQL语句实现对数据的操纵。

6．使用RecordSet对象的________方法实现对数据库数据的添加，利用________方法对数据进行更新。

二、简答题

1．ASP运行需要什么样的环境？怎样进行配置？

2．Request对象和Response对象的区别是什么？它们有哪些主要的方法和属性？

3．Application对象和Session对象的区别是什么？它们有哪些主要的方法和属性？

4．Server对象通常在什么时候使用？

5．目前，你知道哪些数据库管理软件？怎样通过它们建立数据库？

6．数据库底层接口有哪些？怎样使用？

7．SQL怎样对数据库中的数据进行查询和操纵？

8．ASP记录集有哪些方法和属性？怎样创建记录集和使用记录集操纵数据库？

项目五

设计网络书店前台功能

在网上购物，利用网络的开放性、全球性、低成本、高效率的特点，完成整个购物流程，包括消费者浏览查看商品，进行订购并下订单，买卖双方确认后付款交易。这种新型的商业运营模式受到越来越多商家的青睐，从而产生了各种网上商城系统，比如国内的当当书店、淘宝网等。

根据使用对象的不同，网络商城可以分为前台和后台两个部分。前台主要用于用户浏览商品、注册、在线订购、反馈信息等；后台主要用于管理员对商城信息、会员信息和订单信息的管理。

本项目主要通过以下几个任务完成。

- 任务一　网络书店的规划与数据库设计
- 任务二　网络书店的基本页面设计
- 任务三　网站商务功能设计

学习目标

规划网络书店结构
创建网站数据库
学会处理提交到数据库的数据
循环显示数据库中的数据
掌握网络书店系统各功能模块的设计

任务一　网络书店的规划与数据库设计

在建设网络书店之前，要先对整个系统进行规划，把书店的整体安排及各模块的需求都明确后才能进行下一步的设计。

具体实施可以参照实际生活中去书店的情形，对于顾客可以设计下列3个过程。

（1）查看图书：顾客进入书店后，可以查看新书或特价图书的信息，或是直接搜索自己想要的图书，并且有一个入口可以查看所有图书的信息。

（2）选购图书：顾客在浏览图书信息的过程中，可以将自己喜欢的图书放入购物车中，并且可以随时管理购物车中的图书，比如查看或清空购物车中的图书。

（3）下订单：顾客带着购物车到收银台结账，术语为下订单，顾客下订单前必须先注册书店的会员并且已经登录，然后填写订单并确认付款方式，同时还可以以留言板的形式向书店提出一些建议和要求。

这 3 个过程既是顾客的购书步骤，也是整个网络书店前台服务的功能模拟。据此可以画出网络书店的前台流程图和前台的功能结构图。

（一）前台的流程与结构

1. 网络书店前台的业务流程

根据网络书店前台功能的描述，现以流程图的形式画出其前台业务流程，如图 5-1 所示。

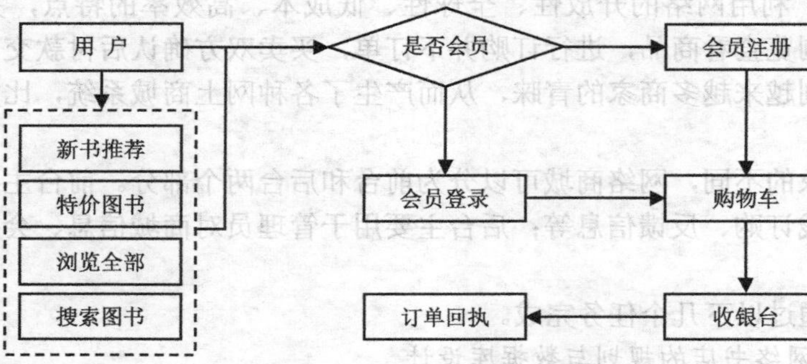

图 5-1　前台功能流程图

2. 网络书店前台的功能结构图

根据顾客购物过程的描述和前台功能流程图，前台系统分为 5 个功能模块：图书展示、会员管理、购物车、收银台和留言板。

结合流程图对这 5 个功能模块的结构进行拆分，将其各自的功能用结构图的形式表现出来，如图 5-2 所示。

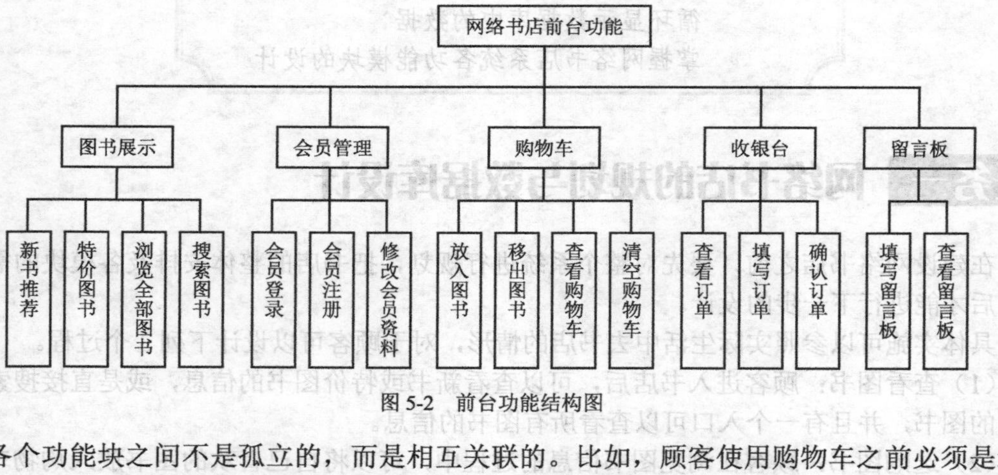

图 5-2　前台功能结构图

各个功能块之间不是孤立的，而是相互关联的。比如，顾客使用购物车之前必须是这个书店的会员而且已经登录，使用购物车后就要去收银台下订单；订单的内容包括会员的信息和选购的图书信息。这样就把会员管理、购物车和收银台这 3 个模块联系起来了。因此，在设计系统的时候要先把各功能模块的流程图画出来，按照流程来实现各个功能。

3. 书店网站的结构设计

创建网站之前，可以先将网站中用到的文件夹创建出来，开发时只需将文件保存在相应的文件夹中。以下是网站的文件夹结构图和功能说明，如图 5-3 所示。

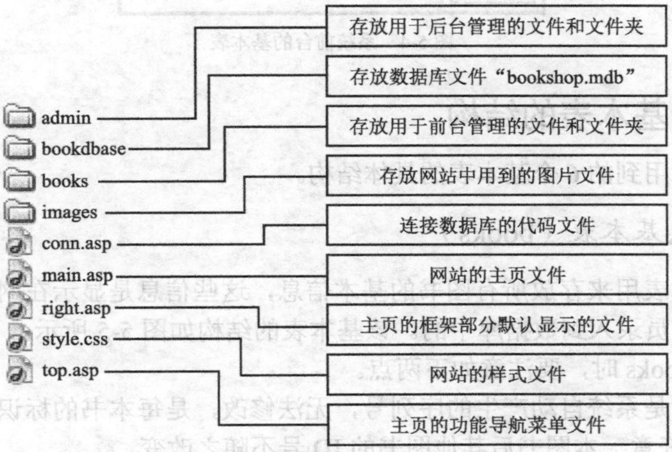

图 5-3　网站的文件夹结构图和功能

（二）网站数据库的创建

网站数据库的创建是系统开发中非常重要的一个环节，就好比盖房子前先打地基一样。网站中的大部分信息都是直接从数据库中调入的，如果数据库设计得不好，势必会给将来的系统设计和维护带来困难。

下面根据功能流程图和划分的功能结构图来创建网站的数据库。

本书采用 Microsoft Access 来创建数据库。整个书店系统使用一个数据库文件“bookshop.mdb”来存放信息，不同类型的信息用不同的基本表存储。

要点提示

创建的时候记住一个原则：一个基本表最好只存放一个实体或对象，这样可以方便以后的修改和扩充。

首先创建一个名为“bookshop.mdb”的数据库（具体方法可参照项目四中的任务四），保存在站点的“bookdbase”文件夹下，然后在数据库中建立基本表用来存放不同类型的数据。

表 5-1 所示为书店系统前台所用到的 6 个基本表。

表 5-1　　书店系统前台所用到的 6 个基本表

基　本　表	基本表存储的信息	基　本　表	基本表存储的信息
books	存放所有图书的信息	dingdan	存放书店会员订单的信息
member	存放书店会员的基本信息	liuyan	存放顾客的留言内容
basket	存放购物车的信息	class	存放图书的分类信息

建立好的基本表在 Microsoft Access 中显示如图 5-4 所示。

图 5-4　系统前台的基本表

（三）设计基本表的结构

下面介绍前台用到的 6 个基本表的具体结构。

1. 图书信息基本表（books）

图书信息基本表用来存放所有图书的基本信息，这些信息是显示在网站上的图书信息，一般是由书店管理员录入到数据库中的。该基本表的结构如图 5-5 所示。

设计基本表 books 时，要注意如下两点。

（1）字段 ID 是系统自动产生的序列号，无法修改，是每本书的标识代码。一本书对应一个 ID 号，删除任意一本图书后其他图书的 ID 号不随之改变。

（2）用来判断的字段 disk 和其他用于判断的字段 new、tejia 等数据类型不一样，前者为布尔型，后者为数字型。由于实际使用中都是作为二选一的字段，因此在设计的时候可以将数字型字段只设“0”和“1”两个值，效果就和布尔型完全一样了。这两种方式可以比较着掌握。

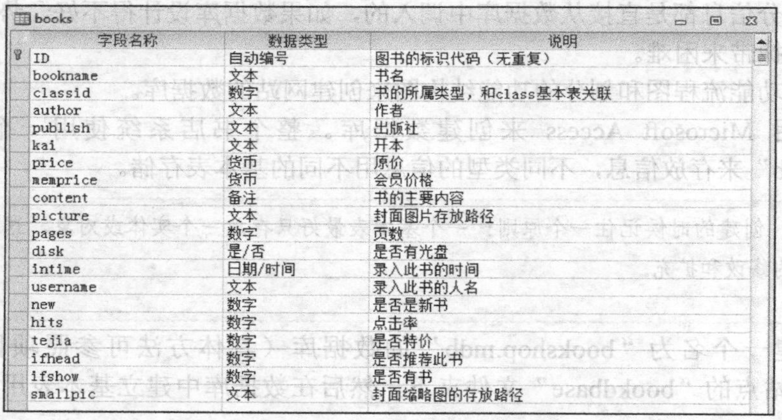
books

字段名称	数据类型	说明
ID	自动编号	图书的标识代码（无重复）
bookname	文本	书名
classid	数字	书的所属类型，和class基本表关联
author	文本	作者
publish	文本	出版社
kai	文本	开本
price	货币	原价
memprice	货币	会员价格
content	备注	书的主要内容
picture	文本	封面图片存放路径
pages	数字	页数
disk	是/否	是否有光盘
intime	日期/时间	录入此书的时间
username	文本	录入此书的人名
new	数字	是否是新书
hits	数字	点击率
tejia	数字	是否特价
ifhead	数字	是否推荐此书
ifshow	数字	是否有书
smallpic	文本	封面缩略图的存放路径

图 5-5　基本表 books 的结构

要点提示　在实际建表时，每个字段的“说明”一般都不用写，这里给出是为了解释清楚字段的内容。

2. 会员基本信息表（member）

会员基本信息表用来存放书店会员的基本信息。这些信息有会员注册的时候自己添加的，也有每次登录的时候系统自动添加的。该基本表的结构如图 5-6 所示。

可以看到，member 表中的字段 ID 和 books 表中的字段 ID 重名，调用的时候可以加入各自所属的基本表的名称来区分，两个字段分别表示为 books.ID 和 member.ID。

3. 购物车信息基本表（basket）

购物车信息基本表用来存放购物车中商品的基本信息，包括选购的图书名称、选购时间、选购者的账号及其是否确认要购买等信息。该基本表的结构如图 5-7 所示。

member

字段名称	数据类型	
ID	自动编号	会员的标识代码（无重复）
username	文本	账户名称
password	文本	登录密码
sex	是/否	性别
yb	文本	邮编
phone	文本	联系电话
email	文本	e-mail
address	文本	住址
realname	文本	真实姓名
logins	数字	登录次数
lasttime	日期/时间	最后一次登录时间
money	货币	消费金额

图 5-6　基本表 member 的结构

basket

字段名称	数据类型	
id	自动编号	购物车的标识代码（无重复）
bookid	文本	购物车中已有图书的ID号
username	文本	使用此购物车的会员名称
basket_count	文本	已选图书的数量
basket_date	日期/时间	选购时间
basket_check	是/否	会员是否确认购买此书
basket_admincheck	是/否	管理员是否确认（后台中由管理员选择）
bookname	文本	选购的图书名称
memprice	货币	选购价格（为会员价）
sub_number	文本	会员确定购物后产生的订单号

图 5-7　基本表 basket 的结构

不难发现，basket 表中有几个字段如 bookid、username 等和已介绍的两个基本表中的字段重名，表示的信息也是相同的，这样做是为了方便将不同表的相关字段结合起来显示更完整的信息，具体实现方法将在编写代码中介绍。

4. 订单信息基本表（dingdan）

订单信息基本表用来存放订单上记录的信息，包括订单号、下订单的会员名称、消费金额、发货和付款方式，以及后台管理员对该订单的处理情况等。该基本表的结构如图 5-8 所示。

基本表 dingdan 中的一些字段如 jiaofei、fahuo 等需要书店管理员在后台设置，记录顾客购物的实际情况。

dingdan

字段名称	数据类型	说明
ID	自动编号	订单的标识代码（无重复）
username	文本	下订单的会员名称
sub_number	文本	订单号
totalcash	货币	订单的总消费金额
youji	数字	购物方式
intime	日期/时间	下订单的时间
jiaofei	是/否	是否交费，后台中设置
fahuo	是/否	是否发货，后台中设置
shouhuo	是/否	是否收货，后台中设置
finish	是/否	交易是否完成，后台中设置
other	文本	会员下订单时的备注说明
qian	文本	付款方式

图 5-8　基本表 dingdan 的结构

5. 留言基本表（liuyan）和图书分类表（class）

留言基本表用来记录网站留言板的内容；图书分类表用来记录书的种类，主要用在分类显示中。两个基本表的结构如图 5-9 所示。

liuyan

字段名称	数据类型	说明
ID	自动编号	留言的标识代码
username	文本	发言人的名称
face	文本	选用表情
sex	是/否	性别
email	文本	e-mial
title	文本	发言主题
content	备注	发言内容
intime	日期/时间	发言时间

（a）基本表 liuyan 的结构

class

字段名称	数据类型	说明
classid	自动编号	分类标识代码
classname	文本	分类名称

（b）基本表 class 的结构

图 5-9　两个基本表的结构

书店前台中要用到的6个基本表就建好了，后台基本表的建立将在项目六中做具体说明。

要点提示 后台基本表也是建立在“bookshop.mdb”数据库中的，这样可以方便不同基本表中数据的连接。例如，管理员可以在后台管理用户的信息，查看订单的内容等。

任务二 网络书店的基本页面设计

顾客进入书店首先看到的是书店大厅，包括大厅的布局、图书的摆放、最新图书和特价图书等信息。网络书店的大厅就是图书网的主页，在这里，顾客可以很方便地看到各种图书的信息，因此主页的内容和布局就成为整个网站开始的关键。

（一）制作网络书店主页

【任务要求】

下面以“清源图书网”的主页为例，如图5-10所示，说明如何构建网络书店的主页。

从图5-10中可以看出，书店的主页结构分为上、中、下3部分，其中中间部分又分为左右两个区域，各部分的内容概要如图5-11所示。

图5-10 网络书店的主页

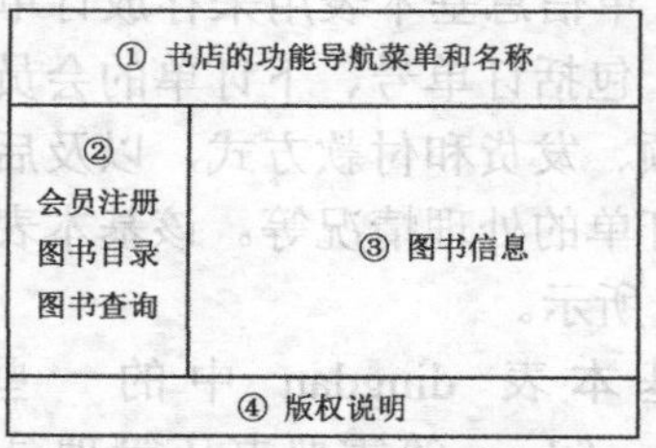

图5-11 主页的框架结构

主页结构中，第①、第②和第④部分将在整个网站中使用，可以将它们分别做成单独的页面，用时直接调用，或是嵌到主页面中；而第③部分的内容比较灵活，可以是新书或特价书的信息，也可以是图书查询的结果，因此这一部分做成框架的形式比较合适。

制作网络书店主页，将其另存为“main.asp”文件。其中第①部分存储在“top.asp”文件中，第③部分存储在“right.asp”文件中，其他部分存储在“main.asp”文件中。要求：单击第②部分的图书目录和图书查询的时候将在第③部分显示结果。

【操作步骤】

（1）在Dreamweaver 8中，选择【新建】|【动态页】|【ASP VBScript】命令，新建一个页面，将其另存为“top.asp”。

（2）创建书店的功能导航菜单，包括“首页”、“购物车”、“服务台”、“订购”和“留言板”，如图5-12所示。具体方法可参照项目三的项目实训中的“清源图书网页”。

（3）新建网站的 CSS 样式文件“style.css”，并将其应用到“top.asp”文件上。设置链接和站点名称的样式，显示效果如图 5-13 所示。

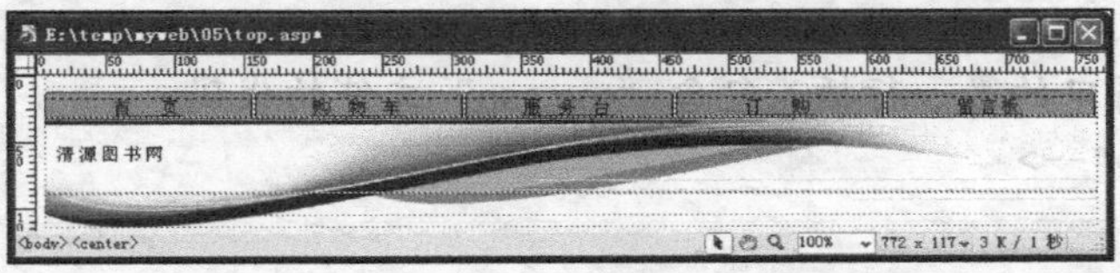

图 5-12　创建“top.asp”网页文件

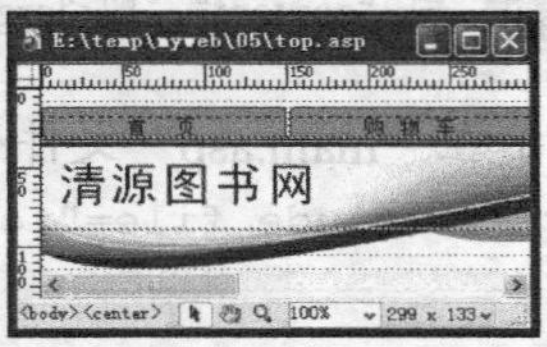

图 5-13　设置链接和名称的样式规则

要点提示　网页样式规则的具体设置在本项目中不做详细描述，可参照项目三的任务三中的相关内容。

（4）创建书店的主体文件“main.asp”，建立“会员注册”、“图书目录”、“图书查询”和“版权说明”版块，即主页的第②和第④部分，同时设置页面的 CSS 样式，显示效果如图 5-14 所示。

图书信息和查询结果将在“main.asp”文件的右边空白部分显示，因此这里将嵌入框架。

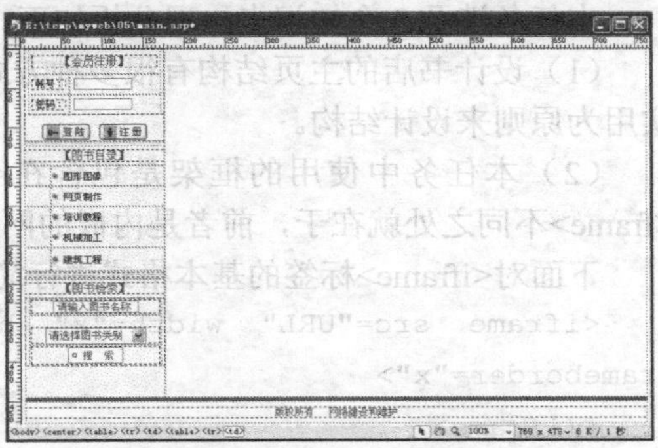

图 5-14　创建“main.asp”文件

（5）打开代码窗口，在右边空白部分的表格代码中插入以下代码：

```
<iframe  width="590"  height="450"
name="content" frameborder="0" src="right.asp">
</iframe>
```

表示在右边区域中插入了一个宽度为 590 像素、高度为 450 像素、名称为“content”的框架，并在设置框架中显示“right.asp”文件的内容。“right.asp”文件是显示图书信息的网页，具体创建方法在本任务的（三）中介绍（见图 5-19），这里先看一下插入效果，如图 5-15 所示。

（a）设计窗口中框架的显示效果　　（b）浏览器窗口中框架的显示效果

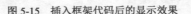

图 5-15　插入框架代码后的显示效果

要点提示 图书信息和查询结果在框架“content”中显示，因此在做链接的时候，链接的目标应指向“content”，即<target="content">。

（6）在“main.asp”文件代码窗口的第一行插入包含“top.asp”文件的代码。

```
<!--#include file="top.asp"-->
```

要点提示 利用此方法可以在执行当前页面代码的时候将“top.asp”文件调入并执行。因此，也可以将版权说明的内容做成单独的页面，用到时直接调用相应的网页文件。

（7）保存文件，发布预览效果。

【任务小结】

本任务涉及3个知识点，现分析如下。

（1）设计书店的主页结构有很多种方式，考虑的时候可以结合实际书店的情况，以美观实用为原则来设计结构。

（2）本任务中使用的框架是包含在<iframe>标签中的，它与一般意义上的框架标签<frame>不同之处就在于，前者是内嵌的网页元素，而后者是整个页面的框架。

下面对<iframe>标签的基本格式进行简单的分析和说明。

```
<iframe  src="URL"  width="x"  height="x"  scrolling="[OPTION]"  name=".."
frameborder="x">
</iframe>
```

- src：文件的路径，既可以是HTML文件，也可以是文本、ASP等。
- width、height：框架区域的宽与高。
- scrolling：当src指定的文件大小超过框架的大小时，是否出现滚动条，可选项有“yes”、“no”和“auto”。
- name：框架的名称。
- frameborder：区域边框的宽度，为了让框架中的网页与邻近的内容相融合，常设置为0。

（3）在网站的建设中，对于那些出现频率较多的代码，可以单独保存在一个文件中，调用的时候直接在代码中插入<!--#include file="URL"-->语句，表示将“URL”文件中的代码插入到调用它的网页中。例如，本书中将访问数据库的语句保存在一个单独的文件中，将其另存为“conn.asp”，文件包含的代码为：

```
<%
response.Expires=0
set conn=Server.CreateObject("adodb.connection")
Dbpath=Server.Mappath("bookdbase/bookshop.mdb") '数据库存放的物理地址
Connectionstring="Provider=Microsoft.Jet.OLEDB.4.0;Data Source = "&Dbpath
Conn.open connectionstring
set rs=Server.CreateObject("Adodb.Recordset")
%>
```

其他常见的还有将网站的导航部分和版权部分的语句单独做成网页文件，以供其他页面调用。

（二）按图书目录分类显示

从主页上看，图书的分类有3种方式：图书目录、新书推荐和特价图书。本站中3种分类方式分别设计了3种列表显示。

【任务要求】

单击主页左边的图书目录，在右边显示分类信息，如图5-16所示。

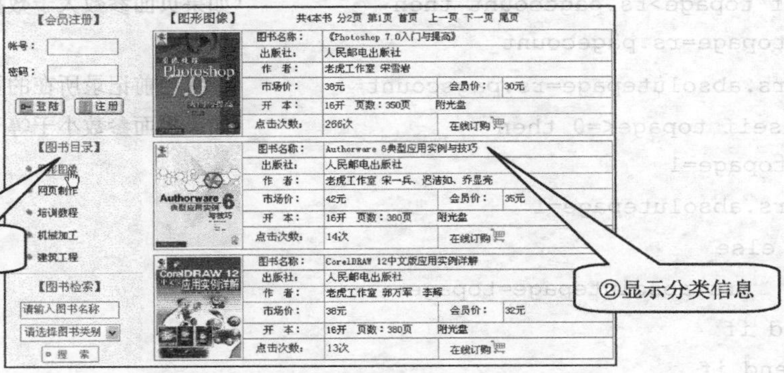

图5-16　图书目录的分类显示

将数据库中的图书信息按指定的条件查询并显示出来即构成图书的分类显示。例如，这里是查询类别为“图形图像”的图书信息，并将查询结果以每页3条信息的方式分页显示。

本书给出的数据库中的图书共分5类，按类分页显示图书信息。设计的步骤为：先制作分类信息的显示页面，再将目录项以参数传递的方式链接到显示页面上。

【操作步骤】

（1）在Dreamweaver 8中，选择【新建】|【动态页】|【ASP VBScript】命令，新建一个页面，将其另存为“books/booksbd.asp”。

（2）设计制作图书信息的列表框，包括“分页信息”、“图书名称”、“出版社”、“作者”、“市场价”、“会员价”、“开本”、“点击次数”等，如图5-17所示。

图5-17　制作图书信息的列表框

（3）将网页连接到数据库，打开图书信息基本表books，在其中选择类别classid等于客户端Web页面提交的数据的图书信息，具体代码如下：

```
<!--#include file="conn.asp"-->
<%
ii=request("class")  '将客户端Web页面提交的参数值（class的值）赋值给变量ii
sql="select * from books where classid="&ii    '按变量值查询基本表books
rs.open sql,conn,1,2
%>
```

（4）加入分页代码，设置每页显示3条图书信息，具体代码如下：

```
<%
 '----------------------------分页
if rs.recordcount<>0 then                   '如果图书记录不为 0，说明有图书
rs.pagesize=3                               '数据集的页面大小为 3
topage=cint(request("topage"))              '获取要跳转到的页面参数
if topage="" then                           '如果页面参数为空
   topage=1                                 '设置页面参数为 1
else
   if topage>rs.pagecount then              '如果页面参数大于数据集的页面总数
   topage=rs.pagecount
   rs.absolutepage=rs.pagecount             '设置当前记录所在的页面号，以便显示
  elseif topage<=0 then                     '如果页面参数小于等于 0，则显示第 1 页
   topage=1
   rs.absolutepage=1
   else
     rs.absolutepage=topage
  end if
   end if
end if
%>
```

（5）循环取出本页中的每条记录，代码如下：

```
<%
for i=1 to rs.pagesize     '循环提取本页要显示的图书记录
   if rs.eof or rs.bof then
      exit for
   end if
%>
… …                       '显示单个图书信息的 HTML 表格
… …
<%
rs.movenext               '完成一个图书记录的显示，继续下一个循环
next
%>
```

要点提示

显示单个图书信息的 html 表格必须完全嵌在循环语句内，这样才能保证多条图书信息是按照设计好的表格形式显示的。为节省篇幅，此处的代码省略。详细内容可参见本书素材。

（6）在 HTML 表格中插入显示图书信息的 ASP 代码，在 Dreamweaver 8 中的显示效果如图 5-18 所示，代码如下：

```
<img     src="../admin/<%=rs("picture")%>"     width="100"     height="125"
```

图 5-18 插入 ASP 代码后的图书信息列表框

```
border="0" />
        '插入图书封面并指定其输出大小
    '后台上传的封面图片保存在"admin"文件夹中，
数据库中存放的是图片的相对路径
    <%=rs("bookname")%>      '图书名称
    <%=rs("publish")%>       '图书的出版社
    <%=rs("author")%>        '图书的作者
    <%=rs("price")%>         '图书的市场价
    <%=rs("memprice")%>      '图书的会员价
    <%=rs("kai")%>           '图书的开本
    <%=rs("pages")%>         '图书的页数
    <% if rs("disk")=true then%>附光盘<% end if %>    '有光盘则显示"附光盘"
    <%=rs("hits")%>          '图书的单击次数
```

（7）关闭记录集，清空对象变量，把下面的代码加在文件末尾。

```
<%
rs.close
set rs=nothing
set conn=nothing
%>
```

（8）使用 Dreamweaver 8 打开"main.asp"文件，分别给图书目录的目录项添加链接文件，代码如下：

```
<a href="books/booksbd.asp?class=1" target="content">图形图像</a>
<a href="books/booksbd.asp?class=2" target="content">网页制作</a>
<a href="books/booksbd.asp?class=3" target="content">培训教程</a>
<a href="books/booksbd.asp?class=4" target="content">机械加工</a>
<a href="books/booksbd.asp?class=5" target="content">建筑工程</a>
```

要点提示 class 的值即为传递参数的值，链接页面"booksbd.asp"将根据这个值选择满足条件的图书记录。target="content"表示在右边框架中打开链接页面"booksbd.asp"。

（9）保存文件，发布预览效果。

【任务小结】

分类显示图书信息的方法一般都是先设计制作分类信息的显示页面，然后将页面连接到数据库，按分类条件查询相关基本表，最后在页面上插入显示图书信息的 ASP 代码（即<%=rs ("字段名")%>）。

（三）新书推荐和特价图书的分类显示

【任务要求】

新书推荐和特价图书均显示在主页（见图 5-15）的右边区域中，其页面效果如图 5-19

所示。

图 5-19　新书推荐和特价图书的分类显示

从图 5-19 中可以看出，两种分类方式显示在一个页面中，其中一个为横向展开且显示前 4 条图书记录，而另一个则竖向展开显示前 3 条图书记录。

这两种分类方式都是直接从图书信息基本表 books 中选择满足条件的图书记录，然后在网页上选择性地输出一些字段。不同的是 SQL 查询语句的 WHERE 子句中的查询条件不同。

【操作步骤】

（1）在 Dreamweaver 8 中，选择【新建】|【动态页】|【ASP VBScript】命令，新建一个页面，将其另存为“right.asp”。

（2）设计制作新书推荐的列表框，如图 5-20 所示，选用 2 行 1 列的格式，上行显示新书的封面图片，下行显示新书名称。

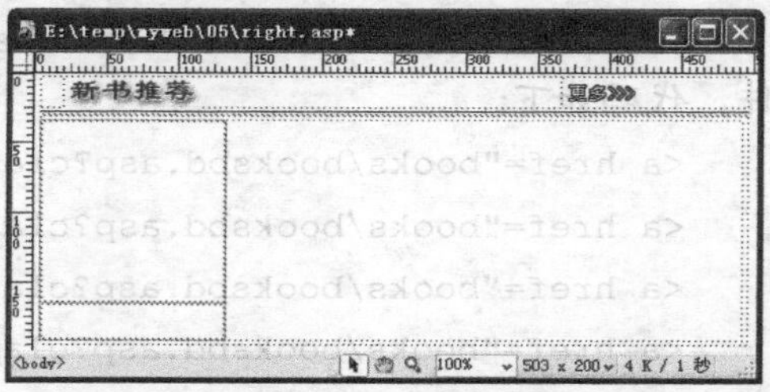

图 5-20　制作新书推荐的列表框

（3）将网页连接到数据库，打开图书信息基本表 books，在其中选择满足字段 new 等于 1 且字段 id 最大的前 4 条图书记录，代码如下：

```
<!--#include file="conn.asp"-->
<%
sql="select top 4 id,smallpic,bookname from books where new=1 order by id
desc"        '查询满足条件 new＝1，并按 id 从高到低的顺序选择前 4 条图书记录
set rs=conn.execute(sql)
%>
```

（4）循环取出记录集中满足条件的记录，修改其相关字段值，代码如下：

```
<%
do while not rs.eof
   bookname=rs("bookname")
'将字段 bookname（图书名称）的值赋值给变量 bookname
if len(bookname)>12 then      '如果图书名称的字符个数大于 12
      bookname=mid(bookname,1,11)&".."
'取图书名称的前 11 个字符和“..”组成新的字符串赋值给变量 bookname
```

```
end if
%>
… …                     '显示单个图书信息的 HTML 表格
… …
<%
rs.movenext
loop          '完成一个图书记录的显示，继续下一个循环
rs.close
%>
```

要点提示 该例中的查询不要求分页显示，不需要计算出满足条件的记录集，因而选用 do while 的循环方式比较合适。

（5）在 HTML 表格中插入新书封面图片信息和名称，代码如下：

```
<img src="admin/<%=rs("smallpic")%>" width="100" height="130" border="0">
               '插入图书的封面图片并设置其显示大小
<%=bookname%>      '输出变量 bookname 的值
```

（6）在新书推荐列表框的下方设计制作特价图书的列表框，如图 5-21 所示。

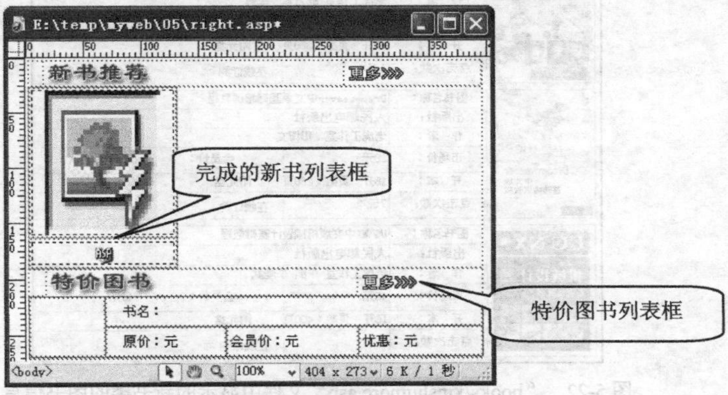

图 5-21　制作特价图书的列表框

（7）以同样的方式给特价图书的列表框添加动态数据，其中有两处不完全相同的代码现列出如下。

- SQL 查询语句中的查询条件和显示个数不同。

```
<%
sql="select top 3 * from books where tejia=1 order by id desc"
'查询满足条件 tejia=1，并按 id 从高到低的顺序选择前 3 条图书记录
set rs=conn.execute(sql)
%>
```

- 查询时对字段的处理不同，这里先算出了优惠值。

```
<%
do while not rs.eof
```

```
trueprice=rs("price")-rs("memprice")
'将字段price（市场价）和字段memprice（会员价）的差值赋值给变量trueprice
%>
```

（8）设置完毕，保存文件，发布预览效果。

【任务小结】

制作图书信息的分类显示中有两个比较关键的地方。

（1）SQL 语句的灵活运用，包括查询字段和查询条件的书写方式，这方面可以查阅相关的数据库书籍。

（2）将单个图书信息的列表框加入循环语句中时，注意循环的是整个列表框（包括列表框和其中的内容），一定要看清相应的 HTML 标记，否则会出现一些意想不到的结果，如循环的是半个列表框、循环的方向和要求不符或正好相反等现象。

动手练习

为“right.asp”文件中的两个“更多”图片 更多>>>> 添加链接，使得单击图片时分别打开新书类和特价类的图书信息，并每页显示 3 条图书信息。将链接页面文件另存为“books/xinshumore.asp”和“books/tejiamore.asp”，如图 5-22 所示。

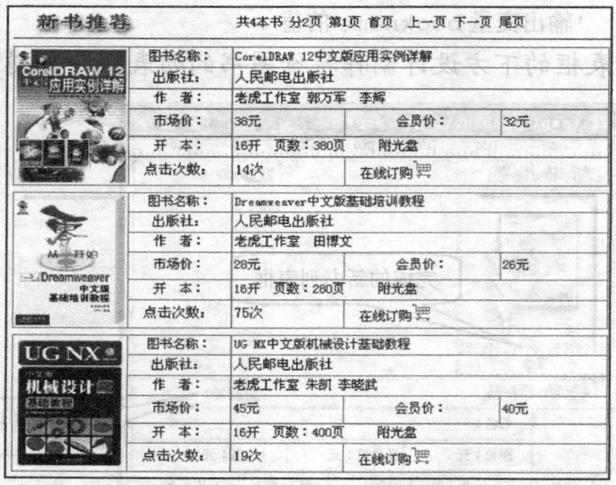

图 5-22 “books/xinshumore.asp”文件中显示的新书类的图书信息

（四）图书详细信息页面

【任务要求】

图书的详细信息页面，主要是根据传递的参数值查询相应的图书记录并按照指定的格式显示。图书目录的分类显示制作中就涉及传递参数的概念，传递的参数是一个固定的数值。

图书列表中列出了图书的部分信息，现在要制作一个页面将图书的详细信息显示出来，并通过传递参数的方式将列表上的图书名称做成链接和此页面相连，即单击列表上的图书名称时，打开该书的详细信息页面，做好的图书详细信息页面如图 5-23 所示。

【操作步骤】

（1）在 Dreamweaver 8 中，选择【新建】|【动态页】|【ASP VBScript】命令，新建一个页面，将其另存为“books/showbook.asp”。

（2）设计制作图书详细信息页面，如图 5-24 所示。

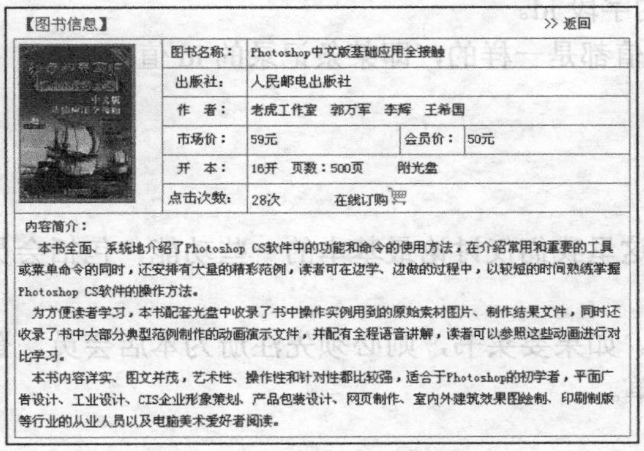

图 5-23　图书详细信息页面

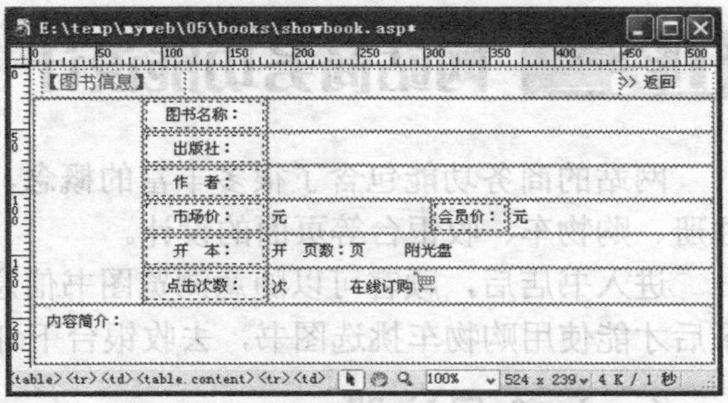

图 5-24　制作图书详细信息页面

（3）将网页连接到数据库，打开图书信息基本表 books，在其中选择 id 等于客户端 Web 页面提交的数据的图书信息，并使字段 hit 的值（单击次数）加 1，代码如下：

```
<!--#include file="conn.asp"-->
<%
id=request("id")      '将客户端 Web 页面提交的参数值（id 的值）赋值给变量 id
sql="select * from books where id="&id
'按变量值查询基本表 books，由于字段 id 的唯一性，满足条件的图书记录只有一条
rs.open sql,conn,1,2
rs("hits")=rs("hits")+1          '单击次数加 1
rs.update                        '更新记录集
%>
```

（4）在网页中插入显示图书信息的 ASP 代码，完成循环，并关闭记录集，清空对象变量。

（5）在页面右上角添加返回链接。由于 3 种图书分类列表都可以直接链接到图书详细信息页面，因此返回的不能是具体的网页文件，而是应直接返回上一级网页，代码如下：

```
<a href="javascript:history.back(-1)">&gt;&gt; 返回</a>
```

（6）为分类列表中的图书名称添加链接文件“bookshow.asp”，使得单击分类列表中的图书名称，就打开图书的详细介绍，代码如下：

```
<a href="showbook.asp?id=<%=rs("id")%>" ><%=rs("bookname")%></a>
```

（7）设置完毕，保存文件（包括图书详细信息页面和修改过的含分类列表的网页文件），发布预览效果。

【任务小结】

本例中用到的 id 有多种表示意义，现归纳如下。

（1）id=request("id")

第 1 个 id 为变量 id；第 2 个 id 则是传递参数 id，和客户端 Web 页面提交的参数名相同。

（2）sql="select * from books where id="&id

第 1 个 id 为基本表 books 中的字段 id；第 2 个 id 则是变量 id，&id 表示变量 id 中的值。

（3）<a href="showbook.asp?id=<%=rs("id")%>" ><%=rs("bookname")%></a>

第 1 个 id 为传递参数 id，它的值将传递给“showbook.asp”中的传递参数；第 2 个 id 则是和后面的字段 bookname 在同一条记录中的字段 id。

这几种 id 虽然意义不同，但其所代表的数值都是一样的，即某条记录的 id 值。

任务三 网站商务功能设计

网站的商务功能包含了很多丰富的概念，这里我们仅讨论最基本的一些功能，包括会员注册、购物车、收银台等页面的设计。

进入书店后，顾客可以随意浏览图书信息。如果要买书，则必须先注册为本店会员，登录后才能使用购物车挑选图书，去收银台下订单。

（一）会员注册

下面给出了会员注册和登录的流程图，如图 5-25 所示。

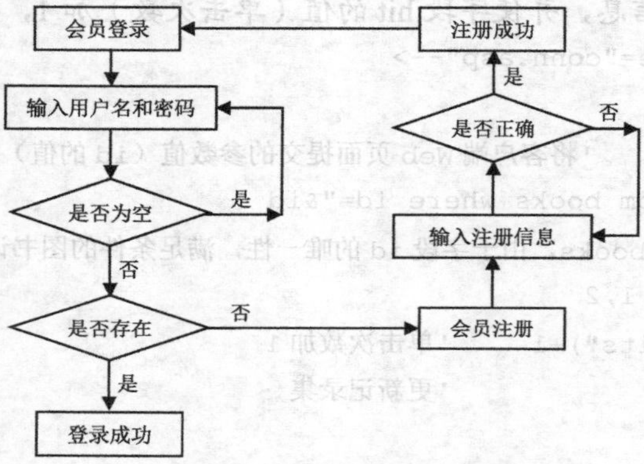

图 5-25　会员登录和注册的流程图

根据流程图分别制作会员注册和登录页面。

【任务要求】

会员注册包括两个部分，会员注册信息的填写和注册信息的提交，分别保存在两个网页文件中，显示效果如图 5-26 所示。

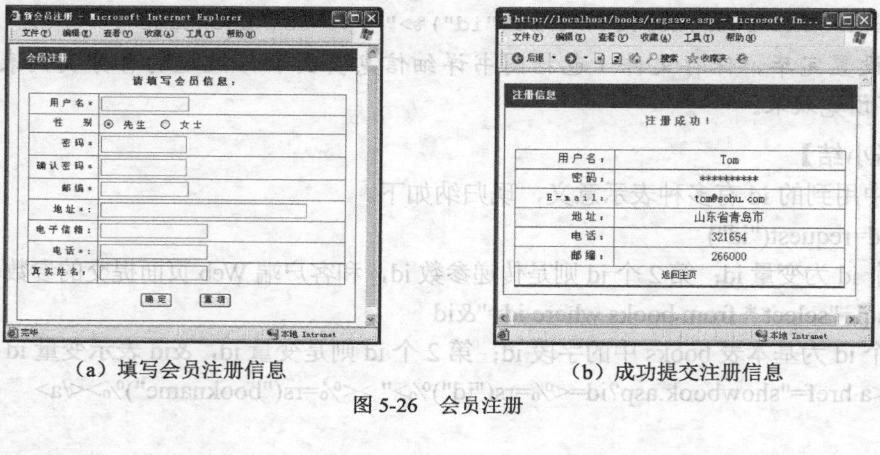

（a）填写会员注册信息　　　（b）成功提交注册信息

图 5-26　会员注册

【操作步骤】

1. 制作填写注册信息的页面“reg.htm”

（1）在 Dreamweaver 8 中新建基本页，将其另存为“books/reg.htm”。

（2）设计制作“填写会员信息”表格，在其中添加表单和表单域，设置各表单域的名称以便提交时使用，表单域及其名称如图 5-27 所示。

表单域	名称
用户名	name="user"
性别 ⊙先生 ○女士	name="sex"
密码	name="pwd"
确认密码	name="pwd2"
邮编	name="yb"
地址	name="address"
电子信箱	name="email"
电话	name="phone"
真实姓名	name="realname"

图 5-27　各表单域的名称

（3）设置表单的动作 action="regsave.asp"，表示提交的时候表单中的数据将交由“regsave.asp”文件处理，代码如下：

```
<form method="POST" action="regsave.asp" name="form1">
表单内容
</form>
```

（4）设置完毕，保存“books/reg.htm”文件。

2. 制作处理注册信息的文件“regsave.asp”

（1）在 Dreamweaver 8 中，选择【新建】|【动态页】|【ASP VBScript】命令，新建一个页面，将其另存为“books/ regsave.asp”。

（2）设计制作会员注册成功或失败的表格，如图 5-28 所示。

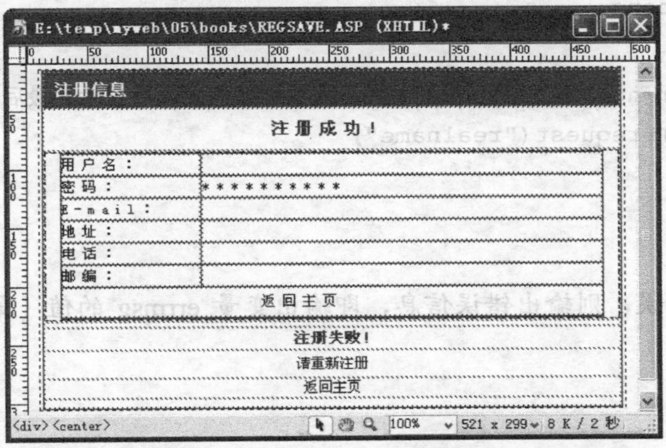

图 5-28　设计显示注册结果的表格

（3）将网页连接到数据库，判断会员在“reg.htm”页面中填写的数据是否正确，并将不正确的原因写入变量 errmsg 中，同时设置参数变量 founderr，用它来控制输出注册成功信息还是失败信息。由于篇幅限制，这里仅给出判断用户名是否为空的相关代码，如下所示：

```
<!--#include file="conn.asp"-->
<%
if trim(request("user"))="" then
'判断"user"文本域中的数据(从"reg.htm"文件中获取)是否为空
   errmsg=errmsg+"<br>"+"<li>用户名不能为空"
'如果为空，则设置 errmsg 的值为"·用户名不能为空"
   founderr=true
'并设置参数变量 founderr 的值为"true"，即给这个数据打上错误的记号
else
   username=trim(request("user"))
'不为空的话，则将提取的数据赋值给变量 username
end if
%>
```

（4）如果表单中提交的数据都没有错误记号，即 founderr=false，则将这些数据写入数据库的基本表 member 中，代码如下：

```
<%
if founderr=false then
sql="select * from member"
rs.open sql,conn,3,3
rs.addnew
rs("username")=username
rs("password")=pwd
rs("address")=address
rs("sex")=request("sex")
rs("email")=email
rs("phone")=phone
rs("yb")=yb
rs("lasttime")=now        '将当前的时间写入数据库作为会员登录的最后时间
rs("realname")=request("realname")
s.update
rs.close
%>
```

（5）如果填写错误，则输出错误信息，即输出变量 errmsg 的值（第（3）步的时候写入变量的），代码如下：

```
<%else%>
<%=errmsg%>
<%end if%>
```

（6）设置完毕，保存“books/ regsave.asp”文件，发布预览效果。

【任务小结】

从会员注册到注册成功，其实就是一个将表单数据提交到数据库的过程。数据在提交之前先判断是否填写正确，全部正确则写入数据库，否则提示错误信息。

这里用 VBScript 来编写判断的代码。在页面中添加 VBScript，可以使数据在送到服务器之前进行处理和校验，动态地创建新的网页内容。ASP 程序一般和 VBScript 代码结合在一起使用。

动手练习

完善“regsave.asp”文件的功能，使得填写注册信息错误时将提示如图 5-29 所示的注册失败信息。

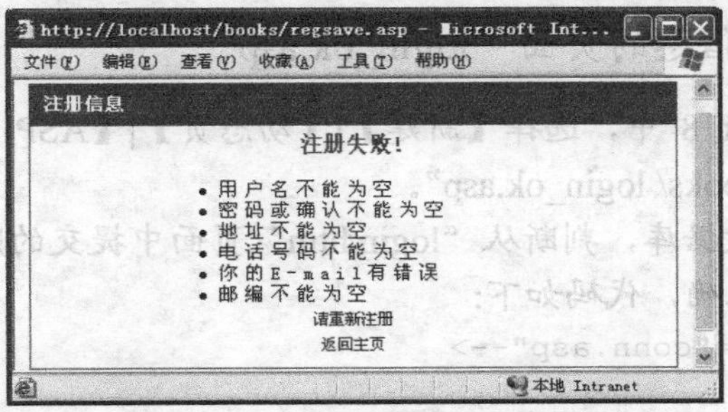

图 5-29　注册失败的信息提示

（二）会员登录

【任务要求】

和会员注册一样，会员登录也分两个页面：登录页面和处理数据页面。处理数据包括对顾客输入的账号和密码进行核实判断，共分 3 层，其流程图如图 5-30 所示。

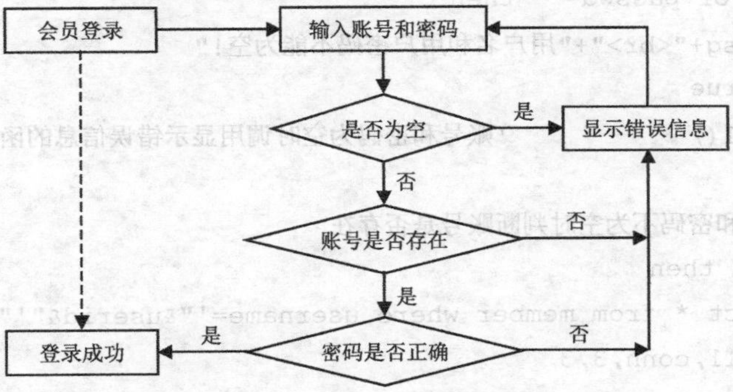

图 5-30　会员登录流程图

【操作步骤】

1. 制作填写登录信息的页面“login.htm”

（1）在 Dreamweaver 8 中新建基本页面，将其另存为“books/login.htm”。

（2）制作用户登录表单，表单上的两个文本域分别取名为“userid”和“passwd”，如图 5-31 所示，并设置表单的动作 action="login_ok.asp"。

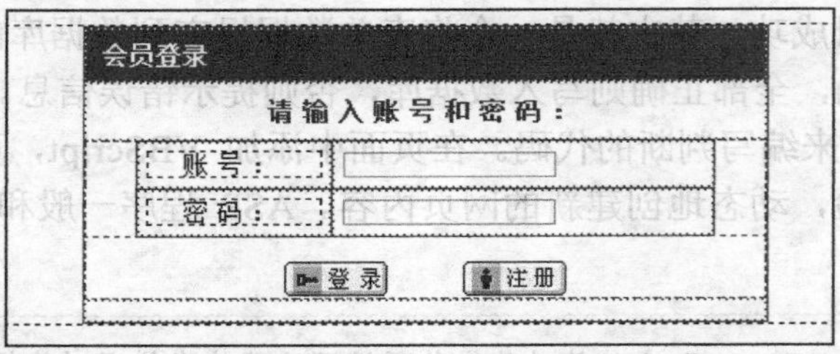

图 5-31　制作登录表单

（3）设置完毕，保存“books/ login.htm”文件。

2. 制作判断登录信息的页面“login_ok.asp”

（1）在 Dreamweaver 8 中，选择【新建】|【动态页】|【ASP VBScript】命令，新建一个页面，将其另存为“books/ login_ok.asp”。

（2）将网页连接到数据库，判断从“login.htm”页面中提交的账号和密码是否为空，账号是否正确，密码是否正确，代码如下：

```
<!--#include file="conn.asp"-->
<%
'--------从表单域中获取数据并去掉空格
userid=trim(request("userid"))
userid=replace(userid,"'","")
passwd=trim(request("passwd"))
passwd=replace(passwd,"'","")
'--------判断账号和密码是否为空
if userid="" or passwd="" then
   rrmsg=errmsg+"<br>"+"用户名和用户密码不能为空!"
   founderr=true
   call wrong1()            '账号和密码为空时调用显示错误信息的函数
end if
'--------账号和密码不为空时判断账号是否存在
if userid<>"" then
   sql1="select * from member where username='"&userid&"'"
   rs.open sql1,conn,3,3
   if rs.eof then
      errmsg=errmsg+"<br>"+"<li>你输入的用户不存在!"
      founderr=true
   call wrong2()             '账号不存在时调用显示错误信息的函数
'--------判断密码是否与数据库中的一致
elseif passwd=rs("password") then
```

```
        session("user_name")=rs("username")    '利用 session 存储用户名称
        rs("lasttime")=now()
        rs("logins")=rs("logins")+1
        rs.update
    call loginok()                   '账号和密码都正确时调用登录成功函数
  else
      errmsg=errmsg+"你输入的密码错误!"
      founderr=true
      call wrong2()
      end if
  end if
  %>
```

要点提示 这一步中利用 session 来存储用户名称，后面的购物车设计中就可以根据 session 中的值是否为空来判断会员是否登录了。

（3）编写显示错误信息的函数 wrong1()、wrong2()以及登录成功函数 loginok()，其中 loginok()函数的代码如下：

```
  sub loginok()
  response.Write("<p>会员登录成功! </p>")
  response.Write("<p>"&userid&",欢迎您的光临!</p>")
      response.Write("<p><a href='modify.asp'>修改我的资料</a></p>")
      response.Write("<p><a href='dingdan.asp'>订单查询</a></p>")
      response.Write("<p><a href='../main.asp'>返回首页</a> </p>")
      rs.close
       set conn=nothing
  end sub
```

（4）设置完毕，保存“books/ login_ok.asp”文件，发布预览效果。登录成功后调用 loginok()函数，显示效果如图 5-32 所示。

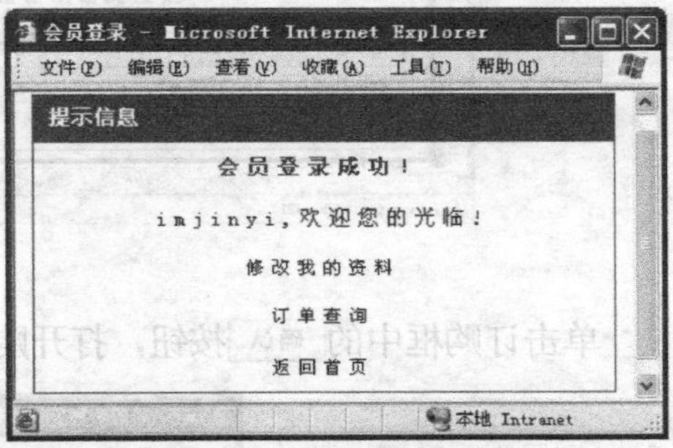

图 5-32 会员登录成功显示界面

【任务小结】

会员登录的判断流程比会员注册的要复杂些，这从流程图中就可以看出，因此编写代码的时候要特别仔细，按照流程图一步一步地写。此外，会员登录的时候要把会员名称保存在 session 参数中，以便判断浏览者是否能使用购物车。

（三）购物车设计

购物车是网络书店系统中非常重要的部分。顾客带着购物车在书店选购图书，看到喜欢的图书就放进去，不喜欢的再拿出来，非常方便。购物车的大小没有限制，放多少书都可以。

【任务要求】

图 5-33 所示为顾客使用购物车选购图书的流程图。

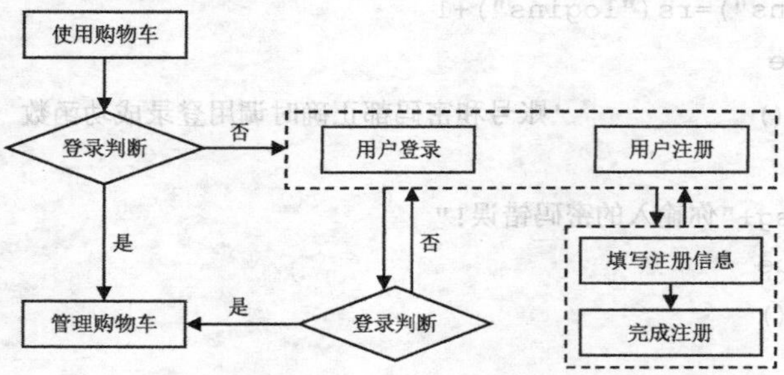

图 5-33　使用购物车选购图书的流程图

使用购物车包括添加图书到购物车和查看购物车中的图书两部分，此外还必须加上使用购物车的顾客是否已登录的判断。判断的依据是 session("user_name")的值是否为空，如果为空则尚未登录，否则已经登录。

顾客在浏览图书信息的时候，不管是分类列表还是详细信息，都有可能把此书放入购物车中，这就要求每本书的信息表中都有“在线订购”链接文字，单击该链接文字即打开订购框，操作效果如图 5-34 所示。

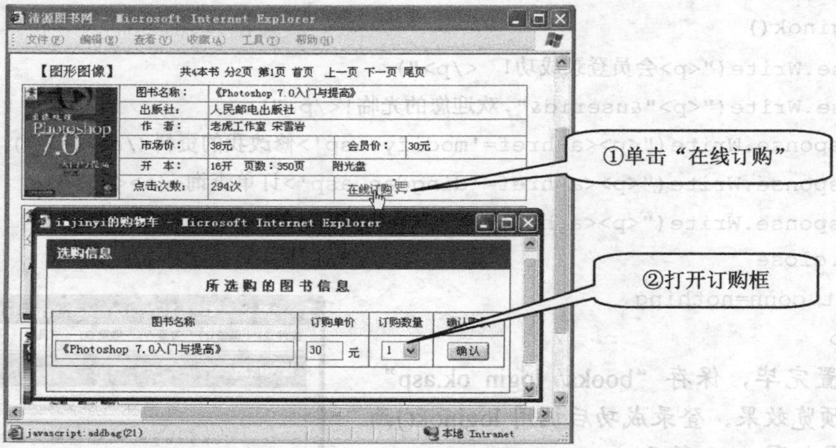

图 5-34　订购图书

单击订购框中的确认按钮，打开购物车查看购物车中已有的图书，效果如图 5-35 所示。

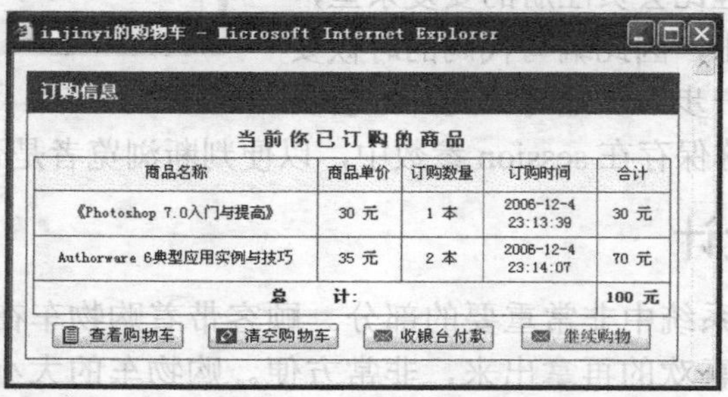

图 5-35　查看购物车

【操作步骤】

1. 添加图书到购物车中

（1）在 Dreamweaver 8 中，选择【新建】|【动态页】|【ASP VBScript】命令，新建一个页面，将其另存为“books/ basket.asp”。

（2）获取订购操作的传递参数 id 的值和 session("user_name")的值，判断顾客是否已登录，并作相应处理，代码如下：

```
<%
id=request("id")           '获取参数id的值
if session("user_name")="" then
'调用显示尚未登录信息的函数noreg()
call noreg()
else
'调用添加图书到购物车的函数yesreg()
call yesreg()
end if
%>
```

（3）编写添加图书到购物车中的函数 yesreg()，函数的定义代码如下：

```
<%
sub yesreg()
添加图书到购物车（具体步骤请看下方的①~③）
end sub
%>
```

① 设计制作添加图书到购物车的订购单，如图 5-36 所示。

图 5-36　图书订购单

② 将网页连接到数据库，打开图书信息基本表 books，在其中选择字段 id 值等于传递参数 id 的值的图书记录，代码如下：

```
<!--#include file="conn.asp"-->
<%
sql="select * from books where id="&request("id")
set rs=server.createobject("adodb.recordset")
rs.open sql,conn,3,3
%>
```

③ 设置订购单中表单的动作及其表单域的值，代码如下：

```
<form method="POST" action="buy.asp?action=buy&id=<%=rs("id")%>">
'设置表单的动作并传递参数的值（注意：有两个传递参数）
'--------设置图书订购单中的3个表单域
<input name="bookname" type="text"  id="bookname" value="<%=
rs("bookname")%>" size="35" readonly>
```

```
'在文本框中显示图书名称，并设置为只读
<input name="memprice" type="text"  id="memprice" size="4" value="<%=
rs("memprice")%>">
'在文本框中显示图书的定购单价
<select size="1" name="count">        '在列表框中选择订购数量
            <%for i = 1 to 10%>
                <option><%=i%></option>
                <%next%>
    </select>
 </form>
```

想一想

这里是以文本框的形式显示图书信息，试想一下其中的原因。

（4）编写显示尚未登录信息的函数 noreg()，函数的定义代码如下：

```
<%
sub nobook()
response.write "<br>1.您尚未登录!请<a href=login.htm >登录</a>后再订购本站图书! "
response.write "<br>2.第一次来本站，请先<a href=reg.htm>注册</a>会员! "
end sub
%>
```

（5）设置完毕，保存“books/ basket.asp”文件。添加图书到购物车的网页已经设置完毕，接下来就可以打开购物车，在其中查看、删除已选购的图书，同时也可以去收银台下订单了。

2. 查看购物车

（1）在 Dreamweaver 8 中，选择【新建】|【动态页】|【ASP VBScript】命令，新建一个页面，将其另存为“books/ buy.asp”。

（2）将网页连接到数据库，将图书的信息添加到购物车的基本表中，代码如下：

```
<!--#include file="conn.asp"-->
<%
'--------判断并处理传递参数和文本域值
if request("action")="buy" then        '判断传递参数action的值
    if request("count")="" then
        count=1
    else
        count=request("count")
    end if
    bookid=request("id")          '将要买的图书的id号传递给变量bookid
end if
'----判断该会员是否选购过此书且还没下订单
```

```
sql="select * from basket where bookid='"&bookid&"' and username=
'"&session("user_name")&"' and basket_check=false"
rs.open sql,conn,3,3
'----如果没有满足条件的记录，则表示该会员没选购过此书，那么将该书添加到购物车中
if rs.eof then
rs.addnew
rs("bookid")=bookid
rs("username")=session("user_name")
rs("basket_count")=count
rs("basket_date")=now()
rs("bookname")=request("bookname")
rs("memprice")=request("memprice")
'----否则，直接添加选购的图书数量，并更新选购时间
else
rs("basket_count")=int(rs("basket_count"))+int(count)
end if
rs.update
rs.close
%>
```

（3）设计制作购物车的显示样式，如图 5-37 所示。

图 5-37　购物车的显示样式

（4）查询购物车信息基本表 basket，显示该会员购物车中所有的图书信息，包括图书名称、单价、金额合计等，代码如下：

```
<%
'--------查询该会员购物车中物品的记录
sql="select * from basket where username='"&session("user_name")&"' and
basket_check=false"
rs.open sql,conn,3,3
do while not rs.eof
%>
<%=rs("bookname")%>
<%=rs("memprice")%>
<%=rs("basket_count")%>
<%=rs("basket_date")%>
<%=rs("memprice")*rs("basket_count")%>        '输出某种书的总价
<%totalcash=totalcash+(rs("memprice")*rs("basket_count"))%>
'计算会员购物车中图书的总金额
<%
rs.movenext
```

```
loop
rs.close
%>
```

（5）设置完毕，保存“books/buy.asp”文件。

（6）完善网站，将制作好的购物车程序链接到图书信息中。

① 在网站所有有“在线订购”的页面中，定义一个 function 语句，使订购单以弹出框的形式打开，代码如下：

```
<script>
function addbag(id) { window.open("basket.asp?id="+id,"", "height=420,
width=640,left=190,top=10,
resizable=yes,scrollbars=yes,status=no,toolbar=no,menubar=no,location=no");}
</script>
```

② 然后将网站中的“在线订购”处加上相应链接，代码如下：

```
<a href='javascript:addbag(<%=rs("id")%>)'>在线订购</a>
```

【任务小结】

本任务中制作的 ASP 页面“basket.asp”和“buy.asp”实现了购物车的基本功能：将图书添加到购物车中和查看购物车。整个购书过程中还涉及会员是否登录、选购的书是否重复等问题，设计前都要考虑好，要知道修改程序比编写程序要难得多。

在实际应用中，购物车还有一些辅助功能，如修改购物车中的图书信息和清空购物车等，这些功能的实现方法都比较简单，这里就不讲述了，大家可以自己去完善。

项目实训

完成项目的各个任务后，读者初步掌握了网络书店的前台功能结构以及动态网站的设计方法。下面再进一步实训练习，对所学内容加以巩固和提高。

实训一　收银台页面设计

在购物车信息展示页面，如果顾客准备要购买购物车中的图书，可以单击“收银台付款”按钮进入收银台页面。首先，顾客应该确认要买的图书，然后填写收货人的详细信息，并产生订单号，最后提交数据，保存订单。

【实训要求】

图 5-38 所示为顾客在收银台下订单的流程图。

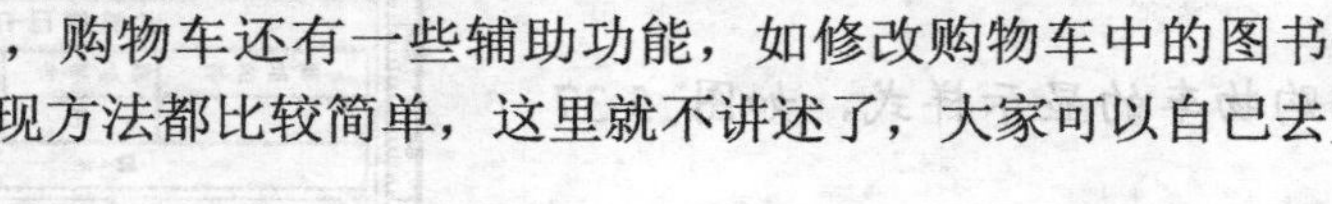

图 5-38　收银台的流程图

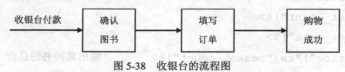

从流程图上可以看出，收银台的制作可以分为 3 个页面的制作，这里先设计为确认图书的页面“cash.asp”、填写订单的页面“cashsave.asp”和保存订单并显示购物成功的页面“saveto.asp”。

【设计分析】

收银台的设计和购物车的类似，下面以效果图的形式来看一下收银台的结构。

顾客进入收银台后，首先应该查看一下自己购物车中的图书，确认无误后进入收银台的下一步操作。查看购物车其实就是查询基本表 basket 中的满足条件 username='"&user_name&"' and basket_check=false 的记录，显示效果如图 5-39 所示。

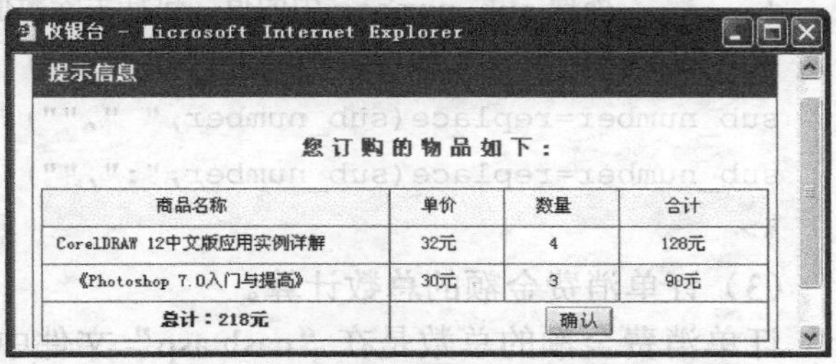

图 5-39　确认购车中的商品的页面“cash.asp”

单击确认按钮后，进入填写订单的页面“cashsave.asp”，随机产生一个订单号，显示效果如图 5-40 所示。

顾客填写收货人的详细信息，记住自己的订单号，单击确认按钮后，打开显示购物成功的页面“saveto.asp”，并将填写的数据写入基本表 dingdan 中。购物成功后的显示效果如图 5-41 所示。

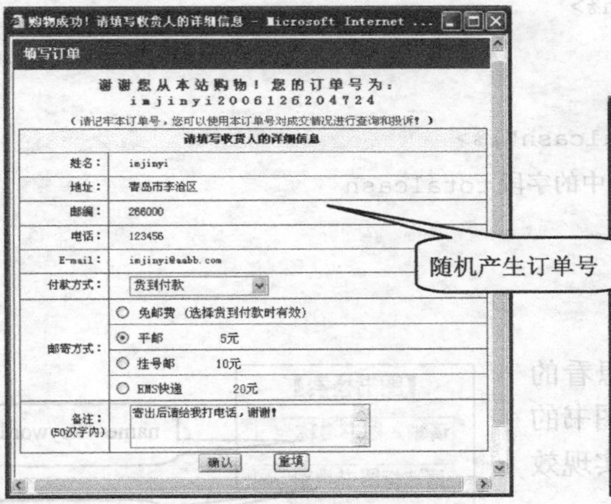

图 5-40　填写订单的页面“cashsave.asp”

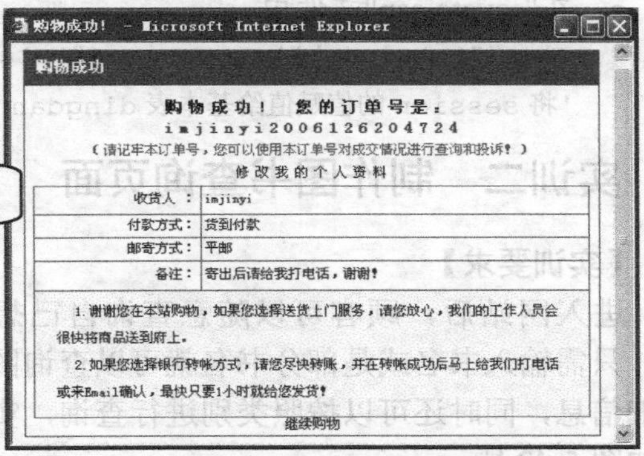

图 5-41　购物成功的显示页面“saveto.asp”

整个收银台的制作方法和过程与购物车的类似：先判断顾客是否登录，未登录则弹出提示登录或注册的对话框，登录了则读写数据库中相关的基本表。具体操作步骤本节中就不再讲述，大家可以自己完成。

编写收银台的代码时有如下 3 个注意点。

（1）订单产生的过程。

顾客将图书添加到购物车中是不产生订单的，涉及的基本表只有 basket 表，此时 basket 表中的字段 basket_check 未选且字段 sub_number 的值为空；当确定进入下订单的阶段时，随机产生订单号并将用户名称和订单号写入基本表 dingdan 中，此即为“cashsave.asp”文件完成的动作；基本表 dingdan 中其他字段数据的写入则在“saveto.asp”文件中完成。

（2）随机产生订单的代码。

将用户名称和产生订单的时间组合起来即为订单号 sub_number，如“imjinyi2006126204724”表示用户 imjinyi 在 2006 年 12 月 6 日 20 点 47 分 24 秒下的订单，代码如下：

```
<%
sub_number=username&now()   '将用户名＋现在的时间值赋值给变量 sub_number
'-------处理 sub_number 中的值，包括去除数值中的划线、空格和冒号
sub_number=replace(sub_number,"-","")
sub_number=replace(sub_number," ","")
sub_number=replace(sub_number,":","")
%>
```

（3）订单消费金额的总数计算。

订单消费金额的总数是在“cash.asp”文件中计算出来，最后在“saveto.asp”文件中被写入基本表 dingdan 中的，期间还经过“cashsave.asp”文件。这种跨文件的参数传递就要靠 session 参数来实现了，代码如下：

- 在"cash.asp"文件中

```
<%totalcash=totalcash+(rs("memprice")*rs("basket_count"))%>
'计算消费金额总数，并赋值给变量 totalcash
<%session("totalcash")=totalcash%>
'将变量的值赋值给 session 变量
```

- 在"saveto.asp"文件中

```
<%rs("totalcash")= session("totalcash")%>
'将 session 的值赋值给基本表 dingdan 中的字段 totalcash
```

实训二　制作图书查询页面

【实训要求】

进入网站后，顾客可以随意查询自己想看的书，只需输入书名或是部分书名就可以查询图书的详细信息，同时还可以按照类别进行查询，实现效果如图 5-42 所示。

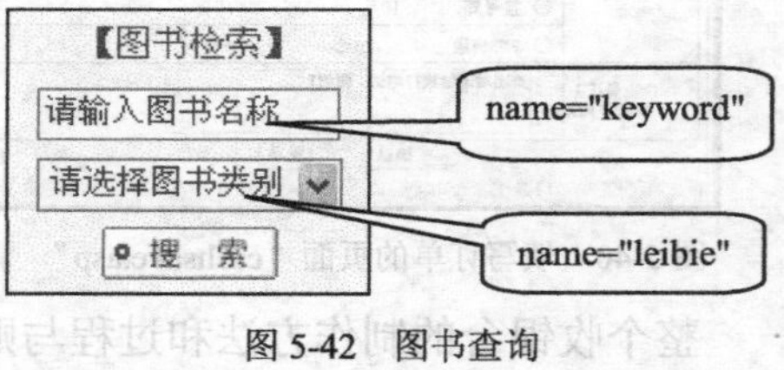

图 5-42　图书查询

图书查询和图书分类显示的制作方法类似，不同之处就在于各自 SQL 查询语句的表述不一样。本站中的图书查询既可以按书名查询，也可以按指定的类别查询图书。

图 5-43 所示为图书查询的流程图。

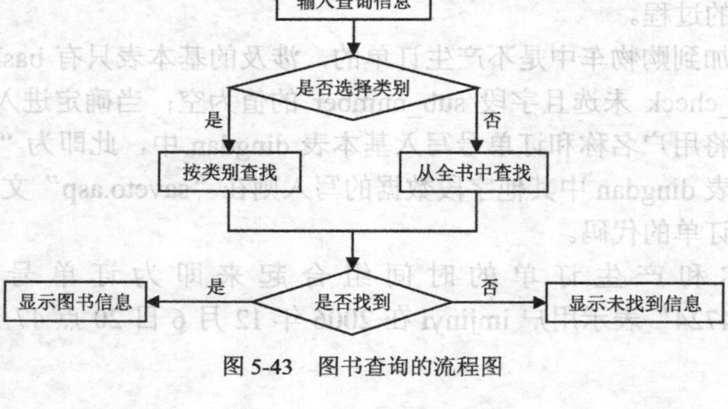

图 5-43　图书查询的流程图

【操作步骤】

（1）在主页“main.asp”中制作图书查询表单，代码如下：

```
<form  action="books/search.asp"  method="post" name="form2" id="form2"
target="content" >
'设置表单将执行“books/search.asp”及查询结果的显示区域为 content
<input name="keyword" type="text" class="bottom" id="keyword2" value=
"请输入图书名称" size="15" maxlength="50" />
'设置文本域名为 keyword
'--------设置图书类别下拉列表框
<select name="leibie" class="bottom" id="leibie">
      <option value="0" selected> 请选择图书类别</option>
      <option value="1">图形图像</option>
      <option value="2">网页制作</option>
      <option value="3">培训教程</option>
      <option value="4">机械加工</option>
       <option value="5">建筑工程</option>
  </select>
<input  name="image2"  type="image"  src="images/pic_005.gif"  width="68"
height="21" />
</form>
```

（2）在“search.asp”文件中获取并处理提交的数据，同时设置查询数据库的 SQL 语句，代码如下：

```
<%
'--------获取并处理提交的数据
keyword= request("keyword")                    '获取要查询的图书名称
select case request.Form("leibie")             '获取查询图书所在的类别
   case 0:leibie=0
   case 1:leibie=1
   case 2:leibie=2
   case 3:leibie=3
   case 4:leibie=4
   case 5:leibie=5
end select
'--------判断顾客选择的类别
if leibie=0 then        '如果为 0，则在全部图书中查找带有关键字的图书名称
sql="select * from books where bookname like '%" & keyword & "%'"
else                    '否则就按指定的类别查找带有关键字的图书名称
sql="select  *  from  books  where  bookname  like  '%"  &  keyword  &  "%'  and
classid="&leibie
end if
```

```
rs.open sql,conn,1,2
%>
```

（3）当查询不到时做出判断和提示，代码如下：

```
<%
if rs.eof or rs.bof  then
response.write ("<br><font class=top>对不起，没有您要搜索的图书!</font>")
else
%>
<!--显示图书信息的相关代码-->
```

（4）编写显示图书信息的相关代码，具体可参照本项目中任务二的相关内容。

（5）完成设置，保存文件。查询后的显示效果如图 5-44 所示。

（a）查询到图书的显示界面

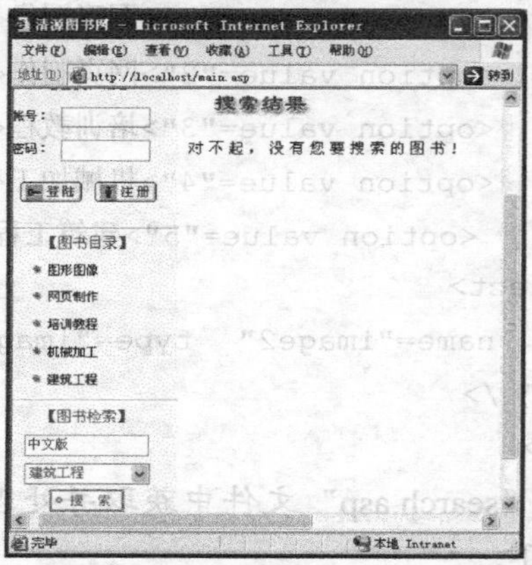

（b）未查询到图书的显示界面

图 5-44　查询后的显示结果界面

实训三　留言板

【实训要求】

在网络书店中加入留言板，可以为用户提供发表言论的场所。留言板实现的原理比较简单，一般先设计一个供用户填写留言的表单，然后把这些内容提交到数据库，最后设计显示全部留言信息的页面。

图 5-45 所示为留言板实现的流程图。

图 5-45　留言板实现的流程图

本站中的留言板是对任何用户开放的，包括未注册的用户，因此，程序中不用加上判断用户是否登录的代码。

【操作步骤】

（1）设计制作填写留言信息的页面文件“gbookadd.asp”，表单设计如图 5-46 所示。

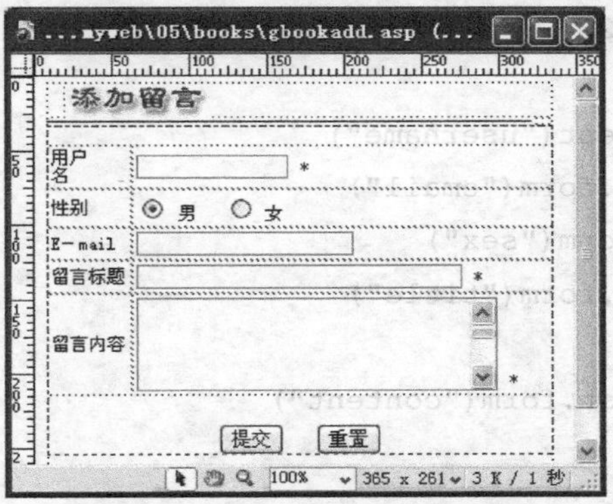

图 5-46　填写留言信息的页面文件“gbookadd.asp”

（2）定义一个 function 语句，使得当用户没填写信息时弹出提示框，同时设置表单属性，代码如下：

```
<script>
function check(form)
{ <!--判断姓名是否填写-->
    if(form2.username.value=="")
{ alert("请输入您的姓名!! ");
        return false;     }
<!--判断留言标题是否填写-->
if(form2.title.value=="")
{ alert("请输入您的留言标题!! ");
 return false;    }
<!--判断留言内容是否填写-->
if(form2.content.value=="")
{ alert("请输入您的留言内容!! ");
 return false;    }
}
</script>
<!—设置表单动作为执行“add_ok.asp”，同时设置提交时先运行 function 语句-->
<form  name="form2"  method="post"  action="add_ok.asp"  onSubmit="return
check(this);">
```

（3）编写提交留言信息的文件“add_ok.asp”，此文件中除了实现向基本表 liuyan 中提交数据外，还将弹出一个提示框，如图 5-47 所示，同时转到显示留言信息的“gbook.asp”文件，代码如下：

图 5-47　弹出提示框

```
<!--#include file="conn.asp"-->
<%
'--------将数据提交到基本表 liuyan 中
sql="select * from liuyan"
```

```
    rs.open sql,conn,1,2
    rs.addnew
    rs("username")=request("username")
    rs("email")=request.form("email")
    rs("sex")=request.form("sex")
    rs("title")=request.form("title")
    rs("intime")=now
    rs("content")=request.form("content")
    rs.update
    rs.close
    '-------弹出窗口并跳转到"gbook.asp"文件上
    response.write"<script language=JavaScript>" & chr(13) & "alert('您的留言发
送成功！谢谢您的参与！'); "&"window.location.href='gbook.asp'"&"</script>"
    %>
```

（4）设计制作显示全部留言的“gbook.asp”文件，效果如图 5-48 所示，即将基本表 liuyan 中的全部记录以分页的形式显示出来，具体方法可参照本项目中的任务二之（二）。

（5）设置完毕，保存文件。最后留言板的显示效果如图 5-49 所示。

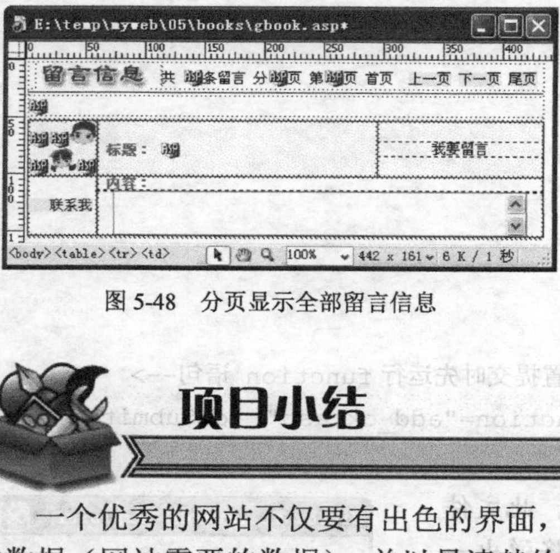

图 5-48　分页显示全部留言信息

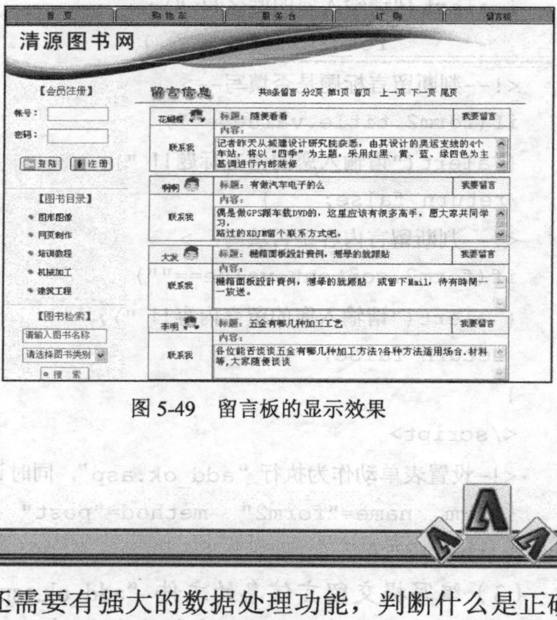

图 5-49　留言板的显示效果

项目小结

一个优秀的网站不仅要有出色的界面，还需要有强大的数据处理功能，判断什么是正确的数据（网站需要的数据），并以最清楚的形式展现给浏览者，同时能将最新的数据、浏览者最想看的数据添加到网站中。简而言之，就是要有完善的数据库读写功能。

本项目结合网络书店前台系统的实际情况，从系统的需求分析开始，确定系统的流程与设计，定位系统模块的功能，到数据库及其基本表结构的设计，最后开始每个功能模块的编程开发，贯穿了网站开发的全过程。因此，读者在学习完本项目后，不仅能掌握 ASP 的相关技术，还可以学到开发网站的完整过程。

思考与练习

一、填空题

1．创建数据库的时候，一个________最好只存放一个实体或对象，这样可以方便以后的修改和扩充。

2．在语句“id=request("id")”中，第 1 个为________ id，第 2 个则是________ id，和客户端 Web 页面提交的参数名相同。

3．语句“select * from books where id=5”的含义是从表________中选择________字段值为 5 的记录。

4．语句“<form method="POST" action="regsave.asp" name="form1">”中，表单的名称为________，数据提交的方式为________，提交到________中进行处理。

二、简答题

1．试述制作网站的步骤和过程。

2．主页设计的要点是什么？一般如何规划主页结构？

3．试述以列表形式显示数据库中记录的一般步骤。

4．如何判断会员是否登录？

5．如何用 SQL 语句查询所有青岛顾客的订单号？

项目六

设计网络书店的后台管理功能

在项目五中，介绍了网络书店的前台功能设计，用户登录之后可以浏览图书、订购图书、下订单交费、使用留言板进行留言等功能。本项目将介绍网络书店的后台管理，实现用户会员管理、图书信息管理、订单管理、留言板管理等功能。

本项目主要通过以下几个任务完成。

- 任务一　后台管理功能规划
- 任务二　管理员登录和验证
- 任务三　网站用户管理
- 任务四　图书信息与订单管理

学习目标

理解系统管理功能与数据库的设计

掌握划分模块设计的方法

ASP 组件、对象的熟练使用

灵活运用 ASP 数据库编程

任务一　后台管理功能规划

系统功能规划，在软件工程中包括了系统功能的概要设计、数据库设计和详细设计等内容。系统的设计是系统能否实现的前提，也是系统完善性和扩充性的基础，在编写程序之前，首要任务就是系统功能的设计。

（一）系统功能流程

在进行后台管理系统模块细化之前，首先需要分析后台管理程序应当管理哪些内容，为前台提供哪些服务，实现哪些要求，详细内容如表 6-1 所示。

表 6-1　　前台与后台功能的管理关系

前 台 功 能	后 台 管 理
用户注册	会员管理
图书推荐，特价图书，浏览全部图书	图书信息管理
购物车，下订单	订单管理
图书信息反馈	留言管理

通过对比前台与后台的功能可以看出，作为本系统中前台功能的支撑，后台管理系统应该包括会员管理模块、图书信息管理模块、订单管理模块和留言管理模块。

系统主要功能分析完毕，在此基础上，从系统管理员的角度了解一下本系统的功能流程，为后面的系统模块设计做好准备。系统功能流程图如图 6-1 所示。

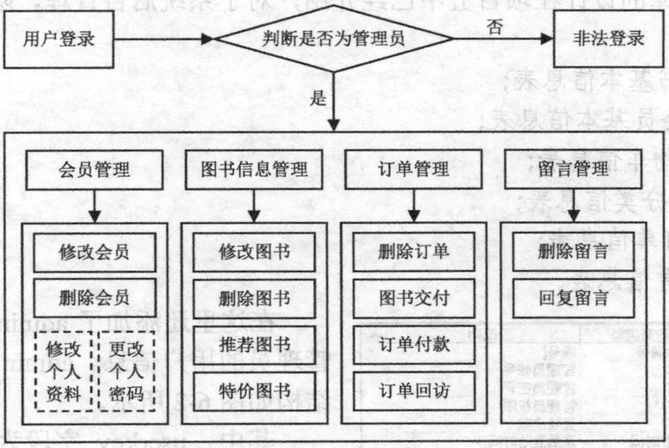

图 6-1　系统功能流程图

（二）系统模块设计

后台管理的主要使用对象为系统管理员，根据前台的功能设计，把本系统的后台管理分为 4 个主要模块。

1. 会员管理

在前台的购物模块中，只有会员才能拥有自己的购物车，这样才能定位到是谁定购了哪些商品，此人的具体资料是什么？由于用户可以随意注册，难免会产生不必要的会员资料，为了使系统长期稳定地运行，用户管理模块是不可缺少的。但是要注意，前台的用户管理的权限仅限于修改自己的信息，而此处的会员管理用于管理所有用户信息资料。

2. 图书信息管理

由于本系统为网上书店，图书信息当然为本系统的核心内容，作为系统管理员，首先能够对系统的图书进行数据管理，其中包括图书的添加、修改和删除，为优惠和方便用户，设置图书为特价图书、推荐图书等功能。

3. 订单管理

会员在前台通过购物车定购图书，在服务台下订单，会员购书完毕，系统管理员通过查看订单，了解哪些用户购买了哪些图书，通过什么样的方式发货收款，图书是否已经发出，该交易完成后，是否已经电话回访等。

4. 留言管理

留言管理模块是会员通过前台留言板向管理员对网上书店发表自己的看法，系统管理员通过后台留言管理对会员的留言进行删除、回复等功能，该功能对于网上书店来说，是对图书的评价和对网站的评测。

（三）系统数据库设计

系统前台数据库的设计在项目五中已经介绍，对于系统后台管理，除了前台如下的 6 个数据库表：

- books：图书基本信息表；
- member：会员基本信息表；
- basket：购物车信息表；
- class：图书分类信息表；
- dingdan：订单信息表；
- liuyan：留言信息表。

字段名称	数据类型	说明
ID	自动编号	编号
username	文本	管理员帐号
userpwd	文本	管理员密码
userkey	数字	管理员权限
loginnum	数字	登陆次数
lastlogintime	日期/时间	最后登陆时间
real_name	文本	管理员真实姓名
addtime	日期/时间	添加时间
articlenum	数字	添加图书数量
loginip	文本	最后登陆IP

图 6-2　admin 数据表数据结构

在这里还添加了 admin 表，用来管理系统管理员的用户信息。admin 数据表的基本数据结构如图 6-2 所示。

其中，userkey 字段为管理员权限，1 为录入员，2 为管理员，3 为系统管理员；loginip 字段为用户最后登录 IP，这样可以检查出最后登录此系统的管理员所在位置。

至此，数据库设计完毕，在以后的设计中，将详细设计每个模块的功能并介绍具体的实现方法。

任务二　管理员登录和验证

在本系统中，管理员分 3 级管理方式，分别为录入员、普通管理员和系统管理员。

（一）管理员功能权限设定

1. 录入员

录入员为本系统中权限最低的管理员，负责本系统中图书基本信息的管理功能，作为主营图书的网上购物网站，大量的图书信息需要录入，并且随时有新书需要发布，有图书特价优惠活动等，录入员的登录流程如图 6-3 所示。

2. 普通管理员

普通管理员的权限几乎管理所有的功能，包括会员管理、图书信息管理、订单管理、留言管理等功能。普通管理员为本系统的核心管理员，但是在会员管理模块中，普通管理员仍然只能管理普通注册会员信息和修改个人信息资料，不能管理录入员和其他管理员的信息资料。普通管理员的功能流程如图 6-4 所示。

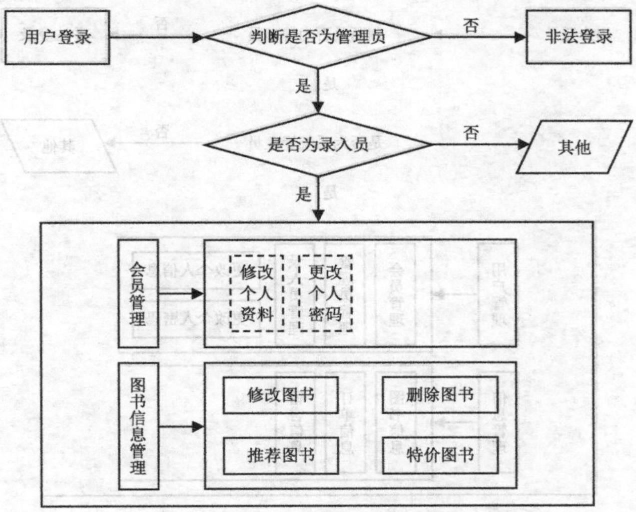

图 6-3　录入员功能流程

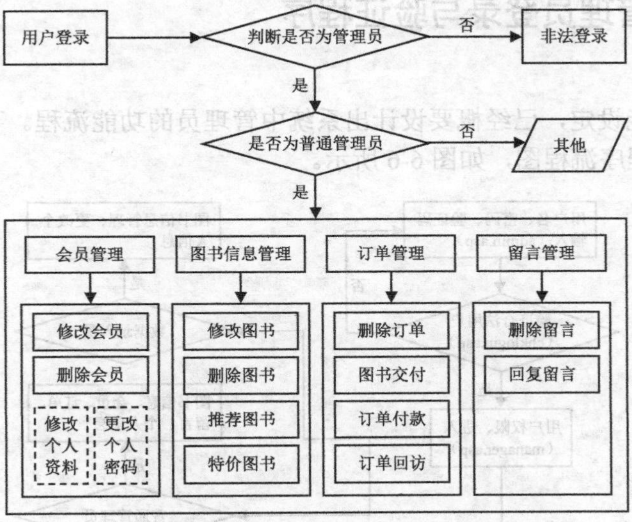

图 6-4　普通管理员功能流程

3. 系统管理员

顾名思义，系统管理员为本系统中最高权限的管理员，他除了拥有普通管理员的所有权限以外，还可以管理所有管理员的信息资料，对于本系统，系统管理员应该是唯一的，对于系统的执行，系统管理员只负责本系统中所有信息的管理，其他权限应下放到普通管理员。系统管理员的功能流程如图 6-5 所示。

本系统中的图书基本信息管理、留言管理、订单管理等功能也集成到系统管理员的功能，但是由于网络书店的复杂性，所有管理员应该以普通管理员登录管理，系统管理员作为唯一对系统功能设定和系统维护的角色，最好不参与其他功能的管理。

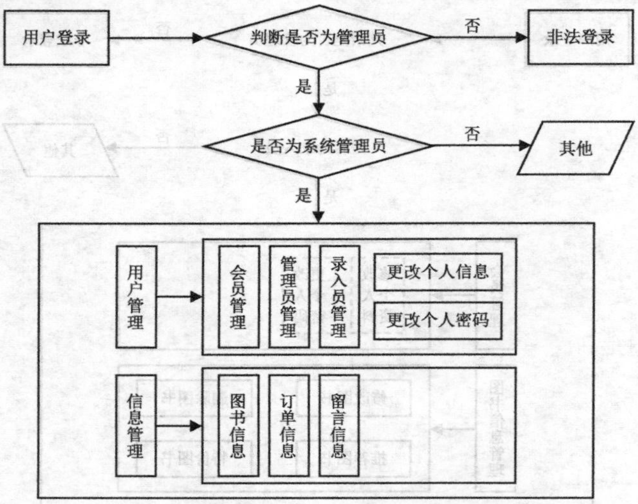

图 6-5　系统管理员功能流程

（二）设计管理员登录与验证程序

【任务要求】

根据上面的功能设定，已经概要设计出系统中管理员的功能流程。下面根据功能流程，详细设计此模块的程序流程图，如图 6-6 所示。

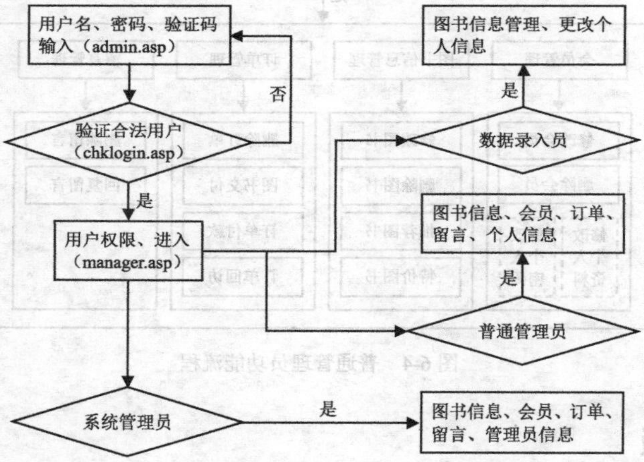

图 6-6　管理员登录程序流程

【操作步骤】

1. 建立数据库连接

（1）在 Dreamweaver 8 中，选择【新建】|【动态页】|【ASP VBScript】命令，新建一个页面，将其另存为“admin/ conn.asp”。

（2）在【代码】窗口中，输入如下数据库连接代码，然后保存文件。

```
<%
set conn=Server.CreateObject("adodb.connection")
Dbpath=Server.Mappath("../bookdbase/bookshop.mdb")
Connectionstring="Provider=Microsoft.Jet.OLEDB.4.0;Data  Source  =  "
&Dbpath
Conn.open connectionstring
%>
```

要点提示

数据库文件与网络书店前台程序一样，保存在虚拟目录“E:\myweb”的 bookdbase 目录下，数据库名称为 bookshop.mdb。建立数据库表的具体方法参见项目四中的任务四。

2. 管理员登录

（1）在 Dreamweaver 8 中，选择【新建】|【动态页】|【ASP VBScript】命令，新建一个页面，将其另存为“admin/ admin.asp”。

（2）在【设计】窗口中插入表单，设定表单布局如图 6-7 所示，并设置表单【动作】为“chklogin.asp”，表单提交方法为“post”方法。

（3）设置表单文本域名称，并在【代码】窗口头部输入随机产生验证码的代码，在【验证码】文本域后面输出此变量，随机产生验证码的具体代码参见项目四的任务二中的（三）。

（4）保存文件。按 F12 键浏览该页面的效果，如图 6-8 所示。

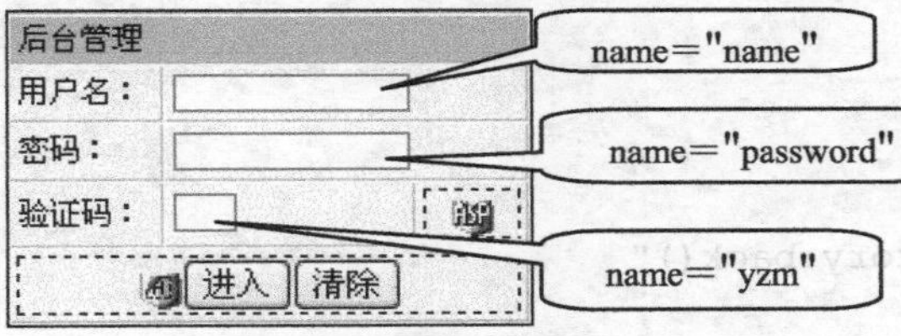

图 6-7　登录窗口表单布局

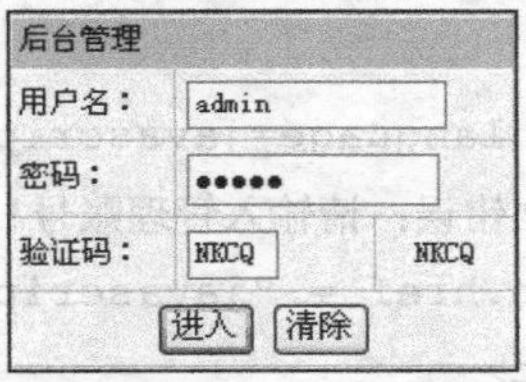

图 6-8　用户登录效果

3. 登录验证

（1）在 Dreamweaver 8 中，选择【新建】|【动态页】|【ASP VBScript】命令，新建一个页面，将其另存为“admin/ chklogin.asp”。

（2）在【代码】窗口的头部输入如下包含数据库连接文件的代码:

```
<!--#include file="conn.asp"-->
<!--#include file="md5.asp"-->
```

要点提示

conn.asp 为本系统中的连接数据库文件，md5.asp 文件为目前比较流行的加密算法，由于管理员密码存储在 Microsoft Access 数据库中，安全性比较差。用 md5 加密后的密码在数据库字段中以随机码形式存储，因为算法不可逆，所以很难破解，具体算法的用法为 md5（加密字符串）。

（3）接收“admin.asp”表单数据，对比验证码的代码如下：

```
<%
userip=Request.ServerVariables("REMOTE_ADDR")
username=trim(replace(request("name"),"'",""))
userpwd=trim(Request.Form("password"))
ycode=Trim(Request.Form("ycode"))
yzm=Request.Form("yzm")
If yzm<>ycode Then
    Response.Write("<script language=javascript>alert('请输入正确的认证码！');
location.href('admin.asp')</script>")
    Response.End
end if
%>
```

要点提示

首先对验证码进行判断，如果表单中“yzm”的值与随机产生验证码的变量“ycode”不一致，返回登录窗口；其中 Request.ServerVariables("REMOTE_ADDR")为接收用户登录IP地址；在标签<script>与</script>中，alert（“文字”）为弹出对话框函数，对于出错处理有很大的帮助。

（4）对用户表单数据信息进行判断，验证数据正确性，具体验证代码如下：

```
<%
if username="" then
%>
<script language=javascript>
alert( "错误：请输入管理账号！" );
location.href = "javascript:history.back()"
</script>
<%end if
if userpwd="" then%>
<script language=javascript>
alert( "错误：请输入管理密码！" );
location.href = "javascript:history.back()"
</script>
<%end if%>
```

（5）建立记录集对象，从数据库中查找管理员信息，更新数据库中当前管理员的登录信息。

```
<%
set rs=server.CreateObject("adodb.recordset")
rs.Open "Select * From admin where username='" &username&"'", conn, 3,3
%>
<%if rs.bof then %>
<script language=javascript>
alert( "错误：此用户名不存在！" );
```

```
location.href = "javascript:history.back()"
</script>
<%elseif md5(userpwd)<>rs("userpwd") then%>
<script language=javascript>
alert("错误：您的密码不正确！");
location.href = "javascript:history.back()"
</script>
<%else%>
<%
session("username")=rs("username")
session("userkey")=rs("userkey")
session("real_name")=rs("real_name")
counts=rs("loginnum")+1
rs("lastlogintime")=now
rs("loginnum")=counts
rs("loginip")=userip
rs.update
rs.close
set rs=nothing
%>
<script language=javascript>
alert("您已经成功登录到管理系统！" );
location.href = "manage.asp"
</script>
 <%end if%>
```

要点提示 管理员登录成功后，进入相应的管理窗口，在使用管理菜单进行管理前，需要对该管理员权限进行判别，本系统通过 manage.asp 验证权限。

4. 权限验证

（1）在 Dreamweaver 8 中，选择【新建】|【框架集】|【垂直拆分】命令，新建一个框架，并将主框架另存为“manage.asp”，左栏框架另存为“left.asp”，右栏框架另存为“booklist.asp”。

要点提示 left.asp 和 booklist.asp 文件为框架加载时显示的外部文件。把右框架另存 booklist.asp 文件，主要目的为在进入管理界面时，首先加载图书浏览页面。

（2）设置框架集列值为 150 像素，如图 6-9 所示，分别设置左、右框架的名称为 left、right，如图 6-10 所示。

（3）打开“left.asp”文件，在【代码】窗口中，输入如下接收管理员登录信息的代码。

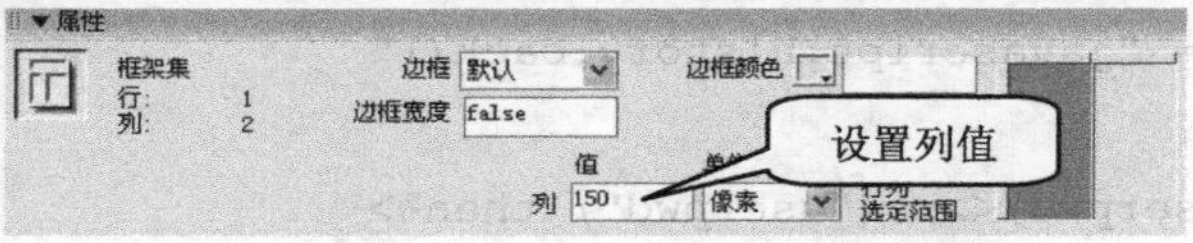

图 6-9　设置左侧框架宽度

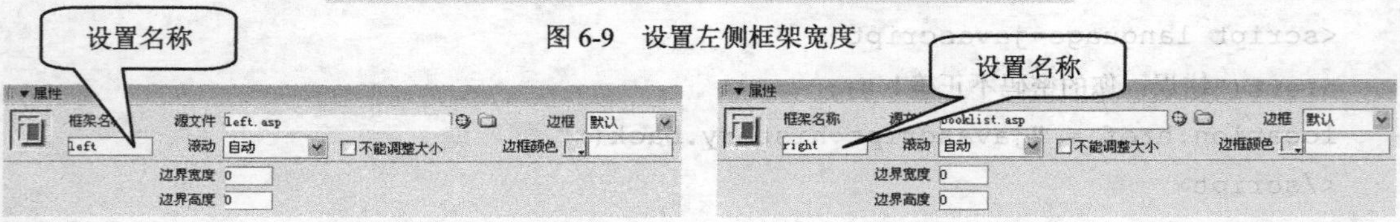

（a）设置左侧框架属性　　　　（b）设置右侧框架属性

图 6-10　设置框架属性

```
<%
 if session("username")="" or session("userkey")="" then
 response.write "Error!!"
 else
  if session("userkey")=1 then
  session("pass")="录入员"
  elseif session("userkey")=2 then
  session("pass")="普通管理员"
  elseif session("userkey")=3 then
  session("pass")="系统管理员"
  else
  response.Write("非法管理级别")
  response.End()
  end if
 '显示管理栏目信息
 end if
 %>
```

要点提示

session("pass")变量用于存储用户级别的信息。

（4）显示管理栏目信息，网页布局如图 6-11 所示。

（5）在管理栏目的代码前后设定管理条件，确定管理权限，代码如下：

```
if session("userkey")=2 or session("userkey")=3 then
  显示会员管理栏目
    if session("userkey")=3 then
      管理员管理栏目
    end if
end if
if session("userkey")=2 or session("userkey")=3 then
```

图 6-11　全部管理栏目

显示订单管理栏目

显示留言管理栏目

```
end if
```

要点提示　在需要显示的栏目前后加上限定条件，这样没有权限的用户将无法显示此栏目。

（6）保存文件，按F12键浏览管理员登录页面效果。

任务三　网站用户管理

网站用户管理模块主要包括注册会员管理、管理员信息管理和更改个人信息3个功能。下面详细设计网站用户管理模块的主要功能。

（一）注册会员管理

【任务要求】

注册会员管理模块包括会员修改和删除功能，会员注册功能在前台实现，主要程序流程如图6-12所示。

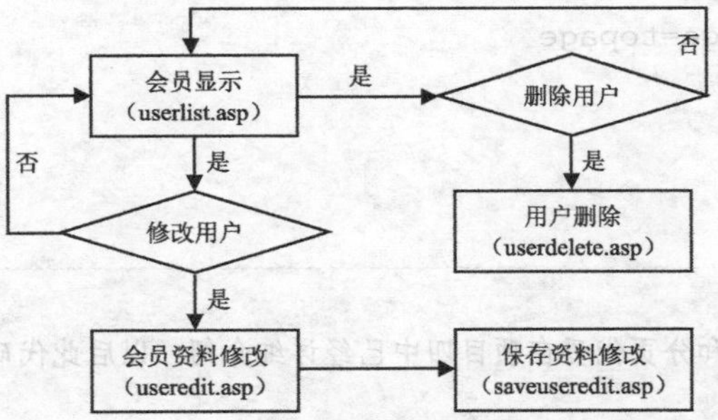

图6-12　会员管理程序流程

【操作步骤】

1. 注册会员管理列表

（1）在Dreamweaver 8中，选择【新建】|【动态页】|【ASP VBScript】命令，新建一个页面，将其另存为“admin/ userlist.asp”。

（2）在【设计】窗口中，设计显示单条会员记录信息的网页布局，如图6-13所示。

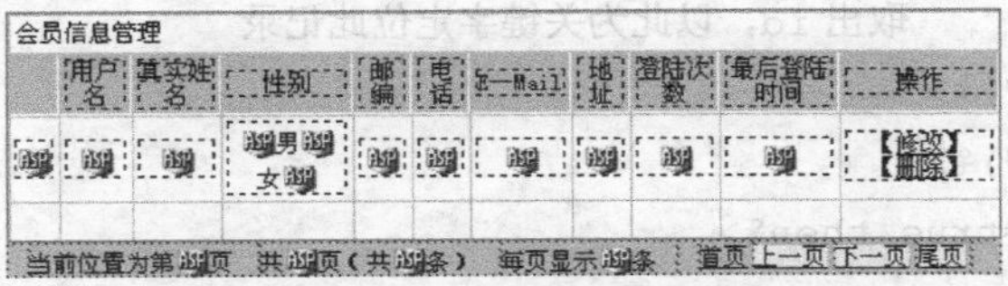

图6-13　单个会员信息网页布局

（3）在【代码】窗口的头部输入如下建立记录集代码和分页代码：

```
<!--#include file="conn.asp" -->
<%
set rs=server.CreateObject("adodb.recordset")
sql="select * from member order by lasttime desc"
rs.open sql,conn,1,1
'-----------------------------分页
if rs.recordcount<>0 then
rs.pagesize=10
 topage=cint(request("topage"))
 if topage="" then
 topage=1
 else
  if topage>rs.pagecount then
    topage=rs.pagecount
rs.absolutepage=rs.pagecount
  elseif topage<=0 then
    topage=1
rs.absolutepage=1
else
     rs.absolutepage=topage
   end if
  end if
end if
%>
```

要点提示

建立记录集和分页代码在项目四中已经详细介绍，以后此代码将省略。

(4) 在【代码】窗口中，输入循环取出记录集中数据的代码。

```
<%      for i=1 to rs.pagesize
           if rs.eof or rs.bof then
           exit for
        end if
%>
'从数据库中显示提取字段数据
<%=rs("id")%>'          取出 id，以此为关键字定位此记录
<%=rs("username")%>
<%=rs("realname")%>
<% if rs("sex")=true then%>
男<%else%>女
<%end if%>
```

```
<%=rs("yb")%>
<%=rs("phone")%>
<%=rs("email")%>
<%=rs("address")%>
<%=rs("logins")%>
<%=rs("lasttime")%>
```

要点提示 从数据库中取出该用户的信息之后，把数据输出到表格相应的列中；对于取出性别项，由于在字段中以布尔型存储，所以根据 0 或 1 判断男或女。

```
<%    rs.movenext
     next
%>
```

要点提示 循环取出数据库记录的代码在项目四中已详细说明，在以后用到此功能时，只显示提出的数据字段信息。

（5）建立分页超链接，在相应的分页信息中输入代码，参见项目四中的实训二。

（6）分别在“修改”和“删除”文字上插入超链接，代码如下：

```
<a href="useredit.asp?id=<%=rs("id")%>">修改</a>
<a href="userdelete.asp?id=<%=rs("id")%>">删除</a>
```

要点提示 超链接页面为相应的处理程序，这样流程清晰，但是会造成页面过多。

（7）关闭记录集，保存文件。

```
<%
rs.close
set rs=nothing
set conn=nothing
%>
```

2. 会员修改

（1）在 Dreamweaver 8 中，选择【新建】|【动态页】|【ASP VBScript】命令，新建一个页面，将其另存为“admin/ useredit.asp”。

（2）在网页中插入表单及表单项，并设置各个表单项的初始值为与字段同名的变量，网页布局如图 6-14 所示。

（3）在表单中插入隐藏域，并设置名称为“Id”，初始值为“<%=id%>”。

（4）在【代码】窗口的头部输入如下提取数据记录信息的代码。

```
<!--#include file="conn.asp"-->
```

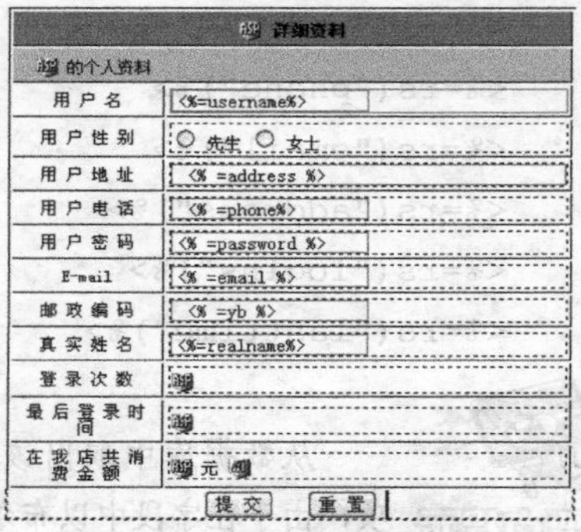

图 6-14 设置修改用户表单

```
<%
  id=request("id")
  set rs=server.createobject("adodb.recordset")
  sql="select * from [member] where id="&id
  rs.open sql,conn,3,3
  '-----------------
  username=rs("username")
  password=rs("password")
  sex=rs("sex")
  yb=rs("yb")
  phone=rs("phone")
  email=rs("email")
  address=rs("address")
  realname=rs("realname")
  logins=rs("logins")
  lasttime=rs("lasttime")
  money=rs("money")
  '-------------------
  rs.close
%>
```

（5）关闭记录集，保存文件。

（6）在 Dreamweaver 8 中，选择【新建】|【动态页】|【ASP VBScript】命令，新建一个页面，将其另存为“admin/ saveuseredit.asp”。

（7）在【代码】窗口中，输入如下修改数据库当前记录的代码，然后保存文件。

```
<!--#include file="conn.asp" -->
<%
  id=request("id")
  if id="" then
  response.Write("非法ID")
  response.End()
  else
  username=request.Form("username")
  password=request.Form("password")
  sex=request.Form("sex")
  if sex=1 then
  sex=true
  else
  sex=false
  end if
  yb=request.Form("yb")
```

```
    phone=request.Form("phone")
    email=request.Form("email")
    address=request.Form("address")
    realname=request.Form("realname")

    set rs=server.createobject("adodb.recordset")
    sql="select * from [member] where id="&id
    rs.open sql,conn,3,3
    '-----------------
    rs("username")=username
    rs("password")=password
    rs("sex")=sex
    rs("yb")=yb
    rs("phone")=phone
    rs("email")=email
    rs("address")=address
    rs("realname")=realname
    rs.update
    rs.close%>
<script language=javascript>
alert("您已经成功修改此会员信息" );
location.href = "userlist.asp"
</script><%
    end if
%>
```

3. 会员删除

（1）在 Dreamweaver 8 中，选择【新建】|【动态页】|【ASP VBScript】命令，新建一个页面，将其另存为“admin/ userdelete.asp”。

（2）在【代码】窗口中输入如下删除会员记录的代码，然后保存文件。

```
<!--#include file="conn.asp"-->
<%
'获取表单数据
id=request.QueryString("id")
if id="" then
response.Write("非法删除！")
response.End()
else
sql="delete from member where id="&id
conn.execute(sql)
```

```
%>
 <script language="vbscript">
alert("该会员已经删除！")
location.href="userlist.asp"
</script>
<%
end if
%>
```

（二）管理员信息管理

【任务要求】

管理员信息管理模块包括添加管理员、修改管理员资料、删除管理员等功能，主要程序流程如图6-15所示。

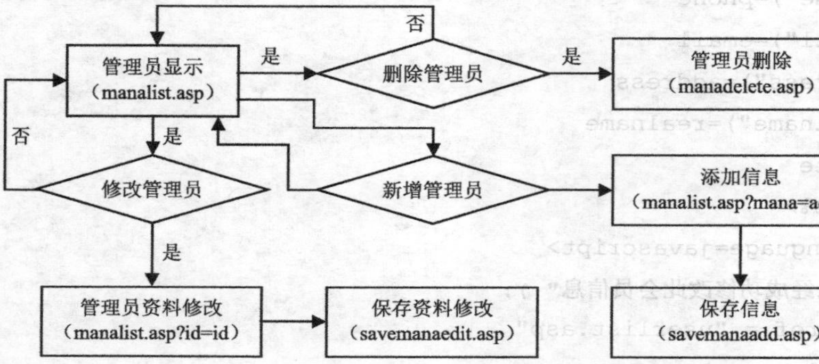

图6-15　管理员信息程序流程

从流程图中可以看出，管理员的列表、添加和修改用到了同一个页面，这样可以避免ASP页面过多而造成管理和编辑不便，但是这样也会造成程序代码逻辑复杂，对于初学者建议使用单功能单页面方法。

【操作步骤】

1. 管理员列表、添加和修改

（1）在Dreamweaver 8中，选择【新建】|【动态页】|【ASP VBScript】命令，新建一个页面，将其另存为“admin/ manalist.asp”。

（2）在【设计】窗口中，设计显示单条管理员记录信息的网页布局，如图6-16所示。

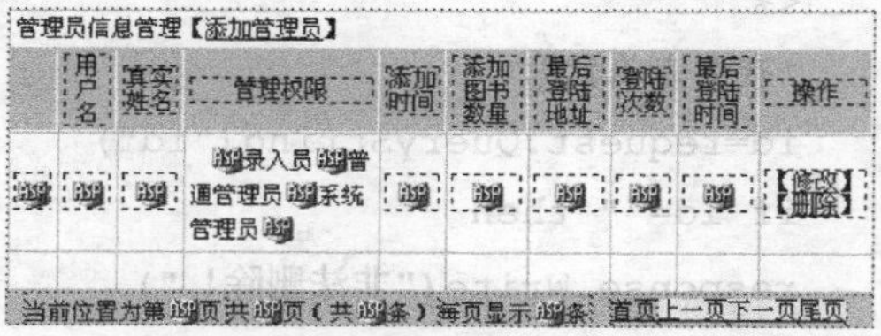

图6-16　管理员管理列表

（3）在【代码】窗口的头部输入如下建立记录集代码和分页代码，分页代码参见项目四中的实训二。

```
<!--#include file="conn.asp" -->
<!--#include file="md5.asp" -->
```

```
<%
set rs=server.CreateObject("adodb.recordset")
sql="select * from admin order by addtime desc"
rs.open sql,conn,1,1
'分页处理
```

（4）在【代码】窗口中，输入循环取出记录集中数据的代码，循环取出数据。

```
'循环取出管理员记录代码
for i=1 to rs.pagesize
    '显示管理员信息:
    rs("id")
    rs("username")
    rs("real_name")
    rs("userkey")
    rs("addtime")
    rs("articlenum")
    rs("loginip")
    rs("loginnum")
    rs("lastlogintime")
    rs.movenext                    '移动到下一个记录
next
```

（5）分别在“修改”、“删除”和“添加管理员”文字上插入超链接，代码如下：

```
<a href="manalist.asp?mana=add">添加管理员</a>
<a href="manalist.asp?id=<%=rs("id")%>">修改</a>
<a href="manadelete.asp?id=<%=rs("id")%>">删除</a>
```

要点提示 由于添加和修改管理员的超链接跳转到本页面，所以在 manalist.asp 中应该接收传递参数 id 和 mana。

（6）在【设计】窗口中，插入添加管理员表单和表单项，网页布局如图 6-17 所示。

（7）设置表单项名称，表单【动作】为“savemanaadd.asp”，表单【方法】为“post”方法。

要点提示 设置【用户名】文本域名称为“username”；设置【密码】文本域名称为“password”；【确认密码】文本域名称为“password1”；设置【真实姓名】文本域名称为“real_name”；设置列表表单项名称为“userkey”，并设置初始值“录入员”值为 1；“普通管理员”值为 2；“系统管理员”值为 3.

（8）在【设计】窗口中，插入修改管理员表单和表单项，网页布局如图 6-18 所示。

（9）设置表单项名称和初始值，表单【动作】为“savemanaedit.asp”，表单【方法】为“post”方法。

（10）在表单中插入隐藏域，并设置名称为“Id”，初始值为“<%=passid%>”。

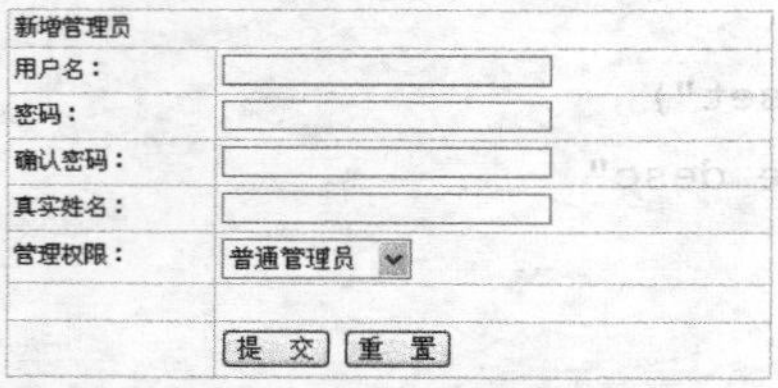

图 6-17　添加表单和表单项

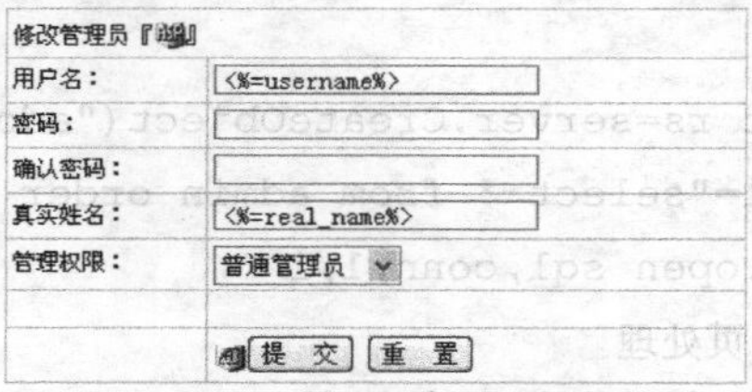

图 6-18　修改管理员表单

（11）在【代码】窗口中，输入添加管理员与修改管理员的控制代码如下：

```
<%
id=request("id")
mana=request("mana")  '操作为添加管理员
if id="" then
   if mana="" then
   elseif mana="add" then
%>
添加管理员 HTML 表单代码
<% end if
else   '操作为修改管理员
sql="select * from admin where ID="&id
rs.open sql,conn,3,3
username=rs("username")
real_name=rs("real_name")
password=rs("userpwd")
userkey=rs("userkey")
passid=id
rs.close
%>
修改管理员 HTML 代码
<%
end if
%>
```

要点提示

首先判断 id 是否为空，如果 id 为空则说明没有向“manalist.asp”传送参数，不是修改管理员操作；如果 mana 参数不为空，说明为添加新管理员操作，所以显示添加管理员表单；如果 id 不为空，说明向本页面传送参数 id 值，则打开数据库，查询此 id 记录，修改管理员信息。

（12）关闭记录集，保存文件。

（13）在 Dreamweaver 8 中，选择【新建】|【动态页】|【ASP VBScript】命令，新建一个页面，将其另存为“admin/ savemanaadd.asp”。

（14）在【代码】窗口中，输入如下接收表单数据的代码。

```
<!--#include file="conn.asp" -->
<!--#include file="md5.asp" -->
<%
  username=request.Form("username")
 password=request.Form("password")
 password1=request.Form("password1")
 realname=request.Form("real_name")
 userkey=request.Form("userkey")
 %>
```

（15）判断表单输入项的正确性和合理性的代码如下。

```
 <%if username="" then%>
<script language=javascript>
alert( "错误：请输入用户名！" );
location.href = "javascript:history.back()"
</script>
<%elseif password="" then%>
<script language=javascript>
alert( "错误：请输入密码！" );
location.href = "javascript:history.back()"
</script>
<%elseif password1="" then%>
<script language=javascript>
alert( "错误：请输入确认密码！" );
location.href = "javascript:history.back()"
</script>
<%elseif trim(password)<>trim(password1)then%>
<script language=javascript>
alert( "错误：两次密码不一致！" );
location.href = "javascript:history.back()"
</script>
<%elseif realname="" then%>
<script language=javascript>
alert( "错误：请输入真实姓名！" );
location.href = "javascript:history.back()"
</script>
<%else%>
```

（16）操作数据库表，增加新管理员信息记录，保存文件。

```
 <%
  set rs=server.createobject("adodb.recordset")
  sql="select * from [admin] where username='"&username&"'"
```

```
rs.open sql,conn,3,3
if rs.recordcount=0 then
rs.addnew
rs("username")=username
rs("userpwd")=md5(password)
rs("real_name")=realname
rs("userkey") =userkey
rs("addtime")=now()
rs.update
rs.close%>
<script language=javascript>
alert("您已经成功添加新管理员" );
location.href = "manalist.asp"
</script><%
else
%>
<script language=javascript>
alert("此用户名称已经存在" );
location.href = "manalist.asp?mana=add"
</script><%
end if
end if   %>
```

（17）在 Dreamweaver 8 中，选择【新建】|【动态页】|【ASP VBScript】命令，新建一个页面，将其另存为 “admin/ savemanaedit.asp”。

（18）在【代码】窗口中，输入如下接收表单数据的代码。

```
<!--#include file="conn.asp" -->
<!--#include file="md5.asp" -->
<%username=request.Form("username")
  password=request.Form("password")
  password1=request.Form("password1")
  realname=request.Form("real_name")
  userkey=request.Form("userkey")
  id=request.Form("id")
   %>
```

（19）判断表单输入项的正确性和合理性的代码如下。

```
<%if username="" then%>
<script language=javascript>
alert( "错误：请输入用户名！" );
location.href = "javascript:history.back()"
</script>
```

```
<%elseif password="" then%>
<script language=javascript>
alert( "错误：请输入密码！" );
location.href = "javascript:history.back()"
</script>
<%elseif password1="" then%>
<script language=javascript>
alert( "错误：请输入确认密码！" );
location.href = "javascript:history.back()"
</script>
<%elseif trim(password)<>trim(password1)then%>
<script language=javascript>
alert( "错误：两次密码不一致！" );
location.href = "javascript:history.back()"
</script>
<%elseif realname="" then%>
<script language=javascript>
alert( "错误：请输入真实姓名！" );
location.href = "javascript:history.back()"
</script>
<%else%>
```

（20）操作数据库表，修改管理员信息记录，保存文件。

```
<%
 set rs=server.createobject("adodb.recordset")
  sql="select * from [admin] where id="&id
 rs.open sql,conn,3,3
  if rs.recordcount<>0 then
 rs("username")=username
 rs("userpwd")=md5(password)
 rs("real_name")=realname
rs("userkey") =userkey
 rs("addtime")=now()
rs.update
 rs.close%>
<script language=javascript>
alert("您已经成功修改管理员" );
location.href = "manalist.asp"
</script><%
else
%>
```

```
  <script language=javascript>
alert("此记录不存在" );
location.href = "manalist.asp"
</script><%
end if
end if   %>
```

要点提示 由于修改管理员和添加管理员的代码差不多，所以只需在添加管理员“savemanaadd.asp”页面中稍作修改，即可得到修改管理员“savemanaedit.asp”页面。

2. 管理员删除

（1）在 Dreamweaver 8 中，选择【新建】|【动态页】|【ASP VBScript】命令，新建一个页面，将其另存为“admin/ manadelete.asp”。

（2）在【代码】窗口中输入如下代码，然后保存文件。

```
<!--#include file="conn.asp"-->
<%
'获取表单数据
id=request.QueryString("id")
if id="" then
response.Write("非法删除！")
response.End()
else
sql="delete from admin where id="&id
conn.execute(sql)
%>
<script language="vbscript">
alert("该管理员已经删除！")
location.href="manalist.asp"
</script>
<%
end if
%>
```

（三）更改个人信息

【任务要求】

更改个人信息模块包括更改用户名、密码、真实姓名等用户信息，主要程序流程如图 6-19 所示。

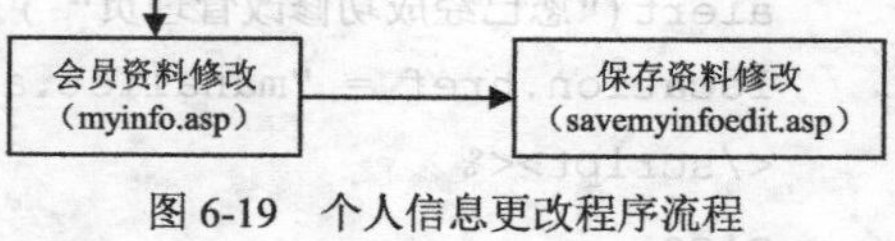

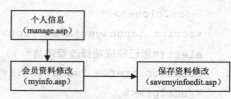

图 6-19　个人信息更改程序流程

【操作步骤】

（1）在 Dreamweaver 8 中，选择【新建】|【动态页】|【ASP VBScript】命令，新建一

个页面，将其另存为“admin/ myinfo.asp”。

（2）在【设计】窗口中，插入修改个人资料表单和表单项，网页布局如图 6-20 所示。

（3）设置表单项名称和初始值，表单【动作】为“savemyinfoedit.asp”，表单【方法】为“post”方法。

（4）在【代码】窗口的头部输入如下建立记录集的代码。

图 6-20　修改个人资料表单

```
<!--#include file="conn.asp" -->
<!--#include file="md5.asp" -->
<%
set rs=server.CreateObject("adodb.recordset")
%>
```

（5）查询数据库中此个人记录信息。

```
<%
sql="select * from admin where username='"&session("username")&"'"
rs.open sql,conn,3,3
username=rs("username")
real_name=rs("real_name")
password=rs("userpwd")
userkey=rs("userkey")
passid=rs("id")
rs.close
%>
```

要点提示　session("username")为管理员登录时记录的用户名称，在 ASP 网页中可以随意调用，直到会话结束。

（6）关闭记录集，保存文件。

任务四　图书信息与订单管理

图书信息管理模块包括新图书的添加，修改和删除，设置图书特价，设置图书为新书，设置图书为推荐图书等主要功能。

对于订单管理模块功能流程，前台下订单之后，随机生成订单号，同时把购物车中的图书总价格写入数据库。作为电子商务网站，良好的信誉是网站经营的基础，管理员应该在订单下达之后，第一时间根据会员信息联系客户，所以对于订单的后台管理模块，主要功能包括订单交费情况、发货情况、收货情况、交易是否完成等。

（一）实现图书信息管理

【任务要求】

图书信息管理的主要程序流程如图 6-21 所示。

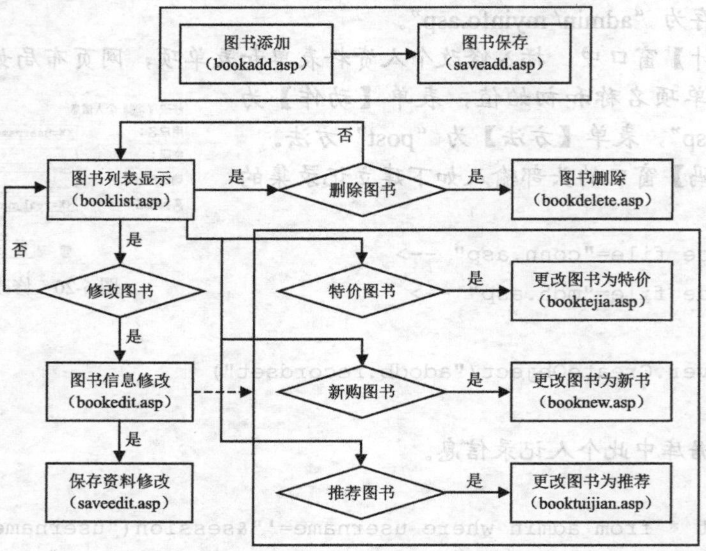

图6-21　图书管理程序流程

【操作步骤】

1. 图书添加

（1）在Dreamweaver 8中，选择【新建】|【动态页】|【ASP VBScript】命令，新建一个页面，将其另存为“admin/ bookadd.asp”。

（2）在【设计】窗口中，插入图书信息表单和表单项，网页布局如图6-22所示。

（3）设置表单项名称，表单【动作】为“saveadd.asp”，表单【方法】为“post”方法。对表单中各表单项名称设置如下。

- 【书名】文本域名称为“title”。
- 【选择分类】列表名称为“classid”。
- 【封面小图片】文本域名称为“smallpic”。
- 【封面大图片】文本域名称为“picture”。
- 【内容】文本域名称为“content”。
- 【普通价格】文本域名称为“price”。
- 【会员价格】文本域名称为“memprice”。
- 【作者】文本域名称为“author”。
- 【页数】文本域名称为“pages”。
- 【开本】文本域名称为“kai”。
- 【出版社】文本域名称为“publish”。
- 【是否新书】单选按钮名称为“new”。
- 【是否带光盘】单选按钮名称为“disk”。
- 【是否特价】单选按钮名称为“tejia”。
- 【是否推荐】单选按钮名称为“ifhead”。

（4）输出数据库表“class”中的分类名称，在选择分类列表中显示，如图6-23所示。

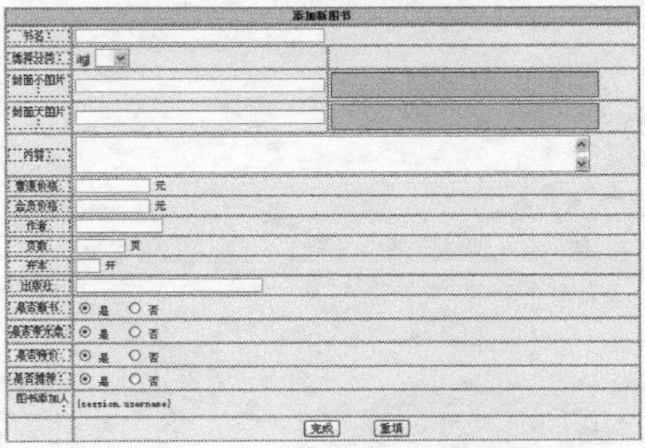

图 6-22 添加图书表单及表单项

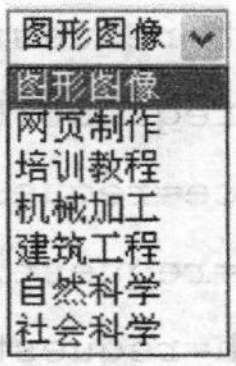

图 6-23 在数据库中提取分类名称

输出字段代码如下：

```
<%sql="select * from class "
rs.open sql,conn,1,1
%>
   <select name="classid" size="1">
   <%do while not rs.eof
   classid=rs("classid")
   classname=rs("classname")%>
   <option value="<%=classid%>"
  <%if classid=1 then%>selected
  <%end if%>><%=classname%></option>
  <%rs.movenext
   loop
   rs.close%>
  </select>
```

（5）在【封面小图片】和【封面大图片】文本域后的表格列中插入两个 iframe 框架，框架的链接文件分别为“reg_upload.asp”和“reg_upload1.asp”，代码如下：

```
<iframe  name="ad"  frameborder=0  width=300  height=30  scrolling=no
src=reg_upload.asp></iframe>
<iframe  name="ad1"  frameborder=0  width=300  height=30  scrolling=no
src=reg_upload1.asp></iframe>
```

要点提示

reg_upload.asp 为文件上传表单页，在此文件中，form 表单的作用对象为 upfile2.asp 文件；upfile2.asp 文件为上传组件类模块，在上传图片时，只需设定 reg_upload.asp 页面表单隐藏域值为所要上传的文件夹路径。本例中，上传图片存储在“admin/uploadimage”文件夹中。

（6）在 Dreamweaver 8 中，选择【新建】|【动态页】|【ASP VBScript】命令，新建一个页面，将其另存为“admin/ saveadd.asp”。

（7）在【代码】窗口中，输入如下接收表单数据的代码。

```
<!--#include file="conn.asp" -->
```

```
<%bookname=request.Form("title")
  picture=request.Form("picture")
  thisclassid=request.Form("classid")
  smallpic=request.Form("smallpic")
  content=request.Form("content")
  price=request.Form("price")
  memprice=request.Form("memprice")
  author=request.Form("author")
  publish=request.Form("publish")
  kai=request.Form("kai")
  newbook=request.Form("new")
  disk=request.Form("disk")
  tejia=request.Form("tejia")
  ifhead=request.Form("ifhead")
  pages=request("pages")
  %>
```

（8）判断表单输入项的正确性和合理性的代码如下：

```
<%if bookname="" then%>
<script language=javascript>
alert( "错误：请输入图书名称！" );
location.href = "javascript:history.back()"
</script>
<%elseif thisclassid="" then%>
<script language=javascript>
alert( "错误：请确认选择正确分类！" );
location.href = "javascript:history.back()"
</script>
<%elseif content="" then%>
<script language=javascript>
alert( "错误：请输入图书内容介绍！" );
location.href = "javascript:history.back()"
</script>
<%elseif price="" then%>
<script language=javascript>
alert( "错误：请输入图书价格！" );
location.href = "javascript:history.back()"
</script>
<%elseif memprice="" then%>
<script language=javascript>
alert( "错误：请输入图书会员价格！" );
```

```
location.href = "javascript:history.back()"
</script>
<%else%>
'添加数据，更新数据库
<%end if%>
```

（9）操作数据库表，添加新图书信息记录。

```
<%
set rs=server.createobject("adodb.recordset")
  sql="select * from [books] where bookname='"&bookname&"'"
  rs.open sql,conn,3,3
  if rs.recordcount=0 then
  rs.addnew
  rs("bookname")=bookname
  rs("picture").value=picture
  rs("classid")=thisclassid
 rs("smallpic").value =smallpic
  rs("content")=content
  rs("price")=price
  rs("memprice")=memprice
  rs("author")=author
  rs("publish")=publish
  rs("kai")=kai
 rs("new").value=newbook
 rs("disk").value =disk
  rs("tejia").value=tejia
 rs("ifhead").value= ifhead
  rs("username")=session("username")
  rs("intime")=now()
 if pages<>"" then
  rs("pages")=pages
  end if
  rs.update
  rs.close%>
<script language=javascript>
alert("您已经成功添加此图书信息");
location.href = "booklist.asp"
</script>
<%
else
  %>
```

```
    <script language=javascript>
alert("此图书名称已经存在" );
location.href = "bookadd.asp"
</script><%
end if
%>
```

（10）更新当前管理员添加的图书数量，保存文件。

```
<%
sql="select * from admin where username='"&session("username")&"'"
rs.open sql,conn,3,3
articlenum=rs("articlenum")+1
rs.close
sql="update admin set articlenum="&articlenum&"
 where username='"&session("username")&"'"
conn.execute(sql)
   %>
```

2. 图书显示列表

（1）在 Dreamweaver 8 中，选择【新建】|【动态页】|【ASP VBScript】命令，新建一个页面，将其另存为“admin/ booklist.asp”。

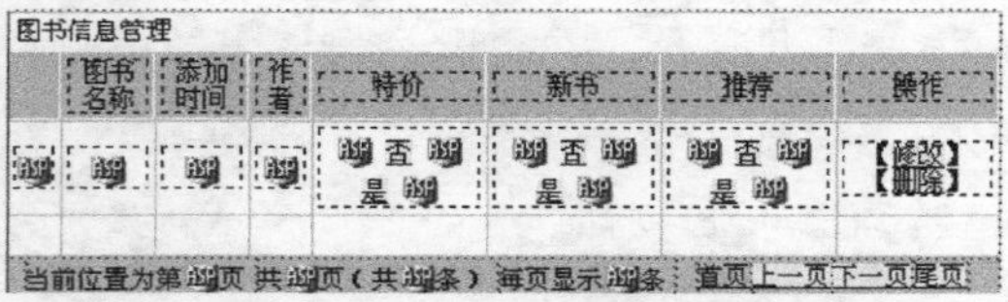

图 6-24　图书信息网页布局

（2）在【设计】窗口中，设计显示单条图书信息记录的网页布局，如图 6-24 所示。

（3）在【代码】窗口中，输入建立数据集和分页的代码，具体代码参见项目四中的实训二。

（4）在【代码】窗口中，输入循环取出记录集中数据的代码，具体代码见项目四中的实训二。

（5）打开数据集，取出记录集中的图书信息字段，输出到相对应的表格列中。

```
<%=rs("id")%>
<%=rs("bookname")%>
<%=rs("intime")%>
<%=rs("author")%>
<%if rs("tejia")=0 then %>否<%else%>是<%end if%>
<%if rs("new")=0 then %>否<%else%>是<%end if%>
<%if rs("ifhead")=0 then %>否<%else%>是<%end if%>
```

要点提示

对于“特价”、“新书”和“推荐”3个字段，数据库字段以布尔型存储，为了方便管理员管理，在表格中应该以文字“是”和“否”来表示。另外，管理员还可以设定此图书为“特价图书”、“新购图书”和“推荐图书”，所以需要传递参数给相应的管理页面，进行相应的功能处理。

（6）分别在取出的“特价”、“新书”和“推荐”的文字上插入超链接，传递参数实现相应的功能。

```
'对于特价图书管理
<a href="booktejian.asp?id=<%=rs("id")%>&tejia=<%=1%>">否</a>
<a href="booktejian.asp?id=<%=rs("id")%>&tejia=<%=0%>">是</a>
'对于新购图书管理
<a href="booknew.asp?id=<%=rs("id")%>&new=<%=1%>">否</a>
<a href="booknew.asp?id=<%=rs("id")%>&new=<%=0%>">是</a>
'对于推荐图书管理
<a href="booktuijian.asp?id=<%=rs("id")%>&tuijian=<%=1%>">否</a>
<a href="booktuijian.asp?id=<%=rs("id")%>&tuijian=<%=0%>">是</a>
```

（7）在取出的图书名称文字上插入超链接，实现预览图书信息功能。

```
<a href=javascript:winopen('showbook.asp?id=<%=rs("id")%>')><%=
rs("bookname")%></a>
```

要点提示 winopen 为用 Java 编写的函数，在本页中应该把定义此函数的代码放在 HTML 头中。此函数的定义代码如下。

```
<script language="javascript">
<!--
function winopen(url)
{window.open(url,"search","toolbar=0,location=0,directories=0,status=0,
menubar=0,scrollbars=1,resizable=0,width=550,height=450,top=0,left=0"); }
//-->
</script>
```

（8）分别在“修改”、“删除”文字上插入超链接，跳转到相应的处理程序。

```
<a href="bookedit.asp?id=<%=rs("id")%>">修改</a>
<a href="bookdelete.asp?id=<%=rs("id")%>">删除</a>
```

（9）建立分页超链接，在相应的分页信息中输入代码，参见项目四中的实训二。

（10）关闭记录集，保存文件。

3. 图书预览

（1）在 Dreamweaver 8 中，选择【新建】|【动态页】|【ASP VBScript】命令，新建一个页面，将其另存为“admin/ showbook.asp”。

（2）在【设计】窗口中，设计简单的显示图书信息网页布局，如图 6-25 所示。

（3）打开记录集，读取字段信息，代码如下：

```
<!--#include file="conn.asp"-->
<%id=request("id")
sql="select * from books where id="&request("id")
set rs=conn.execute(sql)%>
```

（4）关闭记录集，保存文件。

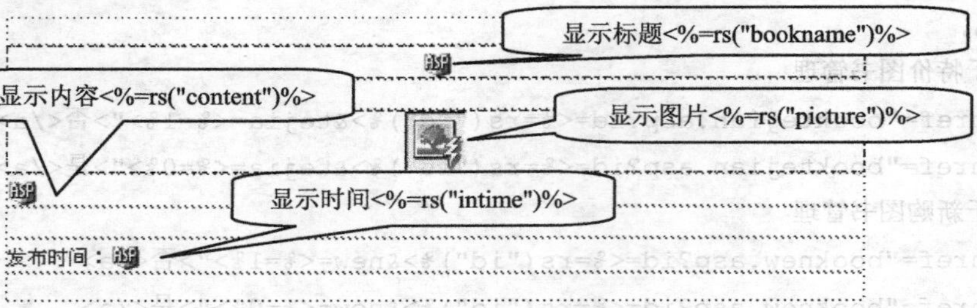

图 6-25　简单图书浏览

4. 图书的修改

（1）在 Dreamweaver 8 中，选择【新建】|【动态页】|【ASP VBScript】命令，新建一个页面，将其另存为“admin/bookedit.asp”。

（2）在网页中插入表单及表单项，并设置各个表单项的初始值为与字段同名的变量，网页布局如图 6-26 所示。

（3）在表单中插入隐藏域，并设置名称为“Id”，初始值为“<%=id%>”。

（4）设置表单项名称，表单【动作】为“saveedit.asp”，表单【方法】为“post”方法。

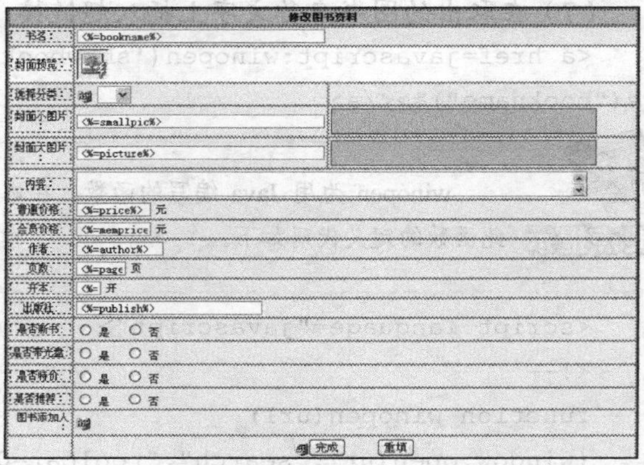

图 6-26　图书修改表单布局

（5）在【代码】窗口的头部输入如下提取数据记录信息的代码。

```
<!--#include file="conn.asp"-->
<%
  id=request("id")
  set rs=server.createobject("adodb.recordset")
  sql="select * from [books] where id="&id
  rs.open sql,conn,3,3
  '-----------------
  bookname=rs("bookname")
  picture=rs("picture")
  thisclassid=rs("classid")
  smallpic=rs("smallpic")
  content=rs("content")
  price=rs("price")
  memprice=rs("memprice")
  author=rs("author")
  publish=rs("publish")
```

```
  kai=rs("kai")
  newbook=rs("new")
  disk=rs("disk")
  tejia=rs("tejia")
  ifhead=rs("ifhead")
  username=rs("username")
  pages=rs("pages")
  '-------------------
  rs.close
%>
```

（6）提取数据库图书分类名称字段，修改选择分类列表项，使其变为默认选项，代码如下：

```
<%sql="select * from class "
 rs.open sql,conn,1,1
 %>
   <select name="classid" size="1">
    <%do while not rs.eof
    classid=rs("classid")
    classname=rs("classname")%>
   <option value="<%=classid%>" <%if thisclassid=classid then
     %>selected
    <%end if%>><%=classname%></option>
    <%rs.movenext
    loop
    rs.close%>
   </select>
```

（7）设置图片上传 iframe 框架，链接上传组件，参见本任务中的（一）。

（8）关闭记录集，保存文件。

（9）在 Dreamweaver 8 中，选择【新建】|【动态页】|【ASP VBScript】命令，新建一个页面，将其另存为“admin/ saveedit.asp”。

（10）在【代码】窗口中，输入接收“bookedit.asp”表单数据项的代码如下：

```
<!--#include file="conn.asp" -->
<%
  id=request("id")
  if id="" then
  response.Write("非法 ID")
  response.End()
  else
 bookname=request.Form("title")
 picture=request.Form("picture")
 thisclassid=request.Form("classid")
```

```
  smallpic=request.Form("smallpic")
  content=request.Form("content")
  price=request.Form("price")
  memprice=request.Form("memprice")
  author=request.Form("author")
  publish=request.Form("publish")
  kai=request.Form("kai")
  newbook=request.Form("new")
  disk=request.Form("disk")
  tejia=request.Form("tejia")
  ifhead=request.Form("ifhead")
  pages=request.Form("pages")
end if %>
```

（11）操纵数据库，更改数据表中此记录的信息代码如下：

```
<%set rs=server.createobject("adodb.recordset")
   sql="select * from [books] where id="&id
   rs.open sql,conn,3,3
   rs("bookname")=bookname
   rs("picture")=picture
   rs("classid")=thisclassid
  rs("smallpic") =smallpic
   rs("content")=content
   rs("price")=price
   rs("memprice")=memprice
   rs("author")=author
   rs("publish")=publish
   rs("kai")=kai
  rs("new")=newbook
  rs("disk") =disk
   rs("tejia")=tejia
  rs("ifhead")= ifhead
   rs("username")=session("username")
   rs("intime")=now()
   rs("pages")=pages
   rs.update
   rs.close%>
<script language=javascript>
alert("您已经成功修改此图书信息" );
location.href = "booklist.asp"
</script>
```

（12）保存文件。

5. 图书删除

（1）在 Dreamweaver 8 中，选择【新建】|【动态页】|【ASP VBScript】命令，新建一个页面，将其另存为“admin/ bookdelete.asp”。

（2）在【代码】窗口中，输入删除图书记录的代码如下：

```
<!--#include file="conn.asp"-->
<%
'获取表单数据
id=request.QueryString("id")
if id="" then
response.Write("非法删除！")
response.End()
else
sql="delete from books where id="&id
conn.execute(sql)
%>
 <script language="vbscript">
alert("该图书已经删除！")
location.href="booklist.asp"
</script>
<%
end if
%>
```

（3）保存文件。

6. 图书特价、新购和推荐

（1）在 Dreamweaver 8 中，选择【新建】|【动态页】|【ASP VBScript】命令，新建一个页面，将其另存为“admin/ booktejian.asp”。

（2）在【代码】窗口中，输入更改数据库记录的代码如下，然后保存文件。

```
<!--#include file="conn.asp"-->
<%'-------管理特价图书
set rs=server.CreateObject("adodb.recordset")
id=request("id")
tejia=request("tejia")
if id<>"" then
   if tejia=1 then
   sql="update books set tejia=1 where id="&id
   conn.execute(sql)
 %>
```

```
    <script language="vbscript">
alert("已经把此书修改为特价图书！")
location.href="booklist.asp"
</script>
   <%
    elseif tejia=0 then
    sql="update books set tejia=0 where id="&id
    conn.execute(sql)
     %>
    <script language="vbscript">
alert("已经把此书修改为非特价图书！")
location.href="booklist.asp"
</script>
   <%
    end if
end if
id=""
%>
```

要点提示 图书的特价、新购和推荐在数据库字段中存储为0或1；另外，对于新购图书和推荐图书的功能网页“booknew.asp”和“booktuijian.asp”与此网页的功能完全相同，只是接收的变量不同，故在此不再讲述。

（二）图书订单管理

【任务要求】

根据图书订单的功能流程，详细设计此模块的程序流程如图6-27所示。

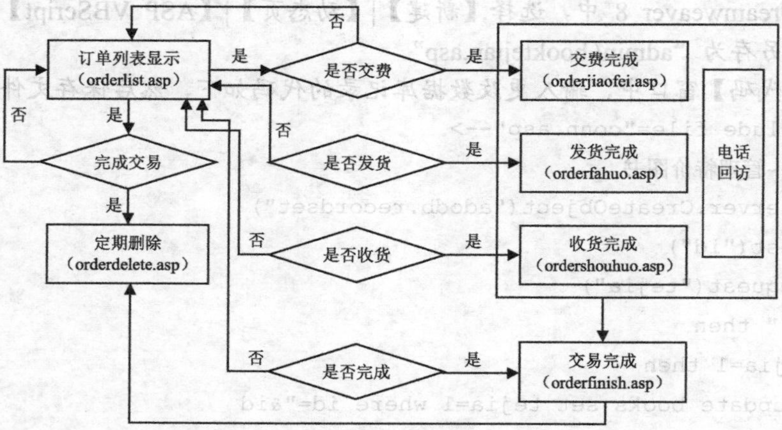

图6-27 订单管理程序流程

【操作步骤】

1. 订单列表显示

（1）在 Dreamweaver 8 中，选择【新建】|【动态页】|【ASP VBScript】命令，新建一个页面，将其另存为“admin/ orderlist.asp”。

（2）在【设计】窗口中，设计显示单条订单记录的网页布局，如图 6-28 所示。

图 6-28　订单列表网页布局

（3）在【代码】窗口中，输入建立数据集和分页的代码，具体代码参见项目四中的实训二。

（4）在【代码】窗口中，输入循环取出记录集中数据的代码，具体代码见项目四中的实训二。

（5）打开数据集，取出记录集中订单信息字段，输出到相对应的表格列中。

```
<%=rs("id")%>
<%=rs("username")%>
<%=rs("sub_number")%>
<%=rs("totalcash")%>
<%=rs("intime")%>
<%if rs("jiaofei")=false then ifjiaofei=0%>否<%else ifjiaofei=1%>是<%end if%>
<%if rs("fahuo")=false then iffahuo=0%>否<%else iffahuo=1%>是<%end if%>
<%if rs("shouhuo")=false then ifshouhuo=0%>否<%else ifshouhuo=1%>是<%end if%>
<%if rs("finish")=false then %>否<%else%>是<%end if%>
<%=rs("qian")%>
```

> **要点提示**　对于是否交费、是否发货、是否收货和是否完成这 4 个字段，在数据库字段中以布尔型存储，为了方便管理员管理，在表格中应该以文字“是”和“否”来表示。另外，“ifjiaofei”、“iffahuo”和“ifshouhuo”变量存储该订单是否完成，如果 3 个变量的值都是 1，说明该订单已交易完成。

（6）分别在取出的“是否交费”、“是否发货”、“是否收货”和“是否完成”的文字上插入超链接，传递参数实现相应的功能。

```
<a href="orderjiaofei.asp?id=<%=rs("id")%>&jiaofei=<%=1%>">否</a>
<a href="orderfahuo.asp?id=<%=rs("id")%>&fahuo=<%=1%>">否</a>
<a href="ordershouhuo.asp?id=<%=rs("id")%>&shouhuo=<%=1%>">否</a>
<a href="orderfinish.asp?id=<%=rs("id")%>&finish=<%=1%>&jiaofei=<%=ifjiaofei%>&fahuo=<%=iffahuo%>&shouhuo=<%=ifshouhuo%>">否</a>
```

要点提示　在上述4个字段中，如果取出的结果为“是”，说明该流程已经完成，在文字“是”上没有链接，表示一旦交费、发货、收货和完成操作后该项就无法修改。

（7）在“删除”文字上插入超链接，跳转到相应的处理程序。

（8）建立分页超链接，在相应的分页信息中输入代码，参见项目四中的实训二。

（9）关闭记录集，保存文件。

2. 订单的交费、发货、收货和完成

（1）在 Dreamweaver 8 中，选择【新建】|【动态页】|【ASP VBScript】命令，新建一个页面，将其另存为“admin/ orderjiaofei.asp”。

（2）在【代码】窗口中，输入如下处理订单交费的功能代码，然后保存文件。

```
<!--#include file="conn.asp"-->
<%'------管理交费订单
set rs=server.CreateObject("adodb.recordset")
id=request("id")
jiaofei=request("jiaofei")
if jiaofei=1 then
jiaofei=true
end if
if id<>"" then
  if jiaofei=true then
  sql="update dingdan set jiaofei="&jiaofei&" where id="&id
  conn.execute(sql)
  %>
  <script language="vbscript">
alert("该订单已经交费！")
location.href="orderlist.asp"
</script>
   <%
  end if
end if
id=""
%>
```

要点提示　订单发货和收货管理功能网页“orderfahuo.asp”和“ordershouhuo.asp”与订单的交费功能一致，只是传递参数和变量不同，所以在此不再讲述；对于交易完成功能网页“orderfinish.asp”，需要对上述3种情况进行判断来决定该交易是否完成。

（3）在 Dreamweaver 8 中，选择【新建】|【动态页】|【ASP VBScript】命令，新建一个页面，将其另存为“admin/ orderfinish.asp”。

（4）在【代码】窗口中，输入如下处理交易是否完成的功能代码，然后保存文件。

```
<!--#include file="conn.asp"-->
<%'------管理完成订单
set rs=server.CreateObject("adodb.recordset")
id=request("id")
finish=request("finish")
jiaofei=request("jiaofei")
fahuo=request("fahuo")
shouhuo=request("shouhuo")
if finish=1 then
finish=true
end if
if id<>" " then
   if finish=true then
     if jiaofei<>1 then
   %>
   <script language="vbscript">
alert("该订单还未交费！")
location.href="orderlist.asp"
</script>
    <%
   elseif fahuo<>1 then
%>
   <script language="vbscript">
alert("该订单还未发货！")
location.href="orderlist.asp"
</script>
  <%
   elseif shouhuo<>1 then
   %>
   <script language="vbscript">
alert("该订单用户还未收货！")
location.href="orderlist.asp"
</script>
    <%
   else
   sql="update dingdan set finish="&finish&" where id="&id
   conn.execute(sql)
   %>
   <script language="vbscript">
```

```
alert("该订单已经完成！")
location.href="orderlist.asp"
</script>
    <% end if
  end if
end if
id=""
%>
```

3. 订单删除

（1）在 Dreamweaver 8 中，选择【新建】|【动态页】|【ASP VBScript】命令，新建一个页面，将其另存为“admin/ orderdelete.asp”。

（2）在【代码】窗口中，输入如下删除订单的代码，然后保存文件。

```
<!--#include file="conn.asp"-->
<%
id=request.QueryString("id")
if id="" then
response.Write("非法删除！")
response.End()
else
sql="delete from dingdan where id="&id
conn.execute(sql)
%>
 <script language="vbscript">
alert("该订单已经删除！")
location.href="orderlist.asp"
</script>
<%
end if
%>
```

项目实训 留言管理

完成项目的各个任务后，读者基本掌握了网络书店后台管理程序的设计。下面通过对留言进行实训练习，对所学内容加以巩固和提高。

系统的留言功能，主要是顾客对网络书店的见解和评价，或者是对产品的建议和告知管理员定购的联系方式等功能。因此，作为网络书店留言的后台管理，不用像聊天室或论坛管理的功能那样强大，只需简单的留言删除或回复功能即可。

根据以上留言板的简单功能，详细设计顾客留言管理的程序流程如图 6-29 所示。

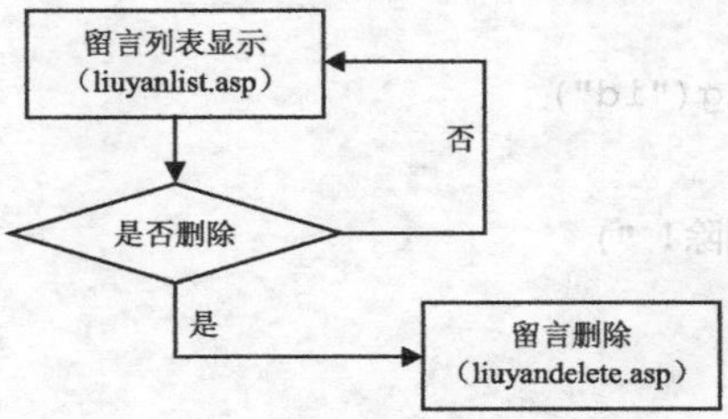

图 6-29　留言管理程序流程

（一）显示留言列表

【操作步骤】

（1）在 Dreamweaver 8 中，选择【新建】|【动态页】|【ASP VBScript】命令，新建一个页面，将其另存为“admin/ liuyanlist.asp”。

（2）在【设计】窗口中，设计显示单条留言记录的网页布局，如图 6-30 所示。

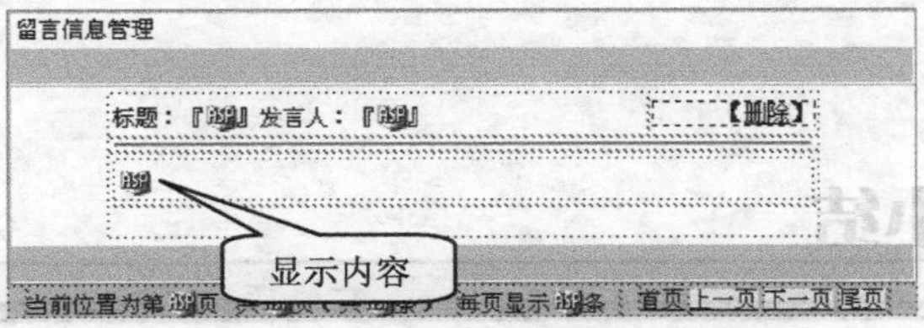

图 6-30　留言管理网页布局

（3）在【代码】窗口中，输入建立数据集和分页代码，具体代码参见项目四中的实训二。

（4）在【代码】窗口中，输入循环取出记录集中数据的代码，具体代码见项目四中的实训二。

（5）打开数据集，取出记录集中订单信息字段，输出到相对应的表格列中的代码如下：

```
<%=rs("title")%>
<%=rs("username")%>
<%=rs("content")%>
```

（6）在“删除”文字上插入超链接，跳转到相应的处理程序。

```
<a href="liuyandelete.asp?id=<%=rs("id")%>">删除</a>
```

（7）建立分页超链接，在相应的分页信息中输入代码，具体代码参见项目四中的实训二。

（8）关闭记录集，保存文件。

（二）删除留言

【操作步骤】

（1）在 Dreamweaver 8 中，选择【新建】|【动态页】|【ASP VBScript】命令，新建一个页面，将其另存为“admin/ liuyandelete.asp”。

（2）在【代码】窗口中，输入如下删除留言记录的代码，然后保存文件。

```
<!--#include file="conn.asp"-->
<%
```

```
'获取表单数据
id=request.QueryString("id")
if id="" then
response.Write("非法删除！")
response.End()
else
sql="delete from liuyan where id="&id
conn.execute(sql)
%>
 <script language="vbscript">
alert("该留言已经删除！")
location.href="liuyanlist.asp"
</script>
<%
end if
%>
```

项目小结

本项目主要介绍了网络书店的后台管理功能，以概要设计功能到详细设计程序为主线，以层层深入的方式启发读者，使读者了解系统功能的设计方法和系统模块的划分方法，学会数据库的设计，掌握系统详细设计的方法，最终达到能够灵活运用 ASP 数据库编程，独立制作 ASP 项目工程的目的。

其实，所有的网站的功能结构、设计方法都基本相似，只是设计思想与技术手段不同罢了。大家只要能够深刻理解网络书店的设计方法，就能够举一反三，完成其他各种类型的网站设计任务。

思考与练习

1. 在系统中添加统计分析报告功能、规划统计分析报告功能模块。
2. 规划统计分析报告模块数据库表设计。
3. 详细设计统计分析报告功能模块。
4. 编写系统功能流程图。
5. 根据功能流程，编写程序流程图。
6. 统计分析报告程序的实现。

项目七

网站的管理与维护

Internet 发展到今天，已经成为世界上所有国家的很多机构传递信息的平台，无论是大的集团组织，还是小的商业机构，无时无刻都在利用着互联网宣传着自己的产品，各种电子商务网站也悄然兴起，顾客也从传统的逛街购物发展到今天足不出户的网上购物。那么，电子商务网站制作完毕，怎样将网站发布到 Internet 上供用户使用，如何维护自己的网站，怎样在线推广和传播自己的网站，这些就是本项目需要学习和讨论的重点内容。

本项目主要通过以下几个任务完成。

- 任务一　域名和空间的申请
- 任务二　维护管理网站
- 任务三　网站的安全管理

学习目标

掌握域名的基本知识和域名的申请

学会网站维护的基本常识

了解怎样使用网络技术推广网站

任务一　域名和空间的申请

在 Internet 上发布网站一般先要申请域名和空间，然后将网站的内容上传到申请的空间中，用户只需在浏览器的地址栏输入域名就可以直接访问到网站。

（一）了解域名

什么是域名呢？

由前面的学习可以知道，Internet 上网站的地址都是使用数字形式的 IP 地址方式，这种方式使 Internet 具有方便、快捷定位网络主机位置的能力。但是，这种数字方式的 IP 地址不符合人们的记忆规律，比如，著名的门户网站新浪网，它的 IP 地址就是 60.215.128.249，人们很难记住这串数字，为了方便使用，人们给每个网站取了一个域名，比如新浪网的域名就是 www.sina.com.cn，这样的名称比较容易理解和记忆。

那么，怎么能让域名和 IP 地址一一对应呢？人们引入了域名系统 DNS（Domain Name System）。它是一种层次结构的计算机和网络服务命名系统，当用户在应用程序中输入 DNS

名称时，DNS 服务可以将此名称解析为与此名称相关的 IP 地址，如图 7-1 所示。

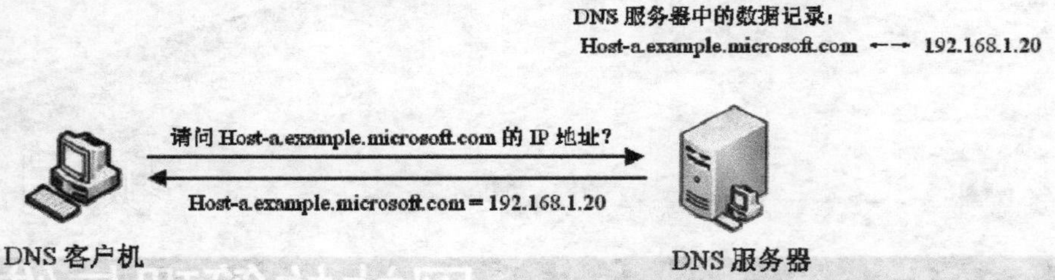

图 7-1　简单 DNS 映射

域名是 Internet 上的一个服务器或一个网络系统的名字，一个域名就代表一个站点，通过域名就可以访问到该站点。全世界没有重复的域名。域名的形式以若干个英文字母和数字组成，由“.”分隔成几部分，一个完整的域名由两个或两个以上的部分组成，其中包含了顶级域、二级域、子域或主机几个部分。

下面以新浪网的域名为例来分析一下域名的结构。

（1）主机。

处于 DNS 域名的最左边，代表网络上一个能够提供网络服务的服务器。主机名往往反映了网络服务的类型，常见的主机名有 www、ftp、mail 等。

（2）二级域。

代表了网络上个人或单位的名称，一般可以通过它了解到域名的归属情况。

（3）通用顶级域。

一般由 3 个字母组成的名称，用于指示域名单位的类型。Internet 管理机构对顶级域进行了分类管理，当任何单位注册二级域名时将通过类型对这些单位进行分类。

Internet 上最常用的 8 个顶级域如下。

- arpa：由 ARPANET（美国国防部高级研究计划局建立的计算机网）沿留的名称,被用于互联网内部功能。
- com：用于商业，如各种公司等。
- edu：用于教育，如公立和私立学校、学院、大学等。
- gov：供政府机构使用，如地方、州、联邦政府机构等。
- int：保留供国际使用。
- mil：供军事机构使用，如国防部，美国海、陆、空军及其他军事机构等。
- net：供提供大规模 Internet 或电话服务的单位使用。
- org：供非商业非赢利单位使用，如教堂和慈善机构。

（4）国家顶级域。

用于标识域名单位所在的国家或地区，如 cn 表示中国，us 表示美国，ru 表示俄罗斯，fr 表示法国，uk 表示英国等。这些编码也可与上面所列的 3 个字母编码联合使用。国家顶级域是可选的。

当 DNS 客户机需要查询程序中使用的名称时，它会查询 DNS 服务器来解析该名称。例如，对于名为“host-a.example.microsoft.com”的计算机，DNS 服务器会根据自身的记录，向客户机返回目标主机的 IP 地址，如果该 DNS 服务器没有目标主机的资料，就会向上一级 DNS 服务器查询。若始终无法查找到，则返回查找失败的信息。图 7-2 所示为一个 DNS 域名解析的过程。

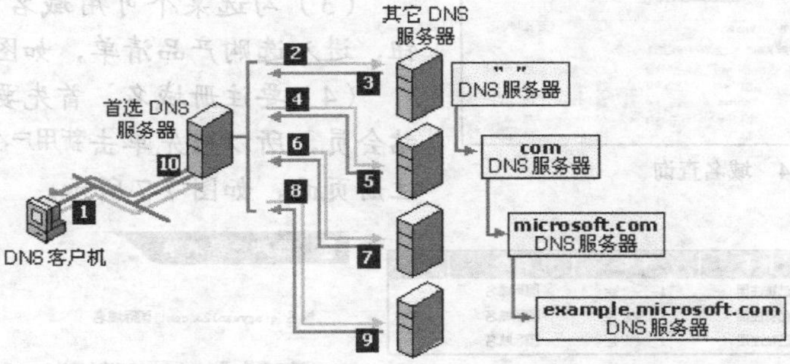

图 7-2　DNS 递归查询过程

（二）注册域名

那么，如何在网络上为自己的站点注册一个域名呢？

在申请域名之前，需要先设计好自己想要申请的域名组成，这需要遵循域名命名的一般规则。由于 Internet 上的各级域名分别由不同的机构管理，所以，各个机构管理域名的方式和域名命名的规则也会有所不同。域名中只能包含 26 个英文字符、数字 0～9、“_”、“-”、“～”等。在域名中不区分英文字母的大小写。

在导致网站推广与运营失败的诸多因素中，一个糟糕的域名往往就注定了这个网站的悲剧性命运。所以，注册一个好的域名是至关重要的。

【任务要求】

申请域名主要有两种形式：收费的域名和免费的域名。目前，提供收费域名的 ISP（Internet Service Provider，Internet 服务提供商）很多，有些 ISP 同时提供域名和空间的申请服务。域名申请的一般流程如图 7-3 所示。

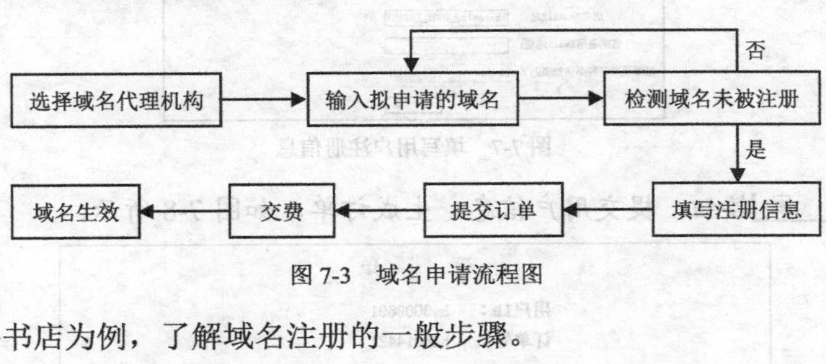

图 7-3　域名申请流程图

下面以网络书店为例，了解域名注册的一般步骤。

【操作步骤】

（1）打开 IE 浏览器，在地址栏中输入查询域名的网址“http://www.ourhost.com.cn/”，打开“神州宏网”的网站主页，如图 7-4 所示。

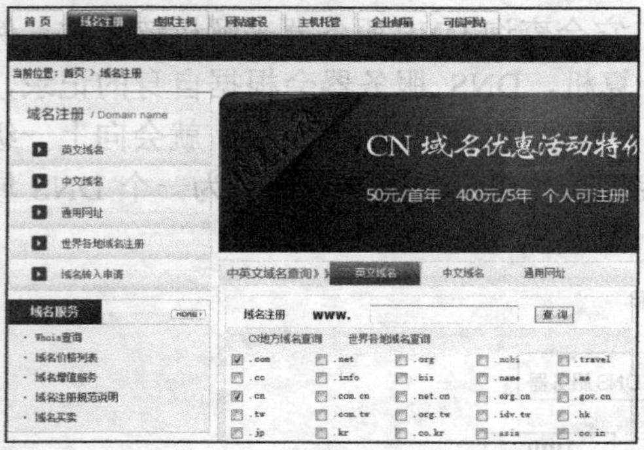

图 7-4 域名查询

（2）打开【域名注册】选项卡，在【域名注册】栏中输入一个名称，然后单击 查询 按钮，如果该域名已经被注册，就只有注册其他域名了；若域名未被注册，则提示可以现在就申请，如图 7-5 所示。

（3）勾选某个可用域名，单击 现在就申请 按钮，进入选购产品清单，如图 7-6 所示。

（4）要注册域名，首先要注册用户，成为网站会员，所以应先单击新用户注册按钮，进入用户注册页面，如图 7-7 所示。

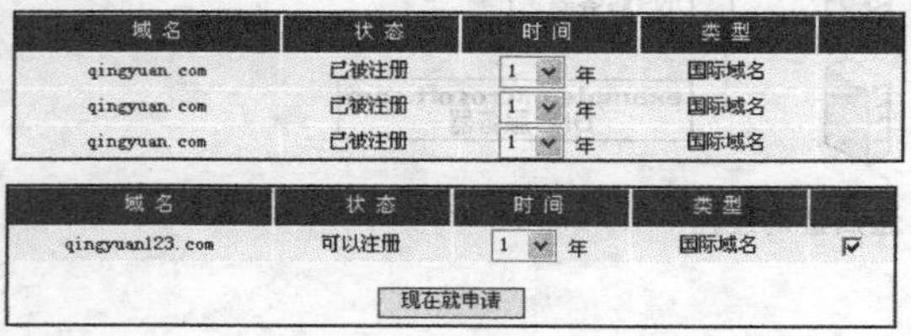

图 7-5 注册提示

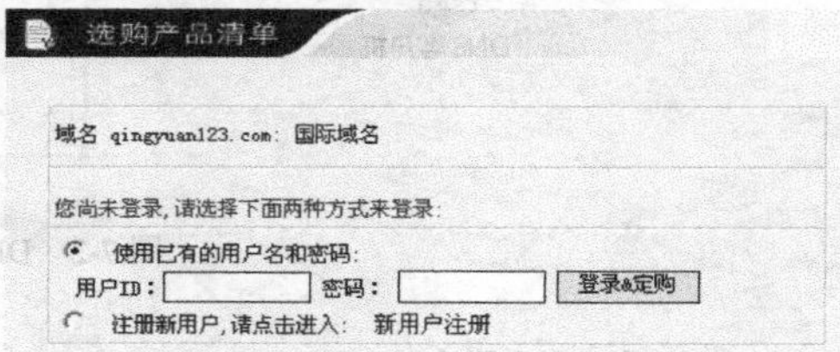

图 7-6 选购产品清单

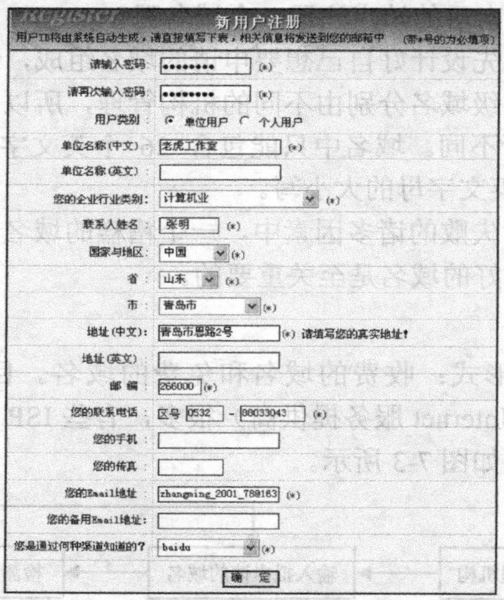

图 7-7 填写用户注册信息

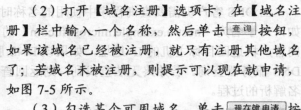

（5）单击 确 定 按钮，提交用户信息，生成订单，如图 7-8 所示。

图 7-8 生成订单

（6）交付费用之后，订单生效。域名注册完毕，服务商会开通域名和空间。

要点提示

域名申请完毕，一般情况下，服务商会根据用户信息打电话确认，可以免费试用一周后交费开通，同时会根据空间的大小来收费。

【任务小结】

通过这个任务，可以看到申请一个域名是很容易的。当然，除了任务中的“神州宏网”外，还有其他的网站也提供域名申请服务，如互联中国（http://www.inccn.com）、中国互联网络信息中心（http://www.cnnic.cn）等。

提供免费域名服务的网站也有很多，但免费的域名在稳定性、服务性等方面都相对较差，在这里就不多做介绍了。

（三）申请网站空间

【任务要求】

想要建立一个网站，除了选择并申请合适的域名外，还要选择合适的网站空间。网站空间主要有以下类型。

（1）购买自己的服务器。

购买自己专用的服务器的便利之处是可以根据需要确定服务器硬盘的空间，然后选择信誉良好的ISP，委托其将服务器接入Internet，并将网页内容上传到服务器中。

（2）租用专用服务器。

租用专用服务器就是用户向ISP租用一个专业的服务器。该服务器只供用户一个人使用，用户有完全的管理权和控制权。

（3）使用虚拟主机。

使用这种技术的目的是为了让多个用户共享一个服务器，但是对于每一个用户而言又感觉不到其他用户存在。在这种情况下，服务器要为每一个用户建立一个域名、一个IP地址，并提供一定大小的硬盘空间与各自独立的服务，使有限的资源可以满足较多用户的需求，并且每个用户的需求各自独立，互不影响。

（4）使用免费空间。

用户在一些网站上可以申请到免费的空间，所以用户可以根据实际的需要来选择合适的网站空间。如果用户需要的只是一个自己的WWW网站，只要申请免费的域名和免费的空间就可以；如果用户掌握了一定的网络技术，则可以考虑申请虚拟主机服务器；如果用户建立的是一个很专业的商业网站，那么最好租用或者购买自己的服务器。

【操作步骤】

（1）在图7-4所示“神州宏网”的主页上，选择【标准虚拟主机套餐】下的某一个空间类型，如单击“ASP型II”的【详情》】按钮，则浏览器就会转到该网站提供的空间租用服务页面，如图7-9所示，该页面列出了网站提供的各种虚拟主机的技术指标以及价格等。

（2）选择一种合适的虚拟主机类型，单击 立即申请 按钮，就会出现一个新的页面，说明用户选择的服务类型，如图7-10所示。

（3）单击 提交 按钮，就可以生成订单了。

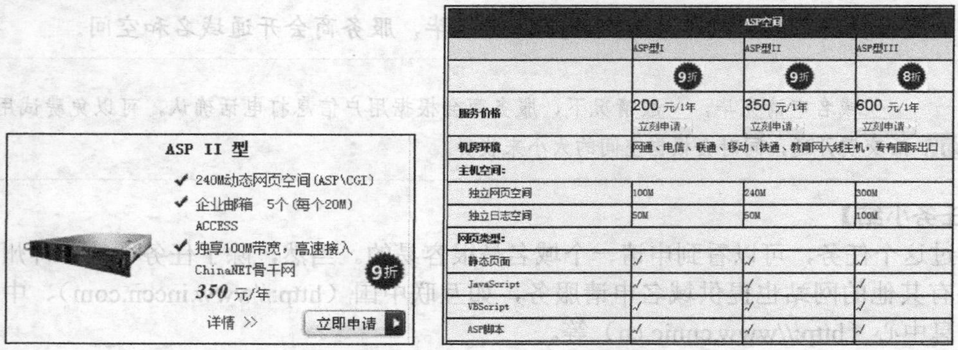

图 7-9　网站提供的各种虚拟主机的技术指标以及价格

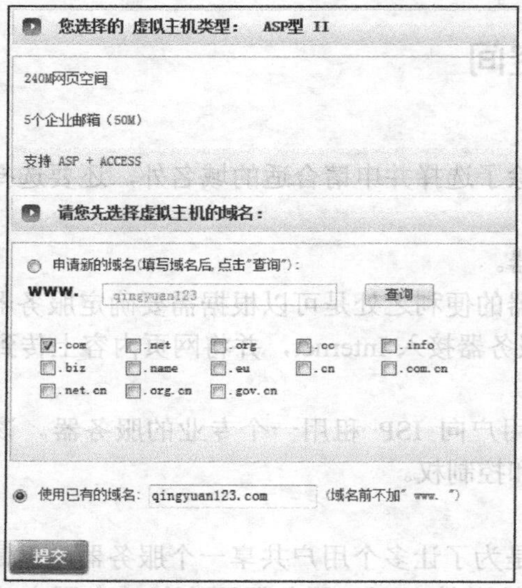

图 7-10　用户选择的服务类型

要点提示　ISP 所提供的服务是很全面的，对于用户来说，所做的事情就是选择合适的服务类型，单击鼠标，填写必要的资料，最后提交就可以了。

【任务小结】

网站空间是用于存放网站中的网页文件等数据的，用户需要根据自己的需要来选择不同的网站空间。一般来说，免费的空间在提供的空间大小、稳定性以及服务质量方面均不如收费的空间，所以，在经济条件许可的前提下，还是申请收费的空间服务比较好。

【任务拓展】

尽管用户可以根据自己的需要和网站的性质、内容等因素来申请和注册域名，但在对域名的选择上，还是需要注意以下几点。

- 避免难以记忆和过长的域名。一般来说，二级域名超过 12 个字符时将很难被人们记住，因为太长的字符组合很容易被拼写错。此外，有些域名并不长，但组成域名的字符没有一定的含义或规律，让用户很难记住它。所以，要选择一个简洁易懂的域名。

- 域名中尽量使用常用字符。尽量不要在域名中使用"_"、"-"和"~"这样的特殊字符。虽然使用这样的域名没有错误，但对大多数用户来说，这样做只能让域名更加难以拼写。
- 域名要尽量朗朗上口。域名要尽量朗朗上口，便于记忆，这样才更容易让更多的用户记住，也利于网站的宣传与推广。当然，如果用户看到域名就能想到公司或个人的形象就再好不过了。

用户需要根据自己的需要来选择不同的网站空间，从费用角度讲，几种网站的空间方式也是有区别的。

- 用户购买自己的服务器，也叫做主机托管，费用相对较高，而且需要额外支付Internet接入服务的费用。
- 租用专用服务器，不需要购买任何设备，但费用相对较高，适用于中小企业使用。
- 使用虚拟主机，由于是多个用户共同使用一个服务器，所以费用是租用专用服务器的几分之一，而且用户有很大的管理权和控制权。
- 使用免费空间，虽然不需要任何花费，但空间相对较小，用户权限也会有很多限制，很多网站开发的高级技术都不能使用。

动手练习

（1）在网上查找并申请一个免费的域名"www.qingyuanbook.net"。

（2）申请一个免费的空间。

（四）上传与发布站点

域名与空间申请完毕，服务商会给用户一个 FTP 账号，用来管理给定的空间，空间与域名绑定在一起，只有将网站上传到此目录中，才能正常发布。下面介绍如何上传网站。

【任务要求】

以网络书店为例，在本任务的第（二）节中已经申请完域名空间，服务商会把后台管理信息发到注册邮箱中，如图 7-11 所示。

根据以上邮件信息，可以进行网站后台的上传与发布，具体步骤如下。

您在我公司的用户信息为：

用户ID：hw6009691

用户密码：qingyuan

用户名：老虎工作室

用户管理后台：http://user.ourhost.com.cn

网站前台：http://www.ourhost.com.cn

您此次申请的订单详细信息如下：

订单ID：hd6014421

订单密码：qingyuan

订单用户名：老虎工作室

服务内容：国际域名1个：qingyuan123.com ＋ ASP型 I虚拟主机

⊕100M网页空间

⊕支持HTML语言

⊕支持ASP

⊕2 个企业邮箱

总金额：75 ＋ 200＝275 元

图 7-11　订单邮件

【操作步骤】

（1）在 IE 浏览器地址栏中，输入网站后台管理网址“http://user.ourhost.com.cn”，进入后台管理登录界面，如图 7-12 所示。

要点提示 如果在用户登录窗口中输入用户 ID 和密码，将进入用户管理菜单，包括用户信息、订单情况、申请新订单、财务信息等功能模块。如果在用户登录窗口中输入订单 ID 和密码，将进入订单管理功能模块。

（2）在文本框中输入订单 ID 和密码，进入订单管理功能模块，如图 7-13 所示。

图 7-12　用户登录窗口

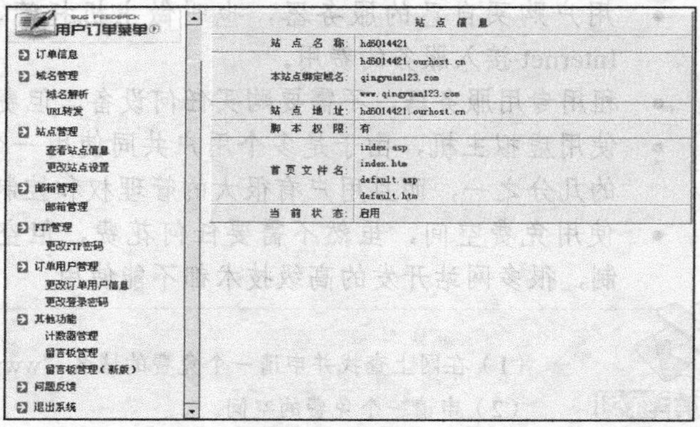

图 7-13　订单管理

要点提示 进入订单管理功能模块，可以查看站点信息、更改 FTP 账号密码、留言设置等功能。另外，在试用此空间时，全球域名“www.qingyuan123.com”还没有开通，服务商会给一个二级域名“hd6014421.ourhost.cn”作为站点的管理和调试。

（3）单击更改FTP密码菜单，进入 FTP 密码修改窗口，如图 7-14 所示。

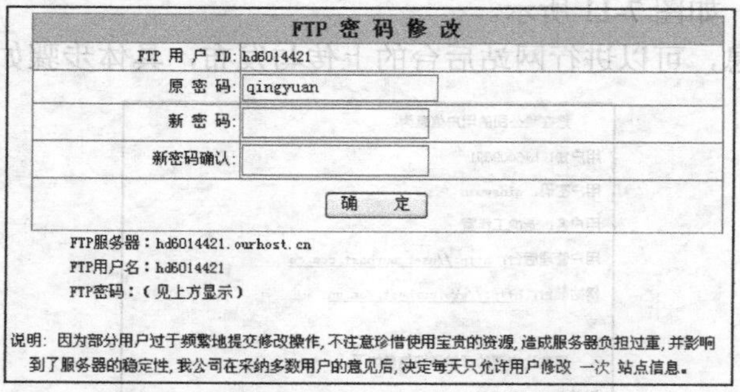

图 7-14　更该 FTP 账号密码

要点提示 用户可以更改 FTP 密码，账号为订单号，FTP 空间服务器地址为“hd6014421.ourhost.cn”。

（4）单击 FlashFXP 工具图标，运行 FTP 上传下载软件，如图 7-15 所示。

要点提示　FTP 上传下载软件很多，如 CuteFTP、KingFTP、CoreFTP、SmartFTP 等，可以根据个人习惯使用不同的 FTP 软件，内容功能大同小异。

（5）选择【站点】|【站点管理器】命令，进入【站点管理器】窗口，如图 7-16 所示。

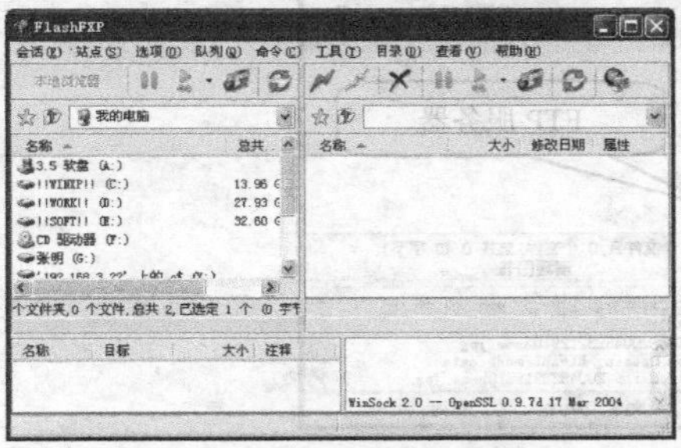

图 7-15　FlashFXP 软件主界面

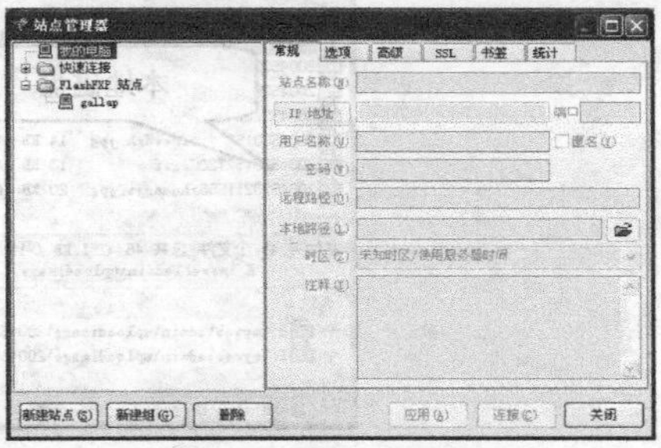

图 7-16　站点管理器

（6）单击新建站点(S)按钮，新建管理站点，如图 7-17 所示。

（7）在文本域中输入站点名称为“清源图书”，单击确定按钮，进入 FTP 账号配置窗口，如图 7-18 所示。

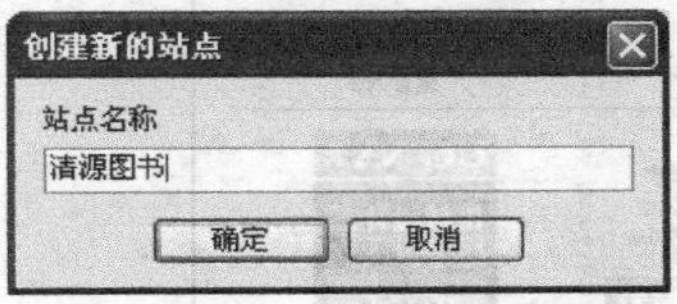

图 7-17　新建站点

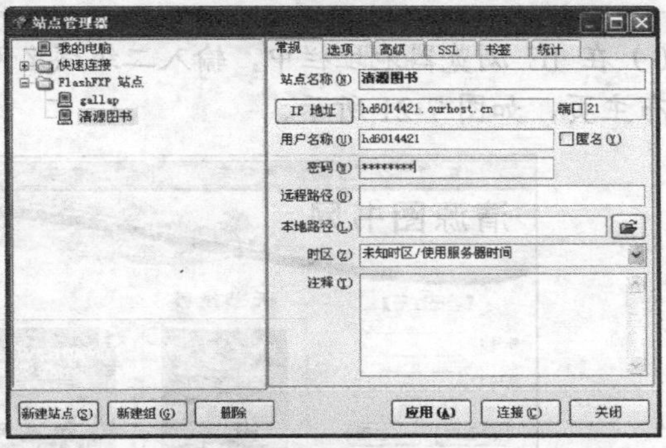

图 7-18　FTP 账号配置

（8）在【IP 地址】文本域中输入 FTP 服务器地址“hd6014421.ourhost.cn”，输入 FTP 账号用户名和密码，单击连接(C)按钮，连接 FTP 服务器，如图 7-19 所示。

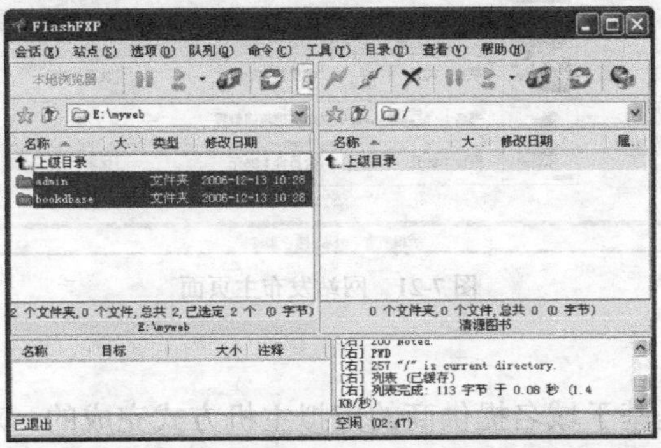

图 7-19　连接 FTP 服务器

（9）选中要上传的文件，从本地磁盘拖动到 FTP 服务器空间中，完成网站文件的远程 FTP 传输，如图 7-20 所示。

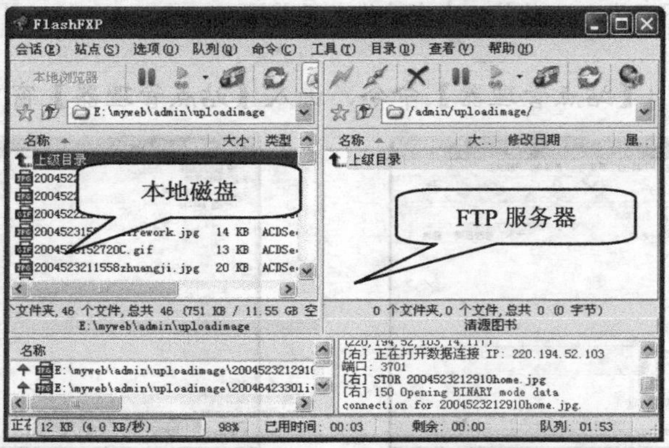

图 7-20　文件上传

要点提示　当修改 FTP 服务器网站文件时，可以先下载到本地，修改完毕后，重新上传覆盖文件即可。

（10）在 IE 浏览器地址栏中，输入二级域名网址“http://hd6014421.ourhost.cn/main.asp”，浏览发布主页，如图 7-21 所示。

图 7-21　网站发布主页面

【任务小结】

本节中网站的发布是基于域名提供商的虚拟主机方式完成的，对于小型企业或团体，这种方式不用自己本身去管理，依托服务商代为管理，省钱省力。但是，对于实力强大的企业集团，由于功能复杂，使用人员众多等因素，完全可以自建服务器和绑定域名，实现自己管理网站和服务器的方式。

任务二　维护管理网站

网络管理和维护是指监督、组织和控制网络通信服务以及信息处理所必需的各种活动的总称，目的是确保计算机网络和网站的持续正常运行，并在网络运行出现异常时能及时响应和排除故障。很多网站都存在重建设、轻维护的现象，从而导致网站性能不高、信息陈旧。

（一）网站维护的要求

相比于网站的设计，网站的管理与维护是一项更烦琐、更需要耐心的工作，而且也会耗费更多的人力、物力和财力，但这是网站建设的一个必然的环节，也是一个网站是否能够持久发展下去的关键。

网站日常管理和维护主要包括以下几个方面。

- 网站内容更新、监测。
- 对内对外的技术支持、数据备份。
- 服务器、线路运行监测及故障排除。
- 信息反馈、在线及离线用户的问题解答。
- 网站的系统升级。

网站只有日常维护，才能保障网站的正常运行，网站维护有以下几种具体措施。

1. 网站的数据备份

网站维护的首要任务就是数据的备份与恢复，在发布的站点中，一旦数据被破坏或者误操作导致数据丢失，可以通过备份恢复网站使其正常运行，尽量减少数据损失。在这里，数据备份主要是网站文件的备份和数据库数据的备份。

2. 网站数据的更新

网站建立以后，数据更新是日常维护的范畴，一个好的网站需要定期或不定期地更新内容，才能不断吸引访问者再次光临，使潜在的消费者变成客户。如果网站上的内容一成不变，是无法获得更多的商业机会的。

3. 网络服务的维护

如果网站有自己的服务器，提供各种网络服务，如 WWW 服务、DNS 服务、DHCP 服务、SMTP 服务、FTP 服务等，需要维持网络服务的正常运行。

4. 网络设备的维护

网络设备的维护包括网络设备的更新与维修，包括服务器、交换机、路由器等前端设备以及 Internet 连接线路等的检修和维护，以确保网站 24 小时不间断地正常运行。

5. 人员值班

网站 24 小时运行时，难免会出现故障或问题，人员 24 小时值班制度，可以发现问题并及时地排查和解决，恢复网络正常运行，减小故障时间周期，减轻网络故障造成的损失。

（二）常用网络诊断命令

当一个网站建成以后，为了保障其运转正常，网站和网络状态的维护就显得非常重要。Windows 系统提供了一些常用的网络测试命令，可以方便地对网络情况及网络性能进行测试。下面介绍几个常用的网络测试命令。

1. 网络连通测试命令 ping

ping 是一种常见的网络测试命令，可以测试端到端的连通性。ping 的原理很简单，就是通过向对方计算机发送 Internet 控制信息协议（ICMP）数据包，然后接收从目的端返回的这些包的响应，以校验与远程计算机的连接情况。默认情况下，发送 4 个数据包。因为使用的数据包的数据量非常小，所以在网上传递的数度非常快，可以快速检测某个计算机是否可以连通。

（1）语法格式。

```
ping [-t][-a][-n count][-l length][-f][-i ttl][-v tos][-r count][-s count]
[[-j computer-list]|[-k computer-list]][-w timeout]destination-list
```

（2）主要参数说明。

- -t：ping 指定的计算机直到中断。
- -a：将地址解析为计算机名。
- -n count：发送 count 指定的 ECHO 数据包数，默认值为 4。
- -l length：发送包含由 length 指定的数据量的 ECHO 数据包。默认为 32 字节，最大值是 65 527。
- -r count：在“记录路由”字段中记录传出和返回数据包的路由。count 可以指定 1～9 台计算机。
- destination-list：指定要 ping 的远程计算机。

（3）常用测试。

- ping 127.0.0.1：验证是否在本地计算机上安装 TCP/IP 以及配置是否正确。
- ping 网关的 IP 地址：验证默认网关是否运行以及能否与本地网络上的本地主机通信。
- ping 本地计算机的 IP 地址：验证是否正确地添加到网络。
- ping 远程主机的 IP 地址：验证能否正常连接。

（4）使用举例。

① 图 7-22 所示为向主机（IP：192.168.1.178）进行 ping 操作的命令，通过命令提示符可知两机能够正常连通。

② 图 7-23 所示为向主机（IP：192.168.1.177）进行 ping 操作的命令，通过命令提示符可知两机无法正常连通。

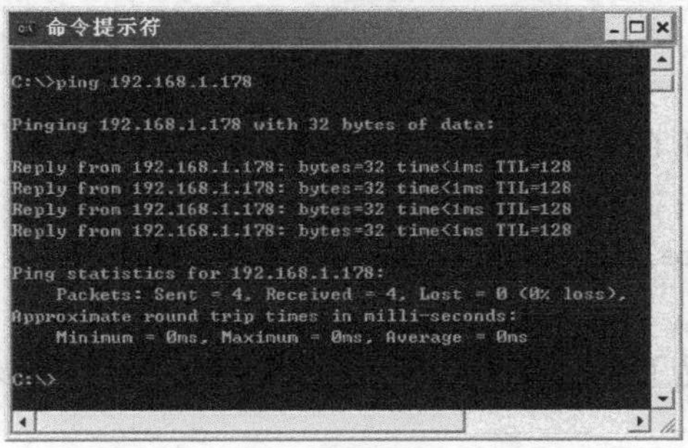

图 7-22　两机正常连通

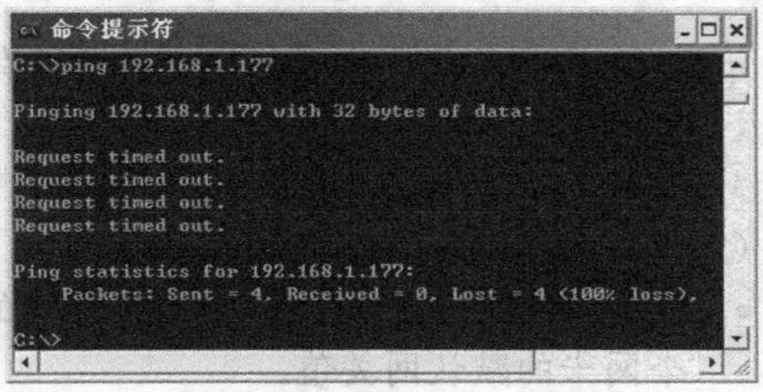

图 7-23　两机无法正常连通

默认情况下，在显示“请求超时”之前，ping 等待 1 000 ms 的时间让每个响应返回。如果通过 ping 探测的远程系统经过长时间延迟的链路，如卫星链路，则响应可能会花更长的时间才能返回。可以使用“-w”（等待）选项指定更长时间的超时。

要点提示　ping 命令用 Windows 套接字样式的名称解析，将计算机名解析成 IP 地址，所以如果用 IP 地址成功，但是用名称 ping 失败，则问题出在地址或名称解析上，而不是网络连通性的问题。

2. 路由追踪命令 tracert

tracert 命令用于确定到目标主机所采用的路由。要求路径上的每个路由器在转发数据包之前至少将数据包上的 TTL 递减 1。数据包上的 TTL 减为 0 时，路由器将“ICMP 已超时”的消息发回源主机。

tracert 命令按顺序打印出返回“ICMP 已超时”消息的路径中的近端路由器接口列表。如果使用-d 选项，则 tracert 实用程序不在每个 IP 地址上查询 DNS。

（1）语法。

```
tracert [-d] [-h maximum_hops] [-j computer-list] [-w timeout] target_name
```

（2）主要参数说明。

- -d：指定不将地址解析为计算机名。
- -h maximum_hops：指定搜索目标的最大跃点数。
- -w timeout：每次应答等待 timeout 指定的微秒数。
- target_name：目标计算机的名称。

（3）使用举例。

本例中，程序对发往 www.163.com 网站的数据包进行了跟踪，如图 7-24 所示。可见，数据包从本机到达该网站，需要经过 11 跳（hops），也就是要经过 11 个路由器来中转。

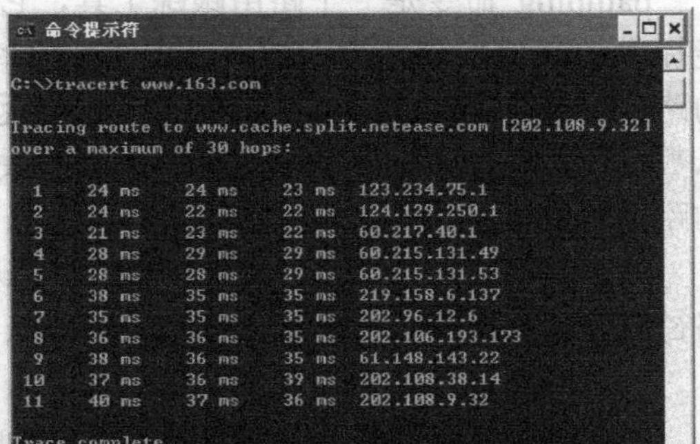

图 7-24　tracert 命令应用举例

3. 地址配置命令 ipconfig

ipconfig 命令的作用主要是用于显示所有当前 TCP/IP 的网络配置值。

（1）语法。

```
ipconfig [/all | /renew [adapter] | /release [adapter]]
```

（2）主要参数说明。

- /all：产生完整显示。在没有该开关的情况下 ipconfig 只显示 IP 地址、子网掩码和每个网卡的默认网关值。

如果没有参数，那么 ipconfig 实用程序将向用户提供所有当前的 TCP/IP 配置值，包括 IP 地址和子网掩码。该实用程序在运行 DHCP 的系统上特别有用，允许用户决定由 DHCP 配置的值。

（3）使用举例。

图 7-25 所示为某计算机“ipconfig/all”命令的输出结果，表明该计算机的网卡型号、MAC 地址、IP 地址等信息。

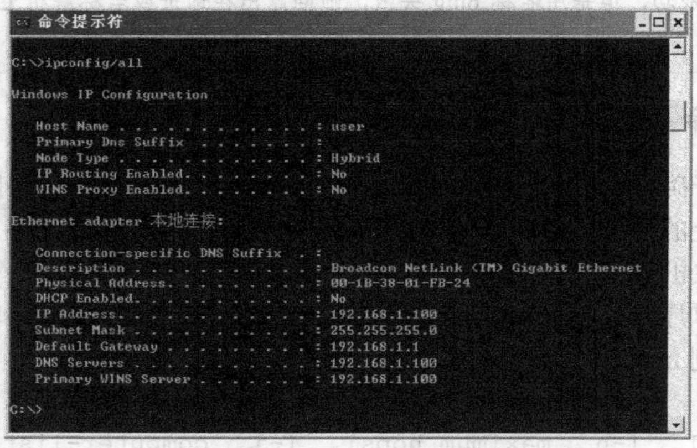

图 7-25 Ipconfig 命令应用举例

4. 路由跟踪命令 pathping

pathping 命令是一个路由跟踪工具，它将 ping 和 tracert 命令的功能和这两个工具所不能提供的其他信息结合起来。pathping 命令在一段时间内将数据包发送到将到达最终目标的路径上的每个路由器，然后从每个跃点返回基于数据包的计算机结果。由于该命令可以显示数据包在任何给定路由器或链接上的丢失程度，因此可以很容易地确定可能导致网络问题的路由器或链接。

默认的跃点数是 30，并且超时前的默认等待时间是 3 s。默认时间是 250 ms，并且沿着路径对每个路由器进行查询的次数是 100。

（1）语法。

```
pathping [-n] [-h maximum_hops] [-g host-list] [-p period] [-q num_queries [-w timeout] [-T] [-R] target_name
```

（2）主要参数说明。

- -n：不将地址解析为主机名。

- -h maximum_hops：指定搜索目标的最大跃点数，默认值为 30 个跃点。
- -g host-list：允许沿着 host-list 将一系列计算机按中间网关（松散的源路由）分隔开来。
- target_name：指定目的端，可以是 IP 地址，也可以是主机名。

（3）使用举例。

图 7-26 所示为主机“www.163.com”的 pathping 命令输出结果。

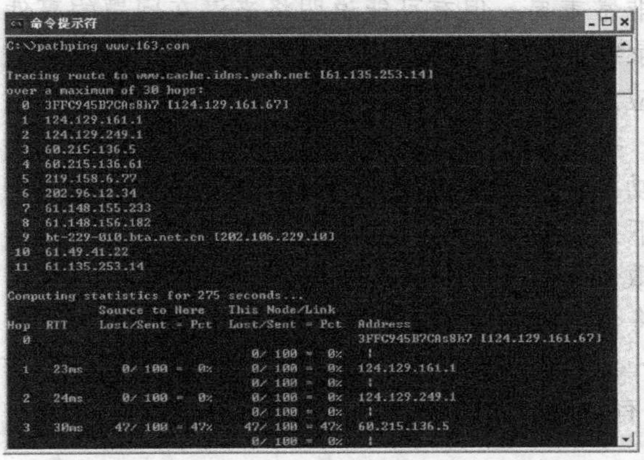

图 7-26　pathping 命令应用举例

下面对命令提示符进行说明。

pathping 运行时，首先查看路由的结果，此路径与 tracert 命令所显示的路径相同。然后对下一个 125 ms 显示忙消息（此时间根据跃点计数变化）。在此期间，pathping 从先前列出的所有路由器和它们之间的链接之间收集信息，然后显示测试结果。

最右边的“This Node/Link”、“Lost/Sent=Pct”和“Address”包含的信息最有用。“124.129.161.1”（跃点 1）和“124.129.249.1”（跃点 2）没有丢失数据包，而在“60.215.136.5”（跃点 3）丢失了 47%的数据包，说明这个节点的工作负担比较重。

要点提示　此外，网络状态命令 netstat、网络连接状态命令 Nbtstat 等，也是网站检测常用的命令，这里就不赘述了。

（三）事件查看器

事件查看器是服务器管理中最常使用的一个系统工具，通过对事件日志的查看，可以了解服务器的运行状况和安全事件。Windows Server 2003 事件日志记录了以下 3 个方面的事件。

- 应用程序日志：应用程序日志包含由应用程序或系统程序记录的事件。例如，数据库程序可在应用日志中记录文件错误。
- 系统日志：系统日志包含 Windows Server 2003 的系统组件记录的事件。例如，启动过程加载的驱动程序或其他系统组件失败。
- 安全日志：安全日志可以记录安全事件，如有效的和无效的登录尝试以及与创建、打开或删除文件等资源使用相关联的事件。管理器可以指定在安全日志中记录什么事件。例如，如果已启用登录审核，登录系统的尝试将记录在安全日志中。

密切注意事件日志有助于预测和识别系统问题的根源。例如，如果日志警告显示磁盘驱动程序在几次重试后，只能读取或写入到某个扇区中，则该扇区最终可能出现故障。日志也可用于确定软件问题，如果程序崩溃，程序事件日志可以提供导致该事件的活动记录。

事件日志记录以下 5 类事件。

- 错误：重要的问题，如数据丢失或功能丧失。例如，在启动过程中某个服务加载失败，这个错误将会被记录下来。
- 警告：并不是非常重要，但有可能说明将来潜在问题的事件。例如，当磁盘空间不足时，将会记录警告。
- 信息：描述了应用程序、驱动程序或服务的成功操作的事件。例如，当网络驱动程序加载成功时，将会记录一个信息事件。
- 成功审核：成功的审核安全访问尝试。例如，用户试图登录系统成功会被作为成功审核事件记录下来。
- 失败审核：失败的审核安全登录尝试。例如，如果用户试图访问网络驱动器并失败了，则该尝试将会作为失败审核事件记录下来。

启动 Windows Server 2003 时，事件日志服务会自动启动。所有用户都可以查看应用程序日志和系统日志，只有管理员才能访问安全日志。

【查看事件日志】

（1）选择【开始】/【程序】/【管理工具】/【事件查看器】命令，打开【事件查看器】窗口，如图 7-27 所示。在左侧树状菜单中单击要查看的日志，则右侧详细信息窗格中将列出该类的所有事件。

> **要点提示** 如果想查看事件查看器的内容是否有变化，可以刷新事件日志，选择【操作】/【刷新】命令即可。

（2）如果想进一步了解某个事件的详细信息，可右键单击该事件，在弹出的菜单中选择【属性】命令，弹出【事件 属性】对话框，显示该事件的详细信息，如图 7-28 所示。

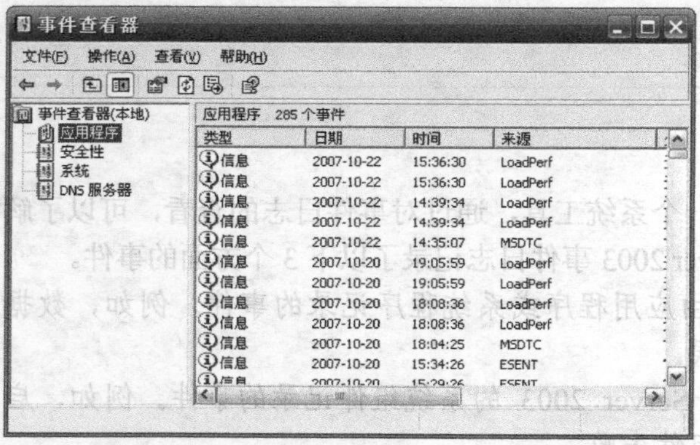

图 7-27 事件查看器

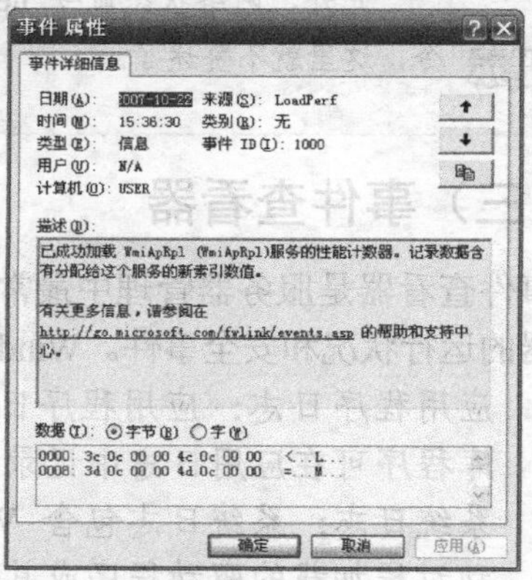

图 7-28 【事件 属性】对话框

如果要查看前一个或下一个事件的详细信息，可以单击如图 7-28 所示中的 ↑ 或 ↓ 按钮，如果要复制事件的详细信息，可单击 按钮。

要点提示　在事件上双击鼠标也能够打开【事件 属性】对话框。

（3）若需要查看系统事件，可以在左侧的树状菜单中选择【系统】选项，则右侧出现与系统相关的事件记录，如图 7-29 所示。

（4）如果要搜索特定的事件，可选择【查看】/【查找】命令，打开【在本地应用程序上查找】对话框，如图 7-30 所示。

（5）在【描述】文本框中，输入需要查找的内容，如“登录”，然后单击 查找下一个(F) 按钮，则与用户登录相关的事件都被显示出来，如图 7-31 所示。

图 7-29　系统事件信息

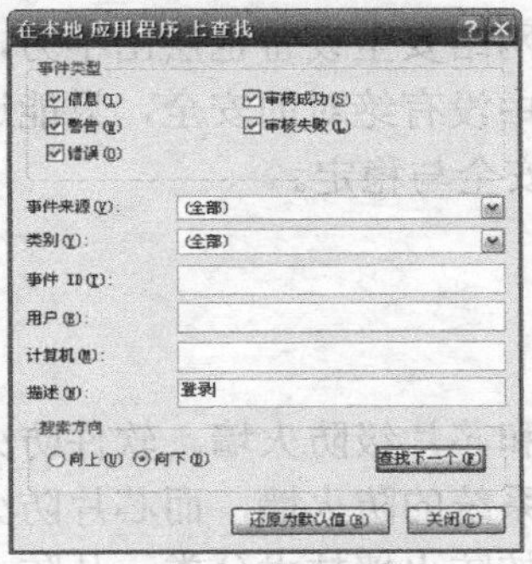

图 7-30　查找事件

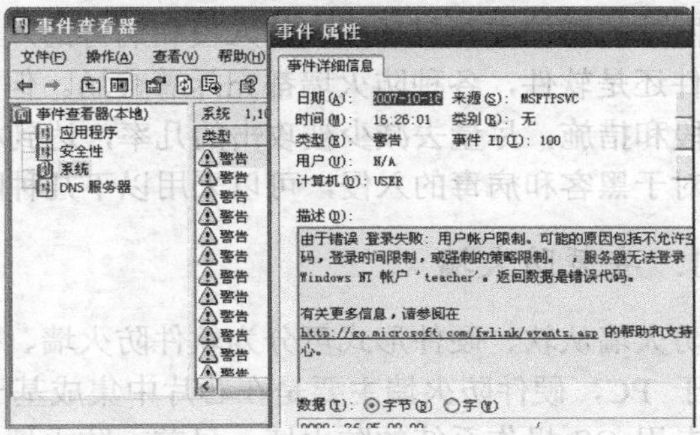

图 7-31　所有与“登录”相关的事件

（6）利用【筛选器】选项卡可以选择用户需要记录哪些事件，如图 7-32 所示。

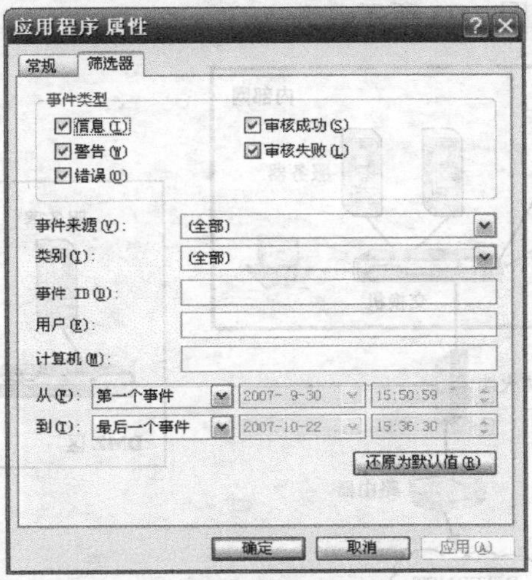

图 7-32　筛选需要记录的事件

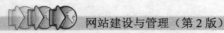

任务三 网站的安全管理

网站面临的安全威胁是多方面的，主要的威胁包括网络环境故障、系统偶然错误、人为攻击破坏、计算机病毒感染等。在 Internet 中，平均每天会发生超过 400 起网络入侵攻击事件，而 80%以上的受害者为大大小小的 Web 站点，被攻击的服务器中，很多网站数据丢失或者被破坏，导致无法挽回的损失。那么，怎样保证网站正常运行呢？网站的日常维护与安全措施是保障网站防患于未然的重要手段之一。

（一）一般的安全措施

网站的安全，一直是 IT 行业重点关注的问题，目前，上网的计算机 100%都受到过病毒的侵害，各种病毒使人防不胜防，防病毒软件的病毒升级包也频繁更新，病毒与杀毒软件之间的战争是长期的、持久的。另外，在网络中还存在一些不法的黑客，他们利用黑客软件不断地去寻找网络中计算机的漏洞，一旦让他们盯上，需要好久才能逃脱他们的魔掌。

网站的防护主要包括黑客的入侵和病毒的入侵，目前的网络安全设备也层出不穷，无论是硬件还是软件，各种防火墙都充斥着市场。但是，在网络中没有绝对的安全，只能通过一些手段和措施，尽量去减少被攻击的几率，达到相对的网络安全与稳定。

对于黑客和病毒的入侵，可以采用以下几种防范措施。

1. 安装防火墙

防火墙从软、硬件形式可分为软件防火墙、硬件防火墙和芯片级防火墙。软件防火墙通常用于 PC，硬件防火墙主要是在芯片中集成基于 PC 操作系统的防火墙，而芯片防火墙为基于专用 OS 操作系统的防火墙。目前，防火墙的分类还有按防火墙技术分类、从防火墙结构分类等分类方式。

防火墙为网络系统的首要关卡，它就像一个边界卫士一样，每时每刻都要面对黑客和病毒的入侵。防火墙的设置如图 7-33 所示。

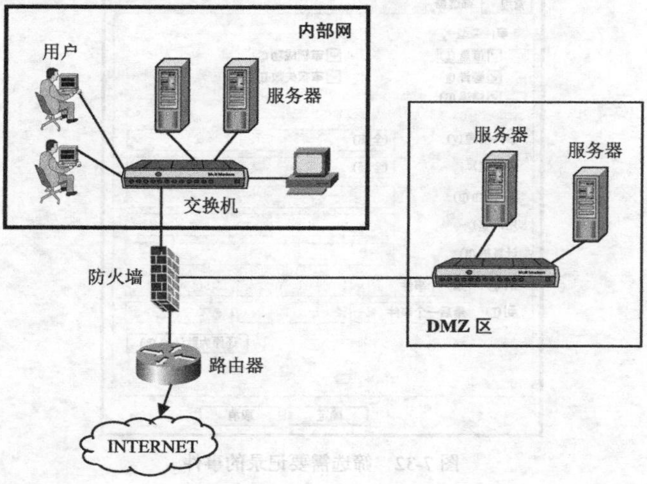

图 7-33 防火墙位置

2. 及时更新病毒库

在 Internet 中，病毒不断在演化中，形形色色的病毒不断地演变，所以杀毒软件的不断升级也是必要的，只有及时更新病毒库，才能保障系统中的软、硬件不被侵害。

3. 及时入侵检测

在网站运行时，有的时候无法第一时间发现黑客入侵系统的情况，导致了数据被破坏或者丢失，所以应该定期检查系统的安全性和可靠性，最常用的方法为安全日志检测、进程监控和端口侦测。

4. 加强人员防范意识

再强的防火墙也挡不住人为的破坏，以往主要入侵的原因中，内网人员不可忽视。由于防火墙只防范于外部数据，而对内部毫无防范，导致内部人员与外部黑客共同入侵网站，使得网络瘫痪，所以，防范黑客入侵，必须加强内部人员的防范意识和管理，防止不必要的破坏。

（二）网站安全设置

这里所说的网站安全设置是指网站服务器的安全策略和安全规则，用于保护计算机或网络上的资源。安全设置可以控制以下几方面。

- 用户访问网络或计算机的身份认证方式。
- 授权给用户的可以使用的资源。
- 是否将用户或者组的操作都记录在事件日志中。
- 组成员。

选择【开始】/【程序】/【管理工具】/【本地安全设置】命令，打开【本地安全设置】窗口，如图 7-34 所示。其中包含了一些安全设置组，一般常用的就是【账户策略】和【本地策略】选项组。

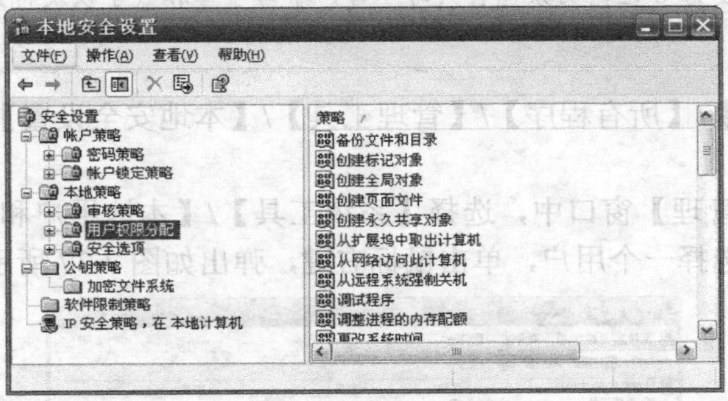

图 7-34　本地安全设置

1. 账户策略

账户策略在计算机上定义，还可以影响用户账户与计算机或域交互作用的方式。账户策略包含两个子集。

- 密码策略：对于域或本地用户账户，决定密码的设置，如强制性和期限。

- 账户锁定策略：对于域或本地用户账户，决定系统锁定账户的时间以及锁定哪个账户。

不要为不包含任何计算机的组织单位配置账户策略，因为只有包含用户的组织单位才能从域接收账户策略。

在活动目录中设置账户策略时，系统只允许一个域账户策略，即应用于域目录树的根域的账户策略。该域账户策略将成为域成员中任何 Windows Server 2003 工作站或服务器的默认账户策略。此规则唯一的例外是为一个组织单位定义了另一个账户策略。组织单位的账户策略设置将影响该组织单位中任何计算机上的本地策略。

【设置计算机账户的密码策略】

（1）选择左侧安全设置树中的【账户策略】选项，打开树状视图，可以发现账户策略中包含【密码策略】和【账户锁定策略】。

（2）选择【密码策略】选项，在右侧的详细列表中列出了密码策略中包含的内容，如图 7-35 所示。

（3）在【密码必须符合复杂性要求】项目上双击鼠标，在出现的策略属性对话框中，选择【已启用】单选项，如图 7-36 所示，单击 确定 按钮即可修改策略属性。

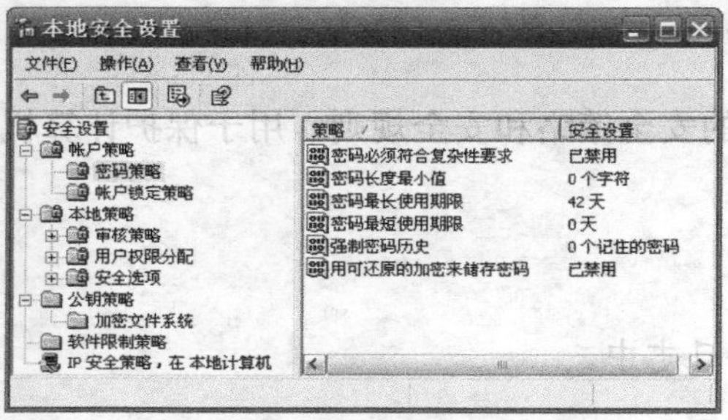

图 7-35 密码策略

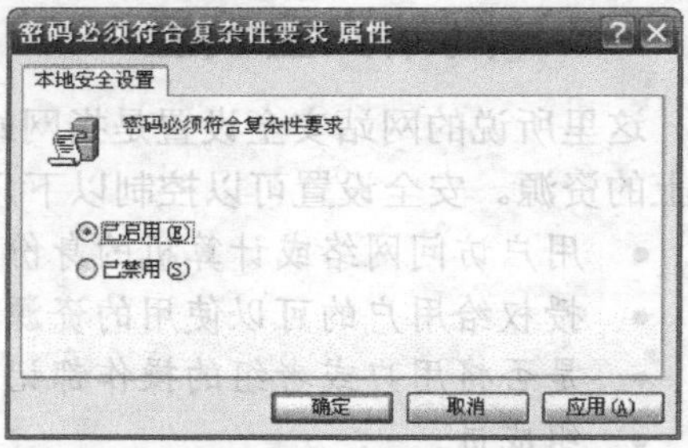

图 7-36 本地策略设置

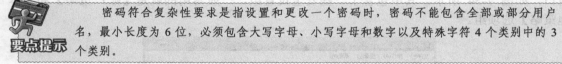

> **要点提示** 密码符合复杂性要求是指设置和更改一个密码时，密码不能包含全部或部分用户名，最小长度为 6 位，必须包含大写字母、小写字母和数字以及特殊字符 4 个类别中的 3 个类别。

（4）选择【开始】/【所有程序】/【管理工具】/【本地安全设置】命令，打开【计算机管理】窗口。

（5）在【计算机管理】窗口中，选择【系统工具】/【本地用户和组】/【用户】选项，在右侧的用户信息中选择一个用户，单击鼠标右键，弹出如图 7-37 所示的快捷菜单。

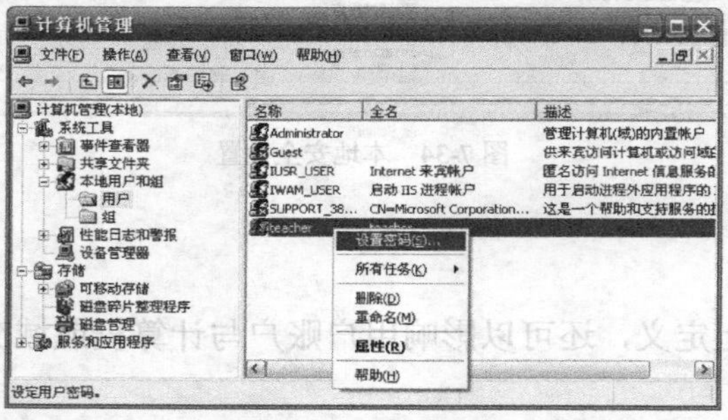

图 7-37 用户密码管理

（6）选择【设置密码】命令，则弹出警告对话框，如图 7-38 所示，提示修改密码应慎重考虑。

（7）单击 继续(P) 按钮，弹出设置用户密码的对话框。设置新密码为“123”，如图 7-39 所示。

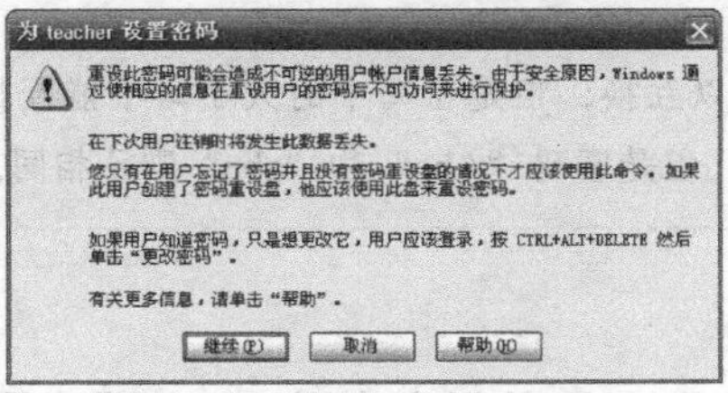

图 7-38　警告对话框

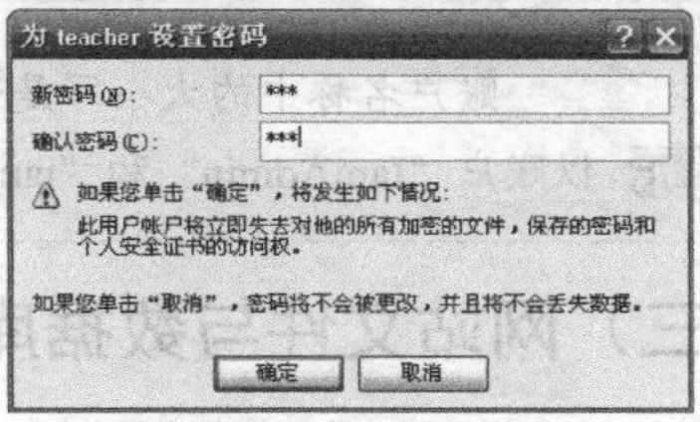

图 7-39　设置新密码

（8）单击 确定 按钮，弹出错误提示对话框，如图 7-40 所示。说明设置密码时出现了错误，密码不满足密码策略的要求。这就是前面在密码策略中启用密码复杂性要求作用的结果。

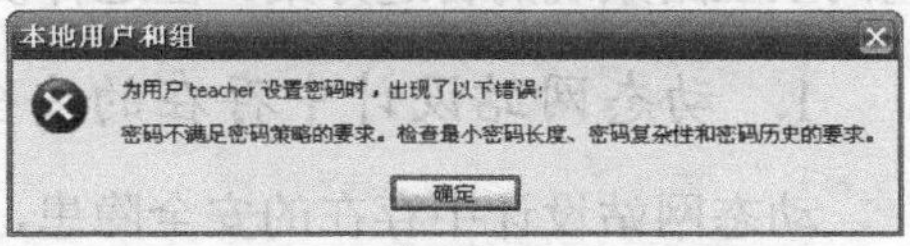

图 7-40　密码不满足密码策略的要求

要点提示　在密码策略中，还可以设置密码长度的最小值，密码最长存留期、最短存留期，强制密码历史等，设置方法基本相同，不再赘述。

2. 安全策略

安全策略是影响计算机安全性的安全设置的组合。可以利用本地安全策略编辑本地计算机上的账户策略和本地策略，通过它可以控制以下几方面。

- 访问计算机的用户。
- 授权用户使用计算机上的哪些资源。
- 是否在事件日志中记录用户或组的操作。

【修改系统管理员名称】

一般系统管理员都使用“Administrator”作为名称，也正因为如此，很多非法用户利用这个特点来攻击系统。所以可以考虑为管理员更改一个名称。

（1）在【安全选项】的策略中，选择【重命名系统管理员账户】选项，打开其属性对话框，如图 7-41 所示。

（2）在文本框中输入一个新的账户名称，如图 7-42 所示。

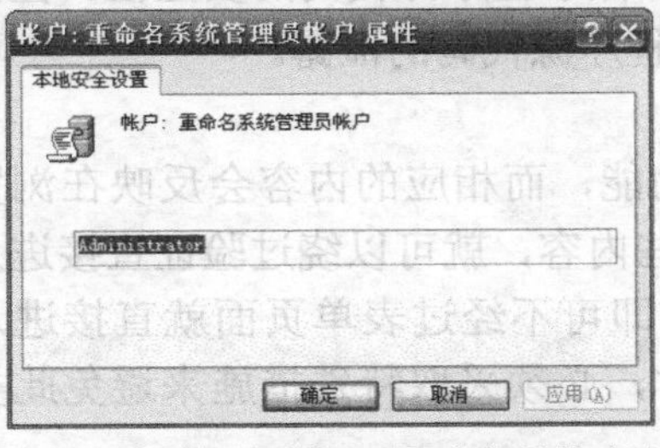

图 7-41　重命名系统管理员账户的属性对话框

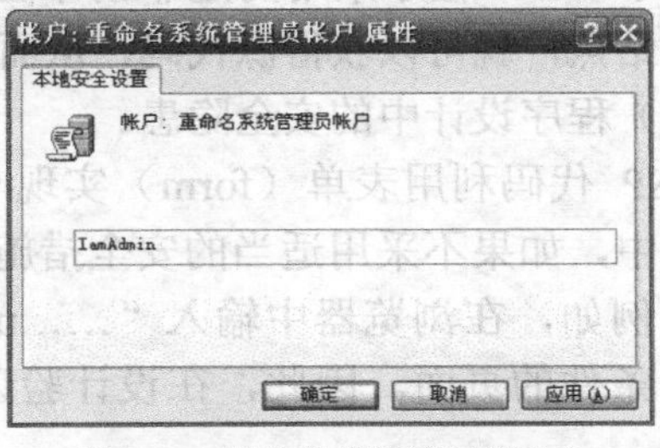

图 7-42　重命名系统管理员账户

（3）单击 确定 按钮，则当前系统管理员的账户名称被修改了。

（4）重新启动系统，尝试用账户“admininstrator”登录系统，发现无法进入；用账户“IamAdmin”登录，可以顺利进入系统。

要点提示 账户名称中的大小写是通用的，大小写可以互换；但是密码中的大小写不能互换。所以账户“IamAdmin”和“iamadmin”是通用的，但是密码“Abc”和“abc”则不相同。

（三）网站文件与数据库的安全

前面已经讲过，在动态网站设计方面，ASP 与 Access 的组合应用，已经成为许多中小型网上应用系统的首选方案。但这种设计方案也存在一些安全隐患。

1. 动态网站设计中存在的安全隐患

动态网站设计中存在的安全隐患，首先是 Access 数据库的安全性问题，其次是 ASP 网页设计过程中的安全漏洞。

（1）Access 数据库的存储隐患。

在 ASP＋Access 应用系统中，如果获得或者猜到 Access 数据库的存储路径和数据库名，则该数据库就可以被下载到本地。例如，对于网上书店的 Access 数据库，设计者一般命名为 book.mdb、store.mdb 等，而存储的路径一般为“URL/database”或干脆放在网站根目录（“URL/”）下。这样，只要在浏览器地址栏中输入地址：URL/database/store.mdb，就可以轻易地把 store.mdb 下载到本地的计算机中。

（2）Access 数据库的解密隐患。

虽然 Access 数据库可以进行加密，但是由于 Access 数据库的加密机制非常简单，所以即使数据库设置了密码，解密也很容易。该数据库系统通过将用户输入的密码与某一固定密钥进行“异”“或”操作来形成一个加密串，并将其存储在 mdb 文件的从地址“&H42”开始的区域内。由于“异”“或”操作的特点是经过两次“异”“或”就恢复原值，因此，用这一密钥与 mdb 文件中的加密串进行第二次“异”“或”操作，就可以轻松地得到 Access 数据库的密码。基于这种原理，可以很容易地编制出解密程序。

由此可见，无论是否设置了数据库密码，只要数据库被下载，其信息就没有任何安全性可言了。

（3）源代码的安全隐患。

由于 ASP 程序采用的是非编译性语言，这大大降低了程序源代码的安全性。任何人只要进入站点，就可以获得源代码，从而造成 ASP 应用程序源代码的泄露。

（4）程序设计中的安全隐患。

ASP 代码利用表单（form）实现与用户交互的功能，而相应的内容会反映在浏览器的地址栏中，如果不采用适当的安全措施，只要记下这些内容，就可以绕过验证直接进入某一页面。例如，在浏览器中输入“……page.asp?x=1”，即可不经过表单页面就直接进入满足“x=1”条件的页面。因此，在设计验证或注册页面时，必须采取特殊措施来避免此类问题的发生。

2. 安全隐患常用的解决方法

由于 Access 数据库加密机制过于简单，因此，如何有效地防止 Access 数据库被下载,就成了提高 ASP＋Access 解决方案安全性的重中之重。

（1）非常规命名法。

防止数据库被找到的简便方法是为 Access 数据库文件起一个复杂的非常规名字，并把它存放在多层目录下。例如，对于网上书店的数据库文件，不要简单地命名为 book.mdb 或 store.mdb，而是要起一个非常规的名字，如 syb33ilik.mdb，再把它放在如 /bjqdqy312/sybwxh/szt169a/之类的深层目录下。这样，就能对于一些通过猜的方式得到 Access 数据库文件名的非法访问方法起到有效的阻止作用。

（2）使用 ODBC 数据源。

在 ASP 程序设计中，应尽量使用 ODBC 数据源，不要把数据库名直接写在程序中，否则，数据库名将随 ASP 源代码的失密而一同失密。例如：

```
DBPath=Server.MapPath("bjqdqy312/sybwxh/szt169a /syb33ilik.mdb")
conn.Open "driver={Microsoft Access Driver (*.mdb)};dbq=" & DBPath
```

可见，即使数据库名字起得再怪异，隐藏的目录再深，ASP 源代码失密后，数据库也很容易被下载下来。使用 ODBC 数据源，在程序中就不用显式使用文件路径和名称了：

```
conn.open "ODBC_DSN名"
```

要点提示

这种方式对于程序的迁移会比较麻烦，需要在服务器上重新配置 DSN。

（3）对 ASP 页面进行加密。

为有效地防止 ASP 源代码泄露，可以对 ASP 页面进行加密。一般有如下两种方法对 ASP 页面进行加密。

- 使用组件技术将编程逻辑封装入 DLL 之中。这种方法的主要问题是每段代码均需组件化，操作比较烦琐，工作量较大。
- 使用微软的 Script Encoder 对 ASP 页面进行加密。这种方法相对操作比较简单，加密后的 HTML 文件仍具有很好的可编辑性。Script Encoder 只加密在 HTML 页面中嵌入的 ASP 代码，其他部分仍保持不变，这就使得我们仍然可以使用 FrontPage 或 Dreamweaver 等常用网页编辑工具对 HTML 部分进行修改、完善，只是不能对 ASP 加密部分进行修改，否则将导致文件失效。

（4）利用 Session 对象进行注册验证。

为防止未经注册的用户绕过注册界面直接进入应用系统，可以采用 Session 对象进行注册验证。Session 对象最大的优点是可以把某用户的信息保留下来，让后续的网页读取，从而有效阻止绕过注册界面直接进入系统的现象发生。

项目实训

完成项目的各个任务后，读者初步掌握了网站的管理与维护方法。下面通过对网站的推广与优化的实训练习，对所学内容加以巩固和提高。

作为电子商务网站，主要是以营销为目的，如果让顾客购买商品，首先就应该让顾客了解商品。体现商品价值就像广告宣传一样，如果很多人知道、了解你的网站，那么，随之而来的也就是经济效益。如何推广一个规范的网站，并且迅速提高访问量，在电子商务时代树立新的公司形象，带来新的订单是现阶段所有公司面临的挑战。

目前，网站推广主要有两种流行的方式，一种是注册搜索引擎，另一种是通过知名站点在线推广。

实训一　在搜索引擎中添加网站注册

搜索引擎注册（有时也称为“搜索引擎加注”、“搜索引擎登录”、“提交搜索引擎”）是最经典、最常用的网站推广手段方式。当一个新建网站发布到互联网上之后，如果希望别人通过搜索引擎找到你的网站，就需要进行搜索引擎注册。简单来说，搜索引擎注册也就是将你的网站基本信息（尤其是 URL）提交给搜索引擎的过程。

搜索引擎有两种基本类型，一类是纯技术型的全文检索搜索引擎，另一类是分类目录型搜索引擎。对于这两种不同性质的搜索引擎，注册网站的方式也有很大差别。

（1）技术性搜索引擎。

对于技术性搜索引擎（如百度、谷歌等），通常不需要自己注册，只要网站被其他已经被搜索引擎收录的网站链接，搜索引擎可以自己发现并收录你的网站。但是，如果网站没有被链接，或者希望自己的网站尽快被搜索引擎收录，那就需要自己提交你的网站。技术型搜索引擎通常只需要提交网站的主 URL 地址即可（比如 http:://www.qingyuan.com），而不需要提交各个栏目、网页的网址，这些工作搜索引擎的“蜘蛛”自己就会完成，只要网站内部的链接比较准确，一般来说，适合搜索引擎收录规则的网页都可以自动被收录。另外，当网站被搜索引擎收录之后，网站内容更新时，搜索引擎也会自行更新有关内容，这与分类目录是完全不同的。这种搜索引擎注册的方法是，到各个搜索引擎提供的“提交网站”页面，输入自己的网址，提交即可，一般不需要网站介绍、关键词之类的附件信息。例如，在谷歌提交网站的地址是 http://www.google.com/addurl.html，在百度注册网站的网址是 http://www.baidu.com/search/url_submit.html。目前，技术型搜索引擎的提交（或被自动收录）是免费的。

（2）分类目录型搜索引擎。

对于分类目录型搜索引擎，只有自己将网站信息提交，才有可能获得被收录的机会（如果分类目录经过审核认为符合收录标准的话），并且，分类目录注册有一定的要求，需要事先准备好相关资料，如网站名称、网站简介、关键词等。由于各个分类目录对网站的收录原则不同，需要实现对每个分类目录进行详细了解，并准备相应的资料。另外，有些分类目录是需要付费才能收录的，在提交网站注册资料后，还需要支付相应的费用才能实现分类目录型搜索引擎的注册。例如，搜狐的推广服务网站地址为 http://add.sohu.com，其中有很多竞价服务的内容，用户可以根据自己网站的类型、对网站推广的要求等进行选择。

【任务要求】

下面以本书网络书店注册的域名“www.qingyuan.com”为例，说明怎样在百度和谷歌上注册搜索引擎。

【操作步骤】

1. 百度搜索引擎注册

（1）在 IE 浏览器地址栏中，输入网址“http://www.baidu.com/search/url_submit.html”，打开百度免费在线注册搜索引擎的页面。

（2）在网页中输入要收录的网站域名“www.qingyuan.com”，填写验证码，如图 7-43 所示。

（3）单击【提交网站】按钮，百度系统提示提交成功，如图 7-44 所示。

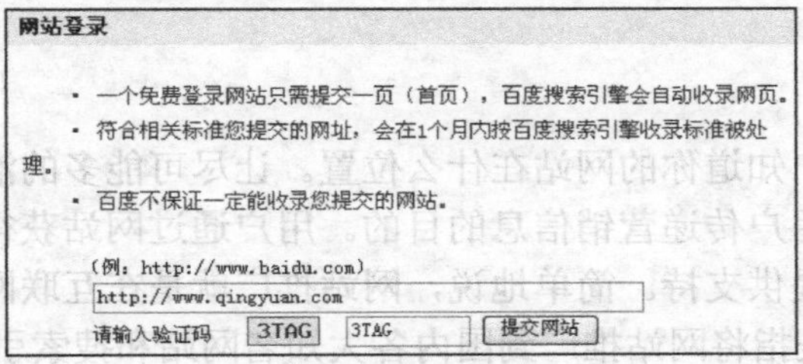

图 7-43　填写注册域名

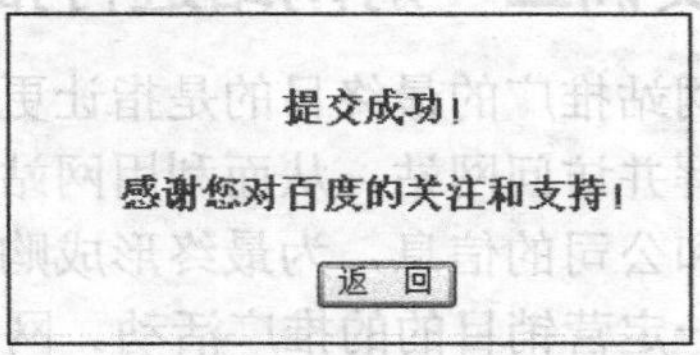

图 7-44　注册成功

2. 谷歌搜索引擎注册

（1）在 IE 浏览器地址栏中，输入网址“http://www.google.com/addurl.html”，出现 Google 网站管理员工具的页面，如图 7-45 所示。在此，要求访问者是一个谷歌的用户才能够进行网站管理和推广。

（2）单击右上角的【注册】按钮，进入谷歌账户页面，如图 7-46 所示。

图 7-45　免费在线注册搜索引擎的页面

图 7-46　谷歌账户页面

（3）输入自己的注册信息，创建一个 Google 账号。

要点提示　在注册期间，需要输入一个有效的手机号码；系统会自动发送一个随机生成的验证码到该手机上。输入该验证码，注册才能够成功。

（4）有了账号，登录以后就能够显示网站注册页面了。在网页中输入要收录的网站域名“www.qingyuan.com”，填写验证字符串，如图 7-47 所示。

（5）提交请求后，会出现网站的管理页面，如图 7-48 所示。用户可以根据系统提示对自己的网站进一步设置。

图 7-47　填写注册域名

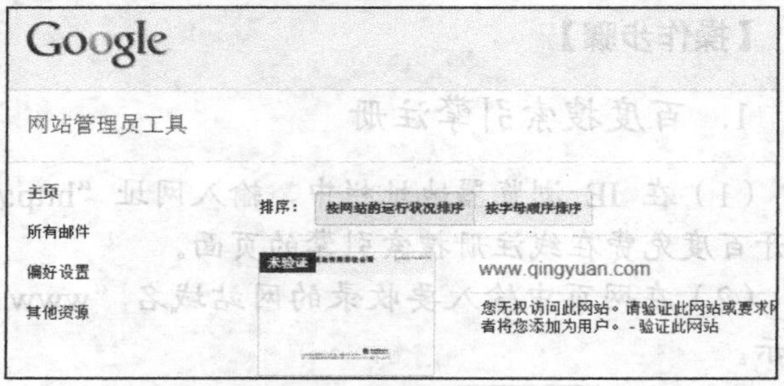

图 7-48　网站的管理页面

实训二　对网站进行推广

网站推广的最终目的是指让更多的客户知道你的网站在什么位置。让尽可能多的潜在用户了解并访问网站，从而利用网站实现向用户传递营销信息的目的。用户通过网站获得有关产品和公司的信息，为最终形成购买决策提供支持。简单地说，网站推广就是在互联网上为达到一定营销目的的推广活动。网站推广是指将网站推广到国内各大知名网站和搜索引擎。

在线推广主要有如下 3 种方法。

（1）自己将网站信息提交给在线推广的知名网站。这里主要是按目录提交收录，而且分类目录注册有一定的要求，需要事先准备好相关资料，如网站名称、网站简介、关键词等。由于各个分类目录对网站的收录原则不同，需要事先对每个不同的分类目录进行详细了解，并准备相应的资料。另外，有些分类目录是需要付费才能收录的，在提交网站注册资料后，还需要支付相应的费用才能实现在线推广。

（2）与其他商业网站互换广告。目前，当浏览其他网站时，经常会看到广告信息，或者在网站中看到其他网站的 logo 图标，这也是流行的推广网站的方式，利用这种方式推广，有的也需要一定的广告费用。

（3）频繁地发布自己的网站，让更多的人知道你的网站信息。例如，在论坛中发表帖子，在 QQ 中建立群组来宣传自己的产品等，这种方式虽然效率低，但是也是一种方法。

在线推广的网站很多，但是绝大部分是收费的，这些在线推广网站可以通过百度或谷歌搜索到很多。

【任务要求】

这里以网络书店域名“www.qingyuan.com”为例，在新浪和搜狐网站上在线推广。

【操作步骤】

（1）在 IE 浏览器地址栏中，输入网址“http://www.nihao.net”，打开在线推广网站“你好万维网”的页面，如图 7-49 所示。

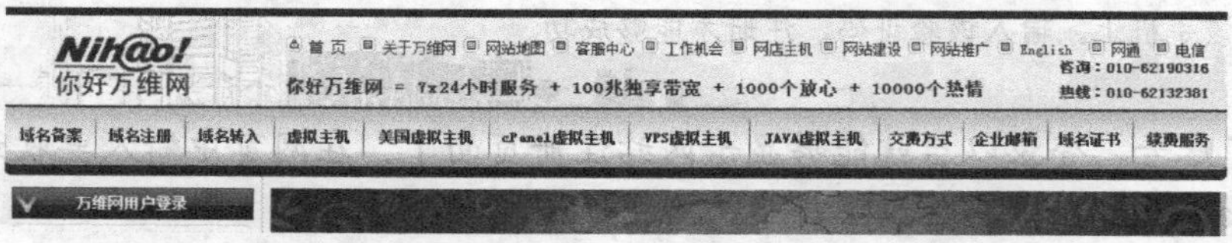

图 7-49　你好万维网主页

（2）单击【网站推广】，进入网站推广服务网页，如图 7-50 所示。

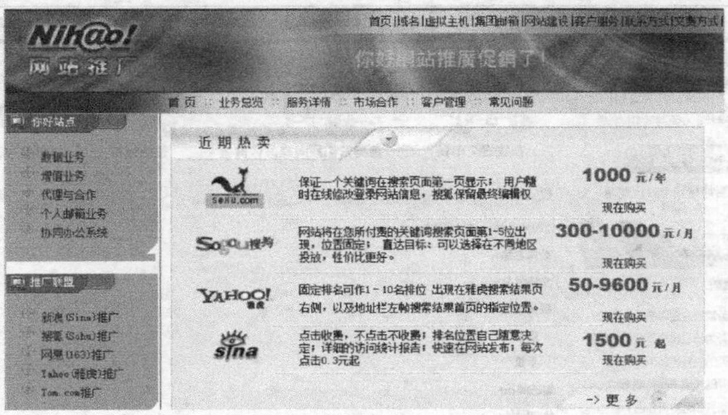

图 7-50　网站推广主页

（3）在左侧的导航栏中，选择推广的知名网站。例如，在这里单击新浪(Sina)推广，进入新浪推广信息页面，如图 7-51 所示。

（4）根据实际情况，选择收费推广服务。例如，在这里单击立即购买图标。选择“新浪推广登录”，进入信息提交页面，如图 7-52 所示。

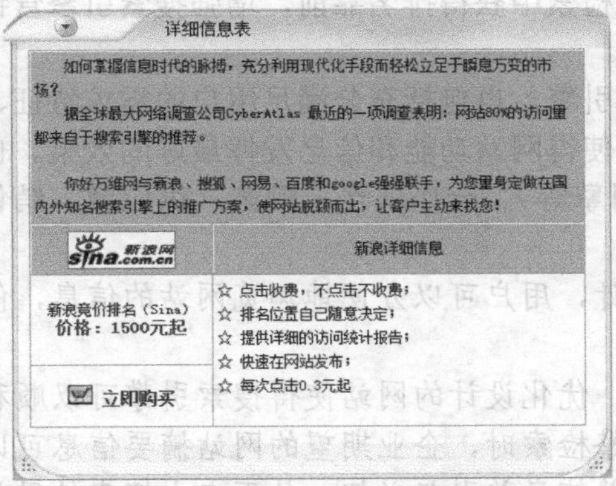

图 7-51　新浪推广信息页面

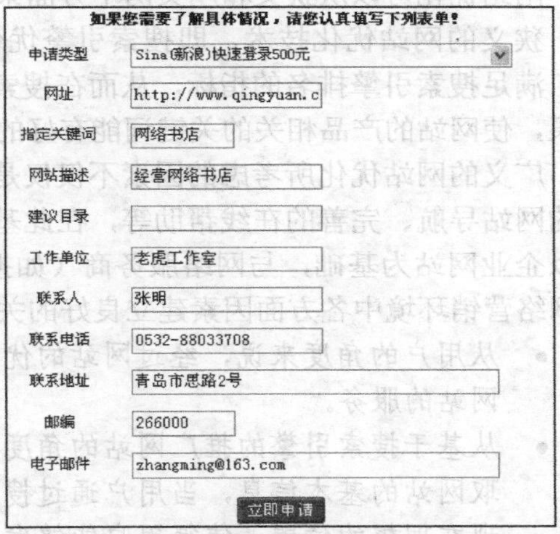

图 7-52　提交网站信息

（5）单击立即申请按钮，完成网络书店网站推广。

（6）在 IE 浏览器地址栏中，输入网址“http://fuwu.sohu.com/”，进入搜狐网站推广主页，如图 7-53 所示。

图 7-53　搜狐网站推广页面

（7）单击【购买专区】页面，进入后根据系统提示，输入相关信息，购买推广服务，如图 7-54 所示。具体的操作过程，这里就不再赘述了。

图7-54　购买推广服务

实训三　如何进行网站优化

网站优化可以从狭义和广义两个方面来说明。

狭义的网站优化技术，即搜索引擎优化，也就是搜索互联网站设计时适合搜索引擎检索，满足搜索引擎排名的指标，从而在搜索引擎检索中获得排名靠前，增强搜索引擎营销的效果，使网站的产品相关的关键词能有好的排位。

广义的网站优化所考虑的因素不仅仅是搜索引擎，也包括充分满足用户的需求特征、清晰的网站导航、完善的在线帮助等，在此基础上使得网站功能和信息发挥最好的效果。也就是以企业网站为基础，与网络服务商（如搜索引擎等）、合作伙伴、顾客、供应商、销售商等网络营销环境中各方面因素建立良好的关系。

- 从用户的角度来说，经过网站的优化设计，用户可以方便地浏览网站的信息，使用网站的服务。
- 从基于搜索引擎的推广网站的角度来说，优化设计的网站使得搜索引擎可以顺利抓取网站的基本信息，当用户通过搜索引擎检索时，企业期望的网站摘要信息可以出现在理想的位置，使得用户能够发现有关信息并引起兴趣，从而点击搜索结果并达到网站获取进一步的信息的服务，直至成为真正的顾客。
- 从网站运营维护的角度来说，网站运营人员则可以对网站方便地进行管理维护，有利于各种网络营销方法的应用，并且可以积累有价值的网络营销资源。因为只有经过网站优化设计的企业网站才能真正具有网络营销导向，才能与网络营销策略相一致。

SEO（Search Engine Optimization，搜索引擎优化）是较为流行的网络营销方式，主要目的是增加特定关键字的曝光率以增加网站的能见度，进而增加销售的机会。SEO 分为站外 SEO 和站内 SEO 两种。SEO 的主要工作是通过了解各类搜索引擎如何抓取互联网页面、如何进行索引、如何确定其对某一特定关键词的搜索结果排名等技术，来对网页进行相关的优化，使其提高搜索引擎排名，从而提高网站访问量，最终提升网站的销售能力或宣传能力的技术。

1．搜索引擎优化

通俗地讲，搜索引擎优化就是通过总结搜索引擎的排名规律，对网站进行合理优化，使你的网站在百度和 Google 的排名提高，让搜索引擎给你带来客户。通过 SEO 这样一套基于搜索引擎的营销思路，为网站提供生态式的自我营销解决方案，让网站在行业内占据领先地位，从而获得品牌效益。

根据笔者的经验，一个搜索引擎友好的网站，应该方便搜索引擎检索信息，并且返回的检索信息让用户看起来有吸引力，这样才能达到搜索引擎营销的目的。为了说明什么是网站对搜索引擎友好，先来看看对搜索引擎不友好的网站的如下特征。

- 网页中大量采用图片或者 Flash 等 Rich Media 形式，没有可以检索的文本信息；而 SEO 最基本的就是文章 SEO 和图片 SEO。
- 网页没有标题，或者标题中没有包含有效的关键词。
- 网页正文中有效关键词比较少。
- 网站导航系统让搜索引擎“看不懂”。
- 大量动态网页让搜索引擎无法检索。
- 没有被其他已经被搜索引擎收录的网站提供的链接。
- 网站中充斥大量欺骗搜索引擎的垃圾信息，如“过渡页”、“桥页”、颜色与背景色相同的文字等。

2. 站外 SEO

站外 SEO 是脱离站点的搜索引擎技术，是利用外部站点来对网站在搜索引擎排名产生影响，这些外部的因素是超出网站控制的。外部链接对于一个站点收录进搜索引擎的结果页面可以起到重要作用。那么如何产生高质量的外部链接呢？

- 高质量的内容。产生高质量的外部链接最好的方法就是书写高质量的内容，你的文章能够让读者产生阅读的欲望而对文章进行转载。
- 合作伙伴、链接交换。与合作伙伴互相推荐链接。与行业网站、相关性网站进行链接。
- 分类目录。将网站提交到 DMOZ 目录、yahoo 目录、ODP 目录等一些专业目录网站。
- 社会化书签。书签的作用是让用户可以自由创建自己喜欢的主题，收集和分享自己喜欢的网站网文，对其进行评论、打分、推荐。推荐度高或者评分高的网站会陆续吸引越来越多的互联网用户的点击和评论。如果网站的书签被很多人收藏或分享，那么该网站就会能够得到更大的关注。常用的社会化书签开放平台有百度收藏、雅虎收藏、Google 书签、QQ 书签等。
- 发布博客创建链接，这是目前获取外部链接有效的方式之一。
- 论坛发帖或签名档。在论坛中发布含有链接的原创帖或者编写在签名档中插入网址。
- 购买高价值链接。不建议使用此方法，被搜索引擎发现会被降权。

3. SEO 内部优化

网站想提高排名，苦练内力是必须的，因为 SEO 是个系统工程，不是一蹴而就的，需要大量的积累和尝试。网址内部优化主要有以下几个方面。

（1）站内的链接结构。

尽量改变原来的图像链接和 Flash 链接，使用纯文本链接，并定义全局统一链接位置。

（2）title 的重新定位。

标题中需要包含有优化关键字的内容，同时网站中的多个页面标题不能雷同，起码要能显示“关键字，网站首页，一段简单的含关键字的描述”类型。标题一旦确定就不要再做修改。

（3）关键字频率。

简单做好了内容结构的调整之后，立即到搜索引擎登录，希望能尽早收录新标题和新描述。

（4）网站结构调整。

假设因为原有网站为形象页面，使用了较多的 Flash 和图像，这些网页元素不利于搜索引擎的收录，可在该网页的下方增加3栏，分别是相关的公司简介、关键字产品新闻和公司的关键词产品列表，并对内容添加 URL。当然，最好的方法是使用新闻系统更新关键词。可以做一个网站地图，该页面的描述内容包含了公司关键词产品列表和链接。这些都是为了形成企业站点内的网状结构。

（5）资源应用。

对网站结构大致调整好了以后，就可以利用一些资源扩展外部链接了。首先是可以创建百度空间，空间域名就使用网站的关键字，同时进行公司原网站信息的转载，附带网站地址，让百度搜索工具在第一时间访问本站点。

项目小结

本项目主要介绍了如何为自己的网站申请域名和空间，怎样在虚拟主机空间中上传和发布网站，同时对网站的系统维护和安全做了初步的概述。另外，简要说明了网站的推广和传播的方法，使读者从网站发布的理性认识上升到感性认识。这些知识对于网站的健康高效运行，对于增加网站的知名度，都具有积极的意义。

思考与练习

一、填空题

1．域名是 Internet 上的________的名字，一个域名就代表一个________，通过域名就可以访问到该站点。

2．域名的形式是以若干个________组成，由“.”分隔成几部分，一个完整的域名由两个或两个以上部分组成，其中包含了________、________、________等几个部分。

3．主机处于 DNS 域名的________，代表网络上一个能够提供________的服务器。

4．在顶级域名中，商业公司一般使用________，教育机构使用________，政府机构使用________。

5．租用专用服务器就是用户向 ISP 租用一个________，只供用户一个人使用，用户有________管理权和控制权。

6．使用虚拟主机，由于是________用户共同使用________服务器，所以费用是租用专用服务器的________。

7．搜索引擎有两种基本类型，一类是________搜索引擎，另一类是________搜索引擎。

8．ping 是一种常见的网络测试命令，可以测试________。

9．事件查看器可以查看应用________、________、________3 个方面的日志。

10．________是较为流行的网络营销方式

二、简答题

1．什么是域名？域名和 IP 地址有什么关系？

2．本地网站发布与虚拟主机网站发布有什么不同？

3．什么是防火墙？按软、硬件分类方法，防火墙的种类有多少？

4．利用网络诊断命令跟踪本机到搜狐网站的路由信息。

5．利用 SEO 技术对自己的网站进行优化。